飞机控制电机与电器

刘勇智 等编著

国防工业出版社

·北京·

内 容 简 介

本书共10章,内容包含控制电机与常用控制电器两个部分,主要介绍航空用测速发电机、同位器、旋转变压器、伺服电动机、永磁无刷电动机、磁滞电动机、步进电动机和开关磁阻电动机的基本结构、工作原理、分析方法、运行性能、特性及其典型应用等。对于飞机中常用的低压电器和可编程控制器 PLC 的基本结构、原理及其使用特点也作了介绍。

本书是航空电气工程类本科教材,适用于自动化、电气工程及其自动化等专业。其目的是使学生掌握飞机用控制电机和低压控制电器的相关知识,并满足后续课程学习的需要。亦可供相关专业的工程技术人员参考。

图书在版编目(CIP)数据

飞机控制电机与电器/刘勇智等编著. —北京:国防工业出版社,2009.9
ISBN 978 - 7 - 118 - 06561 - 9

Ⅰ. ①飞… Ⅱ. ①刘… Ⅲ. ①航空电气设备—电机②航空电气设备—电器 Ⅳ. ①V242.4

中国版本图书馆 CIP 数据核字(2009)第 173404 号

※

国防工业出版社出版发行
(北京市海淀区紫竹院南路23号　邮政编码100048)
天利华印刷装订有限公司印刷
新华书店经售
*
开本710×960　1/16　印张17　字数390千字
2009年9月第1版第1次印刷　印数1—3000册　定价45.00元

(本书如有印装错误,我社负责调换)

国防书店:(010)68428422　　发行邮购:(010)68414474
发行传真:(010)68411535　　发行业务:(010)68472764

前　言

　　《飞机控制电机与电器》主要讲述航空用各类控制电机的基本结构、工作原理、分析方法、运行性能、特性及其典型应用等，以及飞机常用低压控制电器和可编程控制器的基本结构、原理及其使用特点，是本科自动化、电气工程及其自动化，以及其它相关专业的一门专业基础课。

　　近几十年中，尽管电机理论和技术的发展没有信息技术那样迅猛，但是成熟孕育出新，经典催生变化。机电相结合、多技术相融合，控制电机作为电机的重要门类，其技术亦是更先进、更可靠。结合现代控制理论，控制电机的控制方式也逐渐由电压、磁通或相位等模拟量控制，演变为具有数字接口的数字控制，可直接用于数字控制系统。现代加工技术、新材料、新工艺的广泛采用，以及容错/余度等先进技术在控制电机与控制电器上的引入，使得现代控制电机和控制电器在精确度、灵敏度和可靠性等诸多方面的性能大大提高，一些新型控制电机和控制电器不断出现。我们在本书的编写中，认真汲取了国内外出版的各种相关教材的成功经验，广泛涉猎了控制电机与控制电器理论和技术发展的相关文献，充分结合了我们多年的教学实践经验，注重讲清基本原理，强化"经典与现代相结合、多技术相融合"这一系统观。内容上力求扼要实用，篇幅上力求剔繁化简，文字上力求精炼易懂。

　　本书由空军工程大学刘勇智、童止戈、吕永健和中南大学刘剑锋编写，其中，第1章、第4章、第7章、第9章由刘勇智编写，第2章、第5章、第6章由吕永健编写，第10章由童止戈编写，第8章由刘剑锋编写。本书由刘勇智任主编，负责全书的组织和统稿工作，并绘制了全书的插图。本书由西北工业大学刘卫国教授担任主审，空军工程大学谢军教授、石山教授、朱潼生副教授在审阅过程中提出了许多宝贵意见。编者的研究生在本书的出版工作中做了大量的工作。本书参考了部分教材和著作。在此一并敬致谢意。

　　由于编者水平有限，书中难免有错误和不妥之处，恳请广大读者批评指正。

编　者

2009.6

目　　录

第1章 绪 论

控制电机又称为控制微电机,顾名思义,就是指用于控制系统中的容量和尺寸都比较小的电机。在自动控制系统中,控制电机可用来完成检测、放大、作动、解算以及补偿等功能。如飞机航向系统中用到的同位器、陀螺系统中用到的力矩修正电动机等。它们的功率一般在几毫瓦到几百瓦,机壳外径一般小于130mm,质量从十几克到几千克。

控制电机作为自动控制系统中的元件,在飞机上得到了广泛的应用,如自动驾驶仪、导航仪、导弹的制导、火炮的射击控制、雷达的自动跟踪等。它们有时用于开环控制系统,有时用于闭环控制系统。有的用来测位移、转角、转速或角加速度,有的用来驱动其它部件,有的用来解算三角函数,还有的用来积分或微分,进行系统调节规律的补偿。

控制电器是根据外界特定的信号和要求,自动或手动接通和断开电路,断续或连续地改变电路参数,实现对电路或非电路对象的切换、控制、保护、检测、变换和调节的电气设备,是飞机各电气控制系统的重要组成部分。

1.1 控制电机与电器的分类

1.1.1 控制电机的分类

控制电机的种类很多,通常按其在控制系统中的作用不同,可分为信号控制电机和功率控制电机两大类。

信号控制电机主要用于信号转换,如把航向等角位移信号转换成电信号的同位器和旋转变压器,把转速信号转换成电信号的测速发电机等,在自动控制系统中主要用作敏感元件、校正元件、阻尼元件和解算元件等。信号控制电机主要包括交、直流测速发电机,单相同位器和旋转变压器等。测速发电机可以把转速转换成电信号,其输出电压与转速成正比。同位器可以将发送机和接收机之间的转角差转换成与转角差成正弦关系的电信号。旋转变压器的作用与同位器类似,但精度更高,其输出电压与转子相对于定子的转角成正弦、余弦或线性关系。

功率控制电机主要用于将电信号转换成轴上的角位移或角速度、直线位移或线速度,并带动控制对象运动。功率控制电机主要包括交、直流伺服电动机,永磁

1

无刷电动机,磁滞电动机,步进电动机和开关磁阻电动机等。理想的交、直流伺服电动机的转速与控制信号呈线性关系,而转速的方向由控制电压的极性决定。磁滞电动机是利用磁滞效应工作的电动机,既可以工作于异步状态,又可以工作于同步状态。开关磁阻电动机与步进电动机同属于变磁阻电机的范畴,都是利用磁阻最小原理工作的电动机,步进电动机的转速与脉冲电压的频率成正比,开关磁阻电动机本质上是带位置闭环速度控制的步进电动机。

1.1.2 控制电器的分类

在飞机上,控制电器主要用于控制各用电设备的工作,保护供电和用电设备不致因电路短路或过载而遭到损坏,以保证机上电气设备完成所担负的各项任务。按额定电压的高低,控制电器可分为高压电器和低压电器。飞机上常用的是低压控制电器,主要有电磁式控制电器、机械式控制电器、电磁机械混合式控制电器以及可编程控制器等。电磁式控制电器主要有各类继电器、接触器等。机械式控制电器主要有开关、按钮等。电磁机械混合式控制电器主要有断路器、自动保护电门等。

1.2 控制电机与电器的发展概况

控制电机与电器的发展是随着自动控制系统的发展而发展的。早期用于控制系统的电机多是在普通电机的基础上加以改动而来的,因而没有太多的显著个性特点。控制理论的发展,以及自动控制系统在各行各业的大量应用,极大地推动了控制电机技术的发展,控制电机的种类日益繁多,体积和重量越来越小,特别是由于电子技术及其元器件制造技术的进步,电机与电子技术相结合,使得控制电机的效率越来越高,控制特性越来越好,控制电机的功率以及力矩范围越来越宽,控制电机本身已成为机电一体化的综合产品。例如,220CYD001 测速发电机,在 6 天旋转一周的转速下,可产生 1mV 的电压输出,而最高可输出 156V 的电压,对应的转速范围为 150000∶1;又如 ZC 系列磁滞测功机可测转速范围为 0r/min ~ 20000r/min,力矩为 0N·m ~ 10N·m;再如,300GZ 系列圆感应同步器,测角的分辨力为 0.154 角秒,它们都体现了宽范围和高精度。近年来,随着计算机技术的飞速发展,计算机技术与传统电机技术、电子技术、机械制造技术以及自动控制技术的高度融合,又推出了很多新型的电机,如开关磁阻电机。同时也推动了传统电机技术的飞速发展,如现代步进电动机的控制精度已达到 0.1μm 级。

在伺服系统中,最初流行的是两相交流伺服电动机,后来的主流是有刷直流伺服电动机,其中又以永磁机为主,现在使用较多的是永磁无刷直流电动机和开关磁阻电动机。由普通低转子阻抗的感应电动机配套变压变频调速器构成的感应伺服电动机也得到大量应用,而通用的交流伺服电动机和磁滞电动机的使用已越来越少。

结合现代控制理论,控制电机的控制方式也逐渐由电压、磁通或相位等模拟量控制,演变为具有数字接口的数字控制,可直接用于数字控制系统。发展的基本方向仍然是提高精确度、灵敏度和可靠性,尺寸小型化,尽量由电机本身来满足系统提出的特殊性能和特殊用途指标,以达到经济性的要求。

在航空上,随着多电飞机和全电飞机的出现,对高精度、高可靠性、控制方式灵活的控制电机的需求更为突出,电传操纵系统和舵面的直接驱动机构,都要大量使用控制电机,其主要特征是实现无刷化、数字控制和容错/余度技术。

图1-1所示为先进飞机舵面控制系统中一个控制通道的原理框图。其中,数字控制器的功能是闭合伺服响应的内环和外环,给逆变器提供指令,与飞控计算机接口等;逆变器的功能是对无刷电动机进行换向控制、转矩/转速控制,并对电动机进行限流控制等;机电作动器是电动机与执行机构的组合,用于将电能转换成机械能输出,驱动飞机舵面。

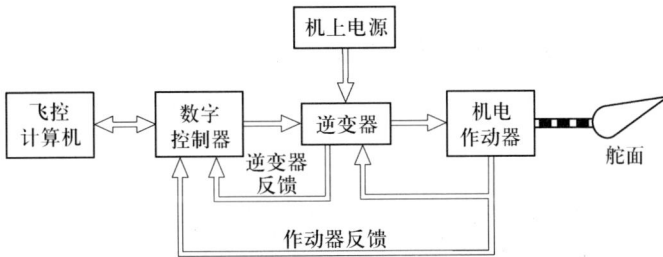

图1-1 先进飞机舵面控制系统原理框图

与之相适应,控制电器向着高可靠性、长寿命、控制方式灵活、具有自检测和自修复能力、适应数字控制需求的方向发展。如近年来发展的固态继电器、固态接触器、可编程控制器等控制电器就具备这些特点。

1.3 本书的结构、各章节内容

本书的内容主要包括两部分:控制电机和控制电器。控制电机部分主要介绍飞机上常用的测速发电机、同位器、旋转变压器、伺服电动机、永磁无刷电动机、磁滞电动机、步进电动机和开关磁阻电动机的基本结构、工作原理、分析方法、运行性能、特性及其典型应用等。控制电器部分主要介绍飞机中常用的低压电器和可编程控制器PLC的基本结构、原理及其使用特点。

本书共分10章。第1章为绪论。主要介绍课程的特点和学习方法,介绍控制电机与电器的发展,介绍常用控制电机与电器的分类和应用特点,目的是使读者宏观了解课程的主要教学内容,为后续学习奠定基础。第 2 章～第 3 章分别介绍测速发电机、单相同位器和旋转变压器这三类检测信号控制电机的结构、原理、特性和使用。第 4 章～第 9 章分别介绍伺服电动机、永磁无刷电动机、磁滞电动机、步进电动机和开关磁阻电动机等功率控制电机的结构、原理、特性和使用。第 10 章介绍飞机上常用控制电器的通用工作原理、分类、典型结构及其使用,以及可编程控制器的基本知识。

1.4 本课程的主要特点和学习方法

控制电机是在普通电机的基础上发展起来的,因而它们并没有多少特别的基本工作原理,无非是针对具体应用有一些结构上的特殊性。电机是一种机电能量转换的电磁机械,普通电机一般更着重于对电机力能指标方面的要求,而控制电机则着重于对电机控制性能的要求。控制系统要求所使用的控制电机应该具有高精确度、高灵敏度和高可靠性。

这里,精确度是指实际特性与理想特性之间的差异。对功率控制电机来说,主要指特性的线性度和死区;对信号控制电机来说,主要指静态误差、动态误差以及环境温度、电源的频率和电压的变化引起的漂移等。为了达到一定的精确度,控制电机可以在结构、材料与工艺上作出一些牺牲,以复杂的结构、高性能的材料、繁琐甚至昂贵的工艺来确保控制精确度。

灵敏度是指输出对输入信号的延迟。通常希望控制电机的输出能随时跟踪输入信号。但实际上,由于电机机械系统的转动惯量和电磁系统的绕组电感不可克服,因而输入与输出在时间上或多或少会存在差异。对控制电机来说,如不考虑这些问题,就可能会使系统工作不正常。解决的办法通常有为降低转子的转动惯量,采用空心杯转子;为降低电磁时间常数,采用无槽光滑转子等。

这恰恰是在课程学习中应注意把握的问题。学习过程中,通常应该在掌握普通电机结构和工作原理的基础上,从控制系统对控制电机的特殊要求入手,掌握控制电机在结构、原理和特性上的特殊性。

对于控制电机来说,控制性能是最基本的性能,因此各种控制电机的特性及其控制方法和原理是学习重点,应结合各种控制电机在系统中的作用,牢牢掌握控制电机中"控制"这一主线,来掌握其特性及特性下的控制方法和原理,努力把每一种电机结合到一个控制实例中去。

同时,本书的各章内容具有相对的独立性,结构上也缺乏连贯性。但是,由于各种控制电机的原理都是建立在基本的电磁规律基础上的,因而它们之间不是孤立的,既有共性,也有个性。一种电机与另一种电机之间在电磁关系上、基本特性上有很多相似的地方,但它们各自具有与众不同的特点。因此在学习过程中,要用辩证的观点来学习,将各种控制电机联系起来,着重分析和掌握一些共同规律,同时也要研究各种电机所具有的特殊性质。为了便于学习和理解,本书即按电机在控制系统中的作用分类,同时也将电磁关系和作用原理比较接近的电机放在一起,按照由浅入深、循序渐进的原则安排章节顺序。

由于常用控制电器的种类和型号较多,本书主要介绍其通用原理,在理解掌握通用原理的基础上,重点介绍了各类控制电器的典型结构。在学习过程中应从通用原理和典型结构入手,以达到触类旁通的学习效果。

第2章 测速发电机

2.1 概 述

测速发电机是一种测量转速的信号元件,它能将输入的机械转速变换为电压信号输出,在自动控制系统中作为测量或自动调节电机转速的元件;在随动系统中用来产生反馈信号用以提高系统的稳定性和精度;在解算装置中作为微分和积分元件。在这些应用中,要求电机的输出电压与转速成正比关系,如图2-1所示。其输出电压可表示为

$$U = Kn$$

或

$$U = C'_e \Omega = C'_e \frac{\mathrm{d}\theta}{\mathrm{d}t}$$

式中:θ 为测速发电机转子的转角;K、C'_e 为比例系数。

由 $U = C'_e \dfrac{\mathrm{d}\theta}{\mathrm{d}t}$ 可知,测速发电机的输出电压正比于转子转角对时间的微分。

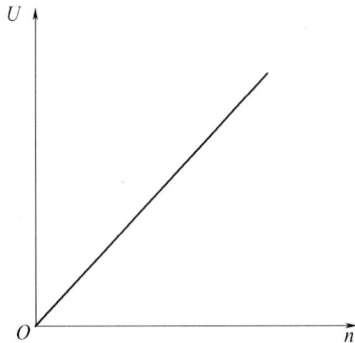

图2-1 测速发电机输出电压与转速的关系

测速发电机按照所产生电流性质和激磁方式不同可分为以下几类:

(1) 直流测速发电机。又分为永磁式和电磁式两种类型,较为常用的是永磁式直流测速发电机。因为它结构简单,省去了激磁电源,便于使用,并且温度变化对激磁磁通的影响也小。

(2) 交流测速发电机。又分为同步测速发电机和异步测速发电机两种类型。

近年来,还出现了采用新原理、新结构研制成的霍耳效应测速发电机。

自动控制系统对测速发电机的主要要求有以下几点:

(1) 输出特性呈正比关系并保持稳定。这是指测速发电机的输出电压与转速保持严格的正比关系,且不随外界条件(如温度等)的改变而发生变化。

(2) 转动惯量要小,以保证反应迅速。

(3) 灵敏度要高。这是指测速发电机的输出电压对转速的变化反应灵敏,即测速发电机的输出特性斜率要大。

此外,还要求它对无线电通信干扰小、噪声小、结构简单、工作可靠、体积小和重量轻等。

2.2 直流测速发电机的输出特性及误差

直流测速发电机是一种微型直流发电机,其工作原理与一般的直流发电机相同。虽然直流测速发电机因有换向器及电刷而带来的诸多缺点,但它也有输出特性斜率高、线性误差小、无剩余电压、没有相位误差、输出特性与负载的性质无关等优点,所以在直流控制系统中,用它作为测速元件、反馈元件、阻尼元件和积分元件。

直流测速发电机有永磁式及它激式两种,其原理电路如图 2-2 所示。

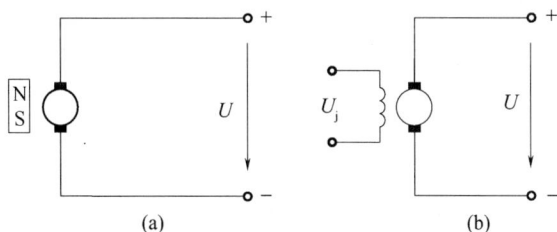

图 2-2 直流测速发电机的原理电路
(a) 永磁式;(b) 它激式。

2.2.1 输出特性

测速发电机的输出电压 U 随转速 n 变化的关系曲线 $U = f(n)$,称为测速发电机的输出特性。

因直流测速发电机的电枢电势 $E_a = C_e n \phi$,空载时,$U_0 = E_a$,故 $U_0 = C_e n \phi$。当 ϕ 为常数时,$U_0 = f(n)$ 为一条直线,如图 2-3 所示,称为测速发电机的理想输出特性。

因为 $U_0 = f(n)$ 是一条通过坐标原点的直线,所以它在转速为零时没有剩余电压,输出特性的线性度好。输出特性的斜率决定于电枢电势常数 C_e 及磁通 ϕ 的

7

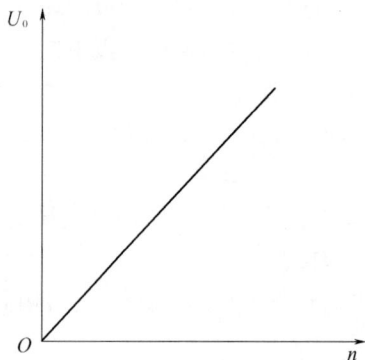

图 2-3 测速发电机的理想输出特性

大小。

2.2.2 输出特性的误差

实际上,由于种种原因,测速发电机的输出特性要偏离理想输出特性 $U_0 = f(n)$,这些原因主要有以下几点:

(1)电枢电阻 R_a 及负载电阻 R_L 的影响。负载时,有

$$U + U\frac{R_a}{R_L} = E_a$$

故

$$U = \frac{E_a}{1 + \dfrac{R_a}{R_L}}$$

可见,电枢电阻增大,将使输出电压降低;负载电阻减小,也将使输出电压降低。这将使输出特性的斜率减小,灵敏度降低。

(2)电枢反应及换向的影响。由于电枢反应的去磁作用及附加换向电流的去磁作用,将使有效磁通 ϕ 减小,输出电压降低。

(3)温度的影响。温度上升,激磁回路电阻增大,激磁磁通减小,输出电压降低。

由于以上因素的影响,将使输出特性不再是直线,变成如图 2-4 所示的曲线。

改进的方法如下:在激磁回路中串入大电阻或负温度系数的热敏电阻作为温度补偿电阻;采用热稳定性好的永久磁铁;将电机设计为工作在磁化曲线的饱和段;在极间加装热磁敏分流片,如图 2-5 所示,当温度升高、磁通 ϕ 减小时,磁分流片的磁阻增大,分流的磁通 ϕ_1 减小,使穿过电枢的磁通减小不多。

8

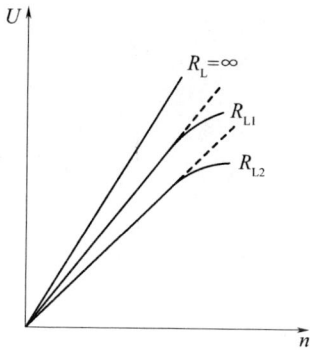

图 2 - 4　实际的输出特性曲线　　　　　图 2 - 5　热磁敏分流片的作用原理

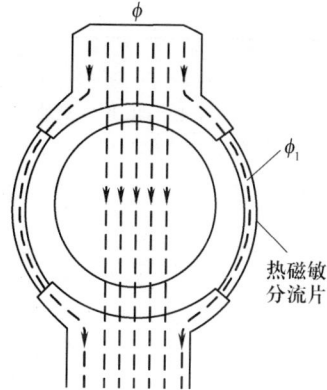

2.3　直流测速发电机的性能指标和使用

为了便于选择和正确使用直流测速发电机,本节介绍直流测速发电机的性能指标和使用方法。

2.3.1　直流测速发电机的主要性能指标

直流测速发电机的主要性能指标列在表 2 - 1 中。

表 2 - 1　直流测速发电机主要性能指标

项　目	含　义	说　明
线性误差 δ_x	在工作转速范围内,输出电压与理想输出电压之差对最大理想输出电压之比,即 $$\delta_x = \frac{\Delta U}{U_m} \times 100\%$$	δ_x 一般为 0.5% 左右
输出斜率	在额定激磁条件下,单位转速(1000r/min)时所产生的输出电压	
最大线性工作转速 n_{max}	允许线性误差范围内的最高电枢转速	额定转速就是最大线性工作转速
负载电阻 R_L	保证输出特性在误差范围内的最小负载电阻	在使用中,负载电阻值应不小于此值
不灵敏区 n_{bL}	由于换向器与电刷间的接触压降 ΔU_b 而导致输出特性斜率显著下降的转速范围	

9

项　目	含　义	说　明
输出电压的不对称度 k_{ub}	相同转速下，测速机正反转时的输出电压绝对值之差 ΔU_2 与两者平均值 U_{av} 之比，即 $$k_{ub} = \frac{\Delta U_2}{U_{av}} \times 100\%$$	正反转特性不对称是由于电刷没有严格地与位于几何中心线上的元件相连接所致，一般不对称度为 $0.53\% \sim 2\%$
纹波系数 k_u	一定转速下，输出电压中交流分量的峰值与输出电压直流分量之比，即输出电压最大值与最小值之差对其和之比	
变温输出误差 ΔU_T	一定转速下，由于温度变化引起的输出电压变化量，对该转速下常温输出电压的比值 $$\Delta U_T = \frac{U_{T1} - U_{T0}}{U_{T0}} \times 100\%$$	U_{T1}——温度为 T_1 时的输出电压 U_{T0}——温度为 T_0 时的输出电压
输出电压温度系数 k_T	一定转速下，温度平均变化 1℃ 时的变温输出误差值 $$k_T = \frac{\Delta U_T}{T_1 - T_0}$$	

2.3.2　直流测速发电机的使用

1. 直流测速发电机的选择

选用直流测速发电机时，应根据它在系统中的功用而提出不同的技术要求。当作为解算元件或用于恒速控制时，应着重考虑其线性度和纹波系数，而对输出斜率的要求则是第二位的；当作为阻尼元件时，应着重考虑其输出斜率，而对其线性度和纹波系数的要求并不是很严格。

2. 直流测速发电机的接线

它激式直流测速发电机的端盖上有一块接线板，板上有四个接线柱，其中两个接线柱为激磁绕组的端头，另两个为电枢绕组的端头。在使用前必须区别清楚，切勿接错。一般接线板上标有 F_1、F_2 的为激磁绕组，标有 S_1、S_2 的为电枢绕组，如图 2-6 所示。如果标记看不清或已脱落时，对于功率在几千瓦的直流电动机，因其激磁绕组的电阻远大于电枢绕组的电阻，所以可用欧姆表判断。一般它激直流伺服电动机的激磁绕组电阻比电枢电阻也大，但是直流测速发电机则不一定（表 2-2 为 ZCF 系列测速发电机的电阻值），因此不能用欧姆表判断，但可以用下述实验方法确定：先用欧姆找出同一个绕组的两个端头。然后给一个绕组加低电压（电流要小于额定值）。另一个绕组接电压表，如图 2-7 所示。用手拨动转子，如果电压表有读数,则接电源的是激磁绕组,接电压表的是电枢绕组。如果电压表无读数(或很小),则说明接电源的是电枢绕组,接电压表的是激磁绕组。

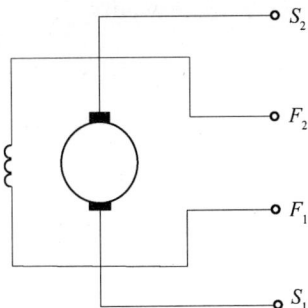

图 2-6　直流测速发电机的出线标记

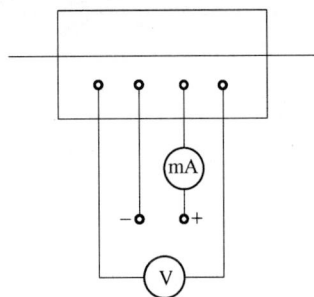

图 2-7　出线标记的检查

表 2-2　ZCF 系列测速机的电阻值

型　　号	绕组名称	20℃时电阻值/Ω
ZCF121	电枢绕组	181
	激磁绕组	940
ZCF221	电枢绕组	72.6
	激磁绕组	54
ZCF361	电枢绕组	407
	激磁绕组	82

如果电机不是封闭的,则检查一下哪两个端头和换向器连通,从而确定电枢绕组端头。

3. 技术数据

现以 ZCF221A 为例,说明型号含义。

数字前的字母含义:Z——直流;C——测速;F——发电机。

左起第一位数字为机座代号,用 1、2、3 表示,其对应的机座外径分别为50mm、70mm、85mm。

左起第二位数字为铁芯长度代号,2 表示短,6 表示长。

左起第三位数字为设计序号。

数字后的字母为特殊设计代号。

有关 ZCF 系列直流测速发电机的技术数据见表 2-3。表中激磁电流是指它激直流测速发电机激磁绕组中的电流。测速发电机工作时要求激磁电流不变。电枢电压是指在额定激磁电流、在额定转速下,接上所规定的负载电阻时的电枢端电压,可能有百分之几的误差。其余技术数据含义与表 2-1 中的性能指标相对应。

```
ZCF    2    2    1    A
                      └──────── 双轴伸
                 └──────────── 设计序号
            └──────────────── 铁芯长度代号
       └──────────────────── 机座号
  └────────────────────────── 产品代号
```

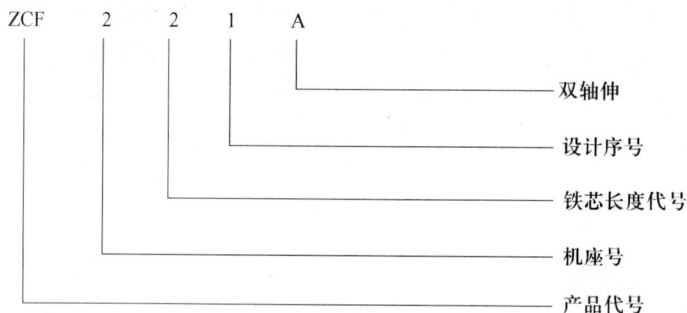

表 2-3　ZCF 系列直流测速发电机的技术数据

型号		激磁		电枢 电压/V	负载 电阻/Ω	转速/ (r/min)	输出电压 不对称 度/% (不大于)	输出电压 线性误 差/% (不大于)	质量/kg (不大于)
新	旧	电流/A	电压/V						
ZCF121	ZCF5	0.09		50±2.5	2000	3000	1	±1	0.44
ZCF121A	ZCF5A	0.09		50±2.5	2000	3000	1	±1	0.44
ZCF221	ZCF16J	0.3		50±2.5	2000	2400	1	±1	0.9
ZCF221A	ZCF16	0.3		50±2.5	2000	2400	1	±1	0.9
ZCF221C		0.3	110	50±2.5	2000	2400	1	±1	0.9
ZCF222	S221F	0.06		74±2.7	2500	3500	2	±3	0.9
ZCF321				100^{+10}_{-5}	1000	1500	3	±3	1.7
ZCF361	ZCF33	0.3		106±5	1100	1100	1	±1	2.0
ZCF361C		0.3		174±8.7	1100	1100	1	±1	2.0

2.4　直流测速发电机的应用及发展方向

2.4.1　直流测速发电机的应用

由于直流测速发电机有电刷、换向器等接触装置,使它的可靠性较差,精度也受到影响,因此在自动控制系统中的使用不如交流异步测速机那么广泛。但是,和交流异步测速机相比,直流测速机具有输出特性斜率大、没有剩余电压、没有相位误差、温度补偿容易等优点,所以在自控系统中还是得到了很多的应用。下面举例说明它在系统中的用途。

1. 作测速元件

由 $U_0 = C_e\phi n$ 可知,U_0 与转速成正比,可将测速发电机直接作为测量转速之用。

2. 作微分元件

由 $U_0 = C_e \phi n = C'_e \dfrac{\mathrm{d}\theta}{\mathrm{d}t}$ 可知,可用测速发电机实现转角 θ 对时间的微分。

3. 作积分元件

在图 2-8 所示的系统中,放大器的输出电压(加于电动机电枢两端的电压)为

$$U_a = K[U_1(t) - U]$$

式中:K 为放大器的放大倍数;$U_1(t)$ 为系统的输入电压;U 为测速发电机的输出电压。

当 K 很大时,$U_1(t) - U$ 很小,可以近似地认为

$$U_1(t) - U = 0$$

$$U_1(t) = U = C'_e \frac{\mathrm{d}\theta}{\mathrm{d}t}$$

$$\theta = \frac{1}{C'_e} \int U_1(t) \mathrm{d}t$$

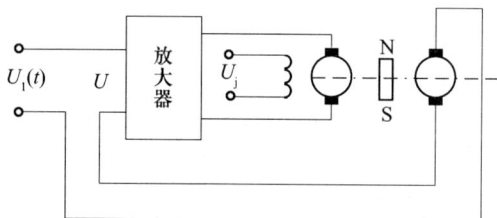

图 2-8　带测速发电机的自控制系统

因而,系统的输出转角 θ 是输入量 $U_1(t)$ 对时间的积分。所以,带测速发电机的控制系统,等于在系统中串入一个积分元件。如果在电动机轴上耦合一个累加转角的计数器,就可测得输入量对时间的积分。

4. 作反馈元件

在图 2-9 所示的系统中,将电动机转速 n 经测速发电机变为电压 U 后,与基准电压 U_1 相比较,其差值 $U_1 - U$ 送入放大器放大后,供给直流电动机电枢,以调节

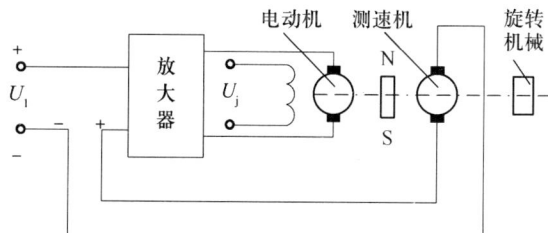

图 2-9　转速控制原理图

电动机的转速。如电动机的转速低于规定转速，则测速发电机产生的电压 U 低，放大器输入电压增大，使电动机转速升高……可见，测速发电机在这个控制系统中起负反馈元件的作用。

5. 作阻尼元件

在图 2-9 所示的系统中，设输入量是转角 α 的函数，电动机带动负载转过 θ 角，当 $\alpha = \theta$ 时，如电动机停止转动，系统处于稳定平衡状态。但由于系统的惯性，在调节过程中，当 $\alpha = \theta$ 时，电动机不能立即停转，如果不接测速发电机，系统将产生振荡。接入测速发电机后，当 $\alpha = \theta$，而 $\dfrac{\mathrm{d}\theta}{\mathrm{d}t} \neq 0$ 时，测速发电机产生的电压 $U = C'_e \dfrac{\mathrm{d}\theta}{\mathrm{d}t}$，阻止电动机继续转动，使振荡衰减。可见，测速发电机可作为阻尼元件。

2.4.2 直流测速发电机的发展方向

直流测速发电机的发展趋势是提高灵敏度和线性度，减小纹波电压和变温所引起的误差，减轻重量、缩小体积，提高可靠性，发展新品种。

1. 发展高灵敏度测速发电机

近年来，国外较重视发展永磁式高灵敏度直流测速发电机。这种电机直径大，轴向尺寸小，电枢元件数多，刷间的串联导体数多，因而输出电压斜率大，其灵敏度比普通测速发电机高 100 倍。这种电机的换向器是用塑料或绝缘材料制成薄板基体，并在板面上印制换向片而构成的，因此换向片数很多；并且换向器固定在转轴的端面上，故称为印制电路端面换向器。由于这种电机的电枢元件数及换向片数比普通直流测速发电机多得多，因而纹波电压可以大大降低。例如，美国 Inland 公司生产的直径为 250mm 的产品，其速比范围为 1:3000，最低转速可低于每天一转，纹波系数小于 0.1%，线性误差低于 0.1%，灵敏度（即电压斜率）为 10V/(r/min)，每天一转的输出信号电压约 7mV。

国内已有高灵敏度测速发电机系列产品，其技术数据见表 2-4。

表 2-4　CYD 系列直流高灵敏度测速发电机

名称 型号	灵敏度/ (V/(rad/s))	最大运行转速/ (r/min)	线性度 /%	不对称度 /%	纹波幅值 （转速在 20r/min 时）	每转纹波频率/Hz	最小负载电阻/kΩ	质量 /kg
CYD-11	11	30	≤1%	≤1%	≤1%	79	203	2.5
CYD-6	6	100	≤1%	≤1%	≤1%	395	50	2.5
CYD-2.7	2.7	300	≤1%	≤1%	≤1%（10rmp 时）	395	11.35	2.5
CYD-50	40~50	20	≤1%	≤1%	≤1%	298	80	18
CYD-10	10	100	≤1%	≤1%	≤1%	342	5.5	16.5

2. 改进电刷与换向器装置,发展无刷直流测速发电机

直流测速发电机由于存在电刷和换向器,带来诸多缺点,如结构复杂、维护比较困难、可靠性差、在特殊环境中(如高空、真空中)换向困难,又因为电刷与换向器的机械接触,引起了附加转矩、电磁干扰和接触压降。目前,研究人员一方面努力从换向器、电刷的接触结构和工艺方面采取措施,以减轻上述各种弊病,提高测速发电机的性能指标及可靠性,另一方面,还大力开展对无刷测速发电机的研制。

在改进电刷和换向器的接触装置方面除了采用特殊加工工艺外,还采用窄电刷、印刷电路端面换向器,使电机的运行性能大大改善。无刷直流测速发电机包括霍耳效应无刷直流测速发电机和两极管式测速发电机等。下面简单介绍这两种测速发电机的结构和工作原理。

图 2 – 10 所示为一种利用霍耳效应做成的无刷直流测速发电机的原理图。在电机的定子铁芯上放置两个空间位置相差 90° 电角度的绕组 W_A 和 W_B,并在绕组的轴线处分别放置霍耳元件 B 和 A。转子为两极的永久磁铁。霍耳元件 A 和 B 的控制电流又分别由绕组 W_A 和 W_B 供给,并将它们的输出端串联,于是总的输出电压就为两霍耳元件的霍耳电势之和。

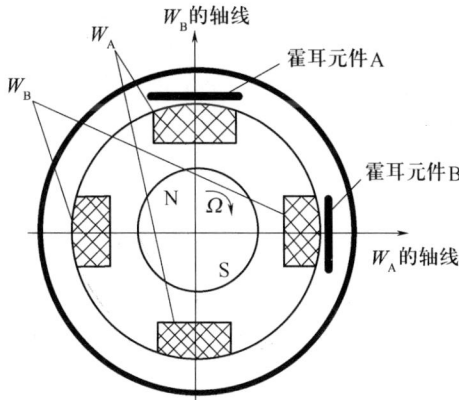

图 2 – 10　霍耳效应 BLDCM 的原理图

当转子不转时,绕组 W_A 和 W_B 中都没有感应电势,霍耳元件的控制电流也都为零,因此,霍耳电势相应为零,电机不可能出现剩余电压。

当转子旋转后,绕组 W_A 和 W_B 中就有感应电势。若气隙磁密按正弦规律分布,转子旋转的角速度为 Ω,则绕组 W_A 轴线处的磁密 B_A,即为通过霍耳元件 B 的磁密,它将随时间按正弦函数变化,所以磁密为

$$B_A = B_\delta \sin \Omega t$$

式中:B_δ 为永磁磁极轴线处气隙磁密的幅值。

同理,绕组 W_B 轴线处的磁密 B_B,即通过霍耳元件 A 的磁密,它将随时间按余弦函数变化,所以磁密为

$$B_B = B_\delta \cos\Omega t$$

由此可知,绕组 W_A 和 W_B 中的感应电势应分别为

$$e_A = -K_A B_\delta \Omega \cos\Omega t$$

$$e_B = K_B B_\delta \Omega \sin\Omega t$$

式中:K_A 和 K_B 为常数。

若霍耳元件 A 和 B 的控制电流回路的附加电阻分别为 R_A 和 R_B,并略去回路中的漏电抗,则控制电流分别为

$$i_A = \frac{e_A}{R_A} = -\frac{K_A B_\delta}{R_A}\Omega\cos\Omega t$$

$$i_B = \frac{e_B}{R_B} = \frac{K_B B_\delta}{R_B}\Omega\sin\Omega t$$

霍耳元件 A 和 B 的霍尔电势分别为

$$E_{HA} = K_{HA}B_B i_A = \frac{-K_{HA}K_A B_\delta^2}{R_A}\Omega\cos^2\Omega t$$

$$E_{HB} = K_{HB}B_B i_B = \frac{K_{HB}K_B B_\delta^2}{R_B}\Omega\sin^2\Omega t$$

式中:K_{HA}、K_{HB} 分别为霍耳元件 A 和 B 的灵敏度。

若调节电阻 R_A 和 R_B 的大小,使

$$\frac{K_{HA}K_A B_\delta^2}{R_A} = \frac{K_{HB}K_B B_\delta^2}{R_B} = K$$

则两个霍耳元件反向串联后,总的输出电压为

$$U_2 = E_{HB} - E_{HA} = K\Omega(\sin^2\Omega t + \cos^2\Omega t) = K\Omega \tag{3.1}$$

由式(3.1)可知,霍耳效应直流测速发电机的输出电压为一正比于电机转速的直流电压。

为了提高输出电压,还可以采用多相对称绕组,每相绕组的轴线处都放置霍耳元件,采用适当的连接方法后,可以得到输出电压为

$$U_2 = \frac{m}{2}K\Omega$$

式中:m 为绕组的相数。

图 2-11 是两极管式测速发电机的示意图,其结构简单,无需任何磁路。它的静止部分是两个电极,该电极是由两行直径为 1.59mm 的 58 根钢针组成,钢针沿轴向排列。在两电极上加电压能产生很高的电位梯度,以放射和吸收电子。

转子是空心的铝圆筒,圆筒上绕上硅带,硅带上涂上一层透明的塑胶,或者是

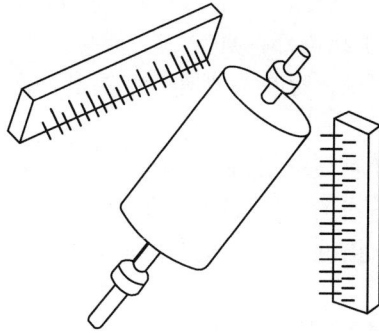

图 2 – 11　两极管式测速发电机示意图

做成绝缘的圆筒,内壁涂上一层薄的导电物。因两极针尖精度不够,放电不易控制,故气隙较大(1.59mm)。

　　两极管式测速发电机的工作原理如图 2 – 12 示。在两电极上加上电压(样品试验时达 6000V),便产生强场放射,电子离开负极被吸引到绝缘转子上并沿转子轴向分布在一个狭长地带。当电子饱和后即阻止负极上电子继续飞出。

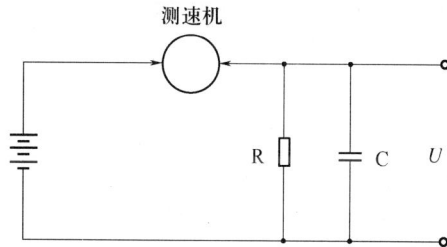

图 2 – 12　两极管式测速发电机的电原理图

　　如果转子不动,电子不会在转子上移动位置。转子转动后,当带有电子的那个地带进入正电极下时,电子被吸引到正极,两极间便有电流通过,电阻 R 两端就有直流输出电压,且输出电压和转速成正比。当转速为零时,两电极间无电流,输出电压为零,即无交流测速发电机的剩余电压。由于电子从负极到转子和由转子带入正极所需的时间远小于转子旋转一周所需的时间,因此两极的电流的大小取决于转速,故输出电压和转速成正比。此电机灵敏度很高,可达 $150 \mathrm{mV}/(\mathrm{r/min})$。

　　两极管式测速发电机具有输出电压大、无波动、无剩余电压、快速灵敏、简单轻巧等特点,因而它既有交、直流测速发电机的优点,又克服了它们的缺点。该电机不足之处是正负极间产生强电场放电的直流电压太高;输出电压噪声成分虽可用旁路电容滤波,旁路电容将引起输出反应的时延;输出电压随空气中湿度的增加而减少。

　　针对上述问题,均可分别采取措施予以克服:采用精度很高的钨丝针尖可使气

17

隙减小,这样只要加 320V 电压就可得到很大的电流;采用小容量旁路电容,使噪声降低到允许值;测速发电机内部抽真空。

两极管式测速发电机虽还存在一些有待解决的问题,但它的发展前途是值得注意的。

直流测速发电机由于存在电刷和换向器的接触结构,使其发展前途受到了限制。近年来无刷测速发电机的发展,使之从根本上取消了接触结构,改善了电机的性能,提高了运行的可靠性,使直流测速发电机获得了新生。

2.5 交流异步测速发电机的结构和工作原理

交流异步测速发电机与直流测速发电机一样,是一种测量或传感转速的信号元件,它可以将转速信号变为电压信号。它的结构和两相异步电动机的结构完全一样。它的转子可以是非磁性杯形的,也可以是鼠笼式的。鼠笼转子异步测速发电机输出斜率大,但特性差、误差大、转子惯量大,一般只用在对精度要求不高的系统中。非磁性杯形转子异步测速发电机的精度相比鼠笼转子异步测速发电机要高得多,转子惯量也小,是目前应用最为广泛的一种交流测速发电机。所以本章重点介绍非磁性杯形转子交流测速发电机。

杯形转子异步测速发电机的转子是一个薄壁非磁性转杯,通常用高电阻率的硅锰青铜或锡青铜制成。定子上嵌有空间互差 90°电角度的两相绕组,其中一个绕组 W_1 为激磁绕组,另一个绕组 W_2 为输出绕组。在机座号较小的电机中,一般把两相绕组都放在内定子上,机座号较大的电机中,常把激磁绕组放在外定子上,把输出绕组放在内定子上。这样,如果在激磁绕组两端加上幅值恒定的交流激磁电压 $\dot{U}_1$,当电机转动时,就可以从输出绕组两端得到一个大小与转速 n 成正比的输出电压 $\dot{U}_2$,如图 2-13 所示。

交流异步测速发电机的工作原理可由图 2-13 来说明。图中,W_1 为激磁绕组,W_2 为输出绕组,它们在空间互差 90°电角度,转子是一个非磁空心杯。这种转子可看成是一个笼条数目非常多的鼠笼转子。

当转子不动,即 $n=0$ 时,如果在激磁绕组 W_1 中加上频率为 f 的激磁电压 $\dot{U}_1$,则在激磁绕组中就会有电流通过,并在内、外定子间的气隙中产生磁场,其频率与电源频率 f 相同,由激磁绕组产生的这一脉振磁场的轴线与激磁绕组 W_1 的轴线一致,如图 2-13 所示。这时激磁绕组 W_1 与转子杯之间的情况如同变压器的原、副边之间的情况完全一样,穿过激磁绕组和转子杯之间的交变磁通 ϕ_{10} 将在激磁绕组和转子杯导体中分别感应电势,由于这种电势的性质与变压器所感应的电势一样,故称为变压器电势。

根据变压器原理,当电源电压 $\dot{U}_1$ 保持一定时,磁通 ϕ_{10} 也保持不变。输出绕

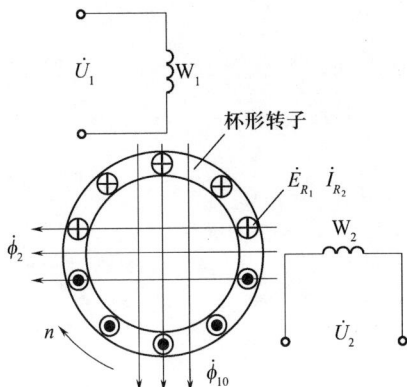

图 2－13　交流异步测速发电机的工作原理

组的轴线与激磁绕组的轴线在空间相差 $90°$ 电角度,所以输出绕组 W_2 中无感应电势。也就是说,当转子转速 $n=0$ 时,输出绕组中没有电压输出。

当杯形转子被电动机带动以转速 n 沿顺时针方向转动时,转子中导体切割磁通 ϕ_{10},在导体中感应电势,方向如图 2－13 所示,电势的大小为

$$E_{R_2} = C_e n \phi_{10}$$

转子中的电势 E_{R_2} 在转子中产生电流 I_{R_2},因为气隙中磁通 ϕ_{10} 是交变的,频率为 f,所以,转子导体切割磁通 ϕ_{10} 产生的电势 E_{R_2} 和电流 I_{R_2} 也都是交变的,频率也为 f。对应于图 2－13 中的磁通 ϕ_{10} 和转速 n 的方向,可根据右手定则判断出感应电势 E_{R_2} 和电流 I_{R_2} 的方向,如图 2－13 所示。

与此同时,流过转子导体中的电流 I_{R_2} 也要产生磁通 ϕ_2,ϕ_2 的大小与 I_{R_2} 成正比,即

$$\phi_2 \propto I_{R_2}$$

又因为

$$I_{R_2} \propto E_{R_2} \propto \phi_{10} \cdot n$$

所以

$$\phi_2 \propto \phi_{10} \cdot n$$

因此,ϕ_2 的大小与转速 n 成正比,且也是交变的,其交变频率也与电源频率 f 相同。不论转速大小,由于转子杯中上半部分导体的电流方向与下半部分导体的电流方向相反,而转子导体沿圆周分布又是均匀的,因此,转子切割电流 I_{R_2} 产生的磁通 ϕ_2 的轴线与 ϕ_{10} 的轴线垂直,而与输出绕组 W_2 轴线一致。它的瞬时极性可按右手螺旋定则由转子电流的瞬时方向确定,如图 2－13 所示。这样,当磁通 ϕ_2 交变时,就会在输出绕组 W_2 中感应出电势,这个电势产生测速发电机的输出电压 $\dot{U}_2$,它的大小正比于 ϕ_2,即

$$U_2 \propto \phi_2$$

因此,它的大小也正比于 $\phi_{10} \cdot n$,即

$$U_2 \propto \phi_2 \propto \phi_{10} \cdot n$$

又因为

$$\phi_{10} \propto U_1$$

所以

$$U_2 \propto U_1 \cdot n$$

这就是说,当激磁绕组加上电源电压 U_1,电机以转速 n 旋转时,测速发电机的输出绕组将产生输出电压 U_2,其大小与转速 n 成正比。当转向相反时,由于转子中的切割电势、电流及其产生的磁通的相位都与原来相反,因而输出电压 U_2 的相位也与原来相反。这样,异步测速发电机就可以很好地将转速信号变成为电压信号,实现测速的目的。

由于磁通 ϕ_2 是以频率 f 在交变的,因此输出电压 $\dot{U}_2$ 也是交变的,其频率等于电源频率 f,与转速无关。

上面分析的是一台理想测速发电机的情况,实际的异步测速发电机由于许多因素的存在,会产生各种误差。

2.6 异步测速发电机的特性和主要技术指标

表征异步测速发电机性能的技术指标主要有线性误差、相位误差、剩余电压和输出斜率。下面结合异步测速发电机的输出特性介绍这几种主要的技术指标。

2.6.1 输出特性和线性误差

测速发电机输出电压与转速间的关系 $U_2 = f(v)$ 称为输出特性。v 为相对转速,它是实际转速 n 与同步转速 $n_1 = \dfrac{60f}{p}$ 之比值,即 $v = \dfrac{n}{n_1}$。一台理想测速发电机的输出电压应与它的转速成正比,或者说输出特性应是直线,即

$$U_2 = K \cdot v$$

式中:K 为比例系数。

但是,实际的异步测速发电机输出电压与转速间并不是严格的线性关系,而是非线性的,如图 2 – 14 所示。为了便于衡量实际输出特性的线性度,一般把实际输出特性上对应于 $\dfrac{\sqrt{3}}{2} v_{\max}$($v_{\max}$ 为最大相对转速)的一点与坐标原点的连线作为线性

20

输出特性。直线与曲线之间的差值就是误差,这种误差通常用线性误差(又称幅值相对误差)δ_x 来量度

$$\delta_x = \frac{\Delta U_{\max}}{U_{2LT\max}} \times 100\%$$

式中:$\Delta U_{\max}$ 为实际输出电压与线性输出电压的最大差值;$U_{2LT\max}$ 为对应于最大转速 $n_{\max}$(技术条件上有规定)的线性输出电压。

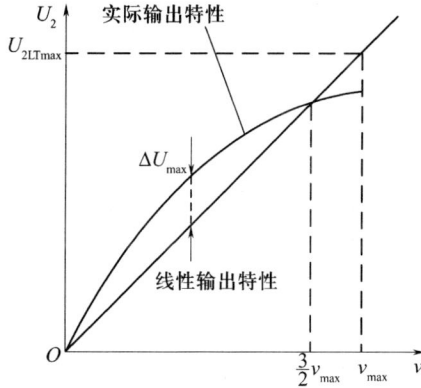

图 2 – 14　输出特性及线性误差

异步测速发电机在控制系统中的用途不同,对线性误差的要求也不同。一般作为阻尼元件时,允许线性误差可大一些,约为百分之几到千分之几;而作为解算元件时,线性误差必须很小,约为千分之几到万分之几的范围。

异步测速发电机产生线性误差的原因主要在于激磁绕组中存在电阻 r_1 及漏抗 X_1,而且由于转子漏抗等因素,使得气隙纵轴脉振磁通幅值不是恒定的,而与转速有关。但是输出电压 U_2 与转速 n 成线性关系的前提条件是气隙纵轴磁通保持不变,因而存在线性误差。

为了减小线性误差,首先应尽可能减小激磁绕组的漏阻抗,并采用高电阻率材料制成的非磁性杯转子,这样就可略去转子漏抗的影响,并使引起气隙纵轴磁通变化的转子磁通削弱。

2.6.2　输出相位移与相位误差

在自动控制系统中,总希望异步测速发电机的输出电压与激磁电压同相位,但在实际的异步测速发电机中,两者之间却是有相位移的。产生输出相位移的原因是多方面的,但主要是由于激磁绕组和输出绕组本身存在漏阻抗,输出绕组的电流大小和相位随所接负载的性质而变化。

从图 2 – 15 所示的两相异步电动机的相量图,可以清楚地看出电源电压 $\dot{U}_1$ 和

输出电压 $\dot{U}_2$ 之间存在相位移。图中 $\dot{\phi}_1$ 为沿着激磁绕组轴线脉振的合成磁通，$\dot{E}_1$ 为磁通 $\dot{\phi}_1$ 在激磁绕组中产生的感应电势，其相位滞后 $\dot{\phi}_1$ 的电角度为 $90°$。$\dot{E}_{R_2}$ 为转子导体中的感应电势，其相位与磁通 $\dot{\phi}_1$ 相同。在 $\dot{E}_{R_2}$ 的作用下，产生相位滞后 $\dot{E}_{R_2}$ 为 θ 角的转子电流 $\dot{I}_{R_2}$，由 $\dot{I}_{R_2}$ 产生的交变磁通 $\dot{\phi}_2$ 应与 $\dot{I}_{R_2}$ 同相位，因而 $\dot{\phi}_2$ 与 $\dot{\phi}_1$ 之间的夹角也为 θ 角。由 $\dot{\phi}_2$ 在输出绕组中感应的电势 $\dot{E}_2$ 的相位滞后 $\dot{\phi}_2$ 的电角度为 $90°$，而与 $\dot{E}_1$ 的夹角为 θ 角，其输出电压 $\dot{U}_2$ 与 $-\dot{E}_1$ 之间的夹角就为 θ。

根据电势平衡方程式

$$\dot{U}_1 = -\dot{E}_1 + \dot{I}_1(r_1 + jX_1)$$

假设 $-\dot{E}_1$ 和 $\dot{I}_1$ 的夹角为 β 角，则可作出相量 I_1r_1 和 jI_1X_1，这样便可得到 $\dot{U}_1$。由图中可看出，这时

图 2-15　相量图

输出绕组上产生的输出电压 $\dot{U}_2$ 与加在激磁绕组上的电源电压 $\dot{U}_1$ 不同相，它们之间存在着相位移，这个相位移 φ 角就称为异步测速发电机的输出相位移。

如果磁通 $\dot{\phi}_1$ 的相位不随转速而变化，也就是说，$\dot{U}_1$ 与 $\dot{\phi}_1$ 之间的相位移角 ψ 一定，那么由于 $\varphi = \psi - 90° + \theta$，而 θ 是固定不变的，则 φ 也不随转速而变化。这种与转速无关的相位移称为固定相位移，是可以通过在激磁绕组中串入适当的电容来加以补偿的，如图 2-16 所示。但是由于实际的异步测速发电机激磁绕组产生的磁通 $\dot{\phi}_1$ 的相位随转速而变，即相位移角 ψ 与转速有关，所以输出相位移 φ 角也随转速 n 变化，如图 2-17 所示。这种与转速有关的相位移是难以补偿的，所谓相位误差指的就是在规定的转速范围内，输出电压与激磁电压之间的相位移的变化量 $\Delta\varphi$，如图 2-17 所示。

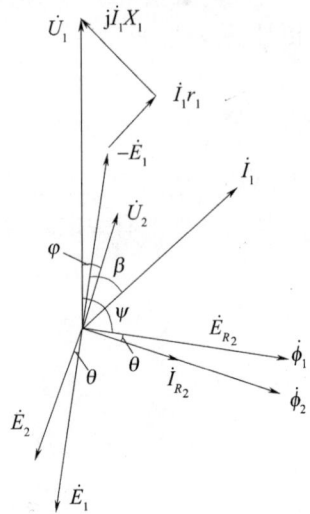

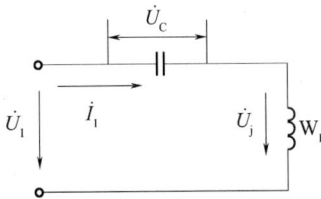

图 2-16　激磁绕组串入电容后的电压分配　　　　图 2-17　相位特性

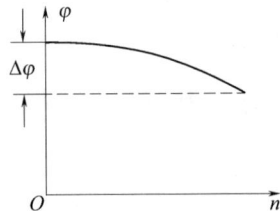

一般要求交流异步测速发电机的相位误差不超过 $1° \sim 2°$。

2.6.3 剩余电压 U_s

理论上,测速发电机转速为零时输出电压应为零,但实际上并不为零,这就会使控制系统产生漂移。所谓剩余电压就是指测速发电机的激磁绕组已经供电,转子处于不动情况下(即零速时)输出绕组上所产生的电压,剩余电压又称为零速电压或零位误差。

产生剩余电压的原因是多种多样的,主要是制造工艺方面的原因,如气隙不均匀、磁路不对称、转杯厚薄不均匀、定子绕组匝间短路、铁芯叠片片间短路、激磁绕组与输出绕组轴线不垂直等,都会使异步测速发电机产生零位误差。

经过分析,剩余电压主要由两部分组成,如图 2-18 所示。一部分是固定分量 U_{E0},其值与转子位置无关;另一部分是交变分量 U_{Sj} (又称波动分量),它的值与转子位置有关,当转子位置变化时(以转角 α 表示),其值作周期性变化。

在自动控制系统中,剩余电压中相位与激磁电压 $\dot{U}_1$ 相同的同相分量,将使系统产生误动作而引起系统的误差,相位与 $\dot{U}_1$ 成 90°角的正交分量,有时会使放大器饱和及伺服电动机温升增高。

另外,由于导磁材料的导磁率不均匀,电机磁路饱和等原因,在剩余电压中还会出现高于电源频率的高次谐波分量,这个分量有时也将使放大器饱和及伺服电动机温升增高。

为了减小剩余电压,可将输出绕组与激磁绕组分开把它们分别嵌在内、外定子的铁芯上,此时内定子应做成相对于外定子能够转动的。当电机制造好后,在转子不动时,将激磁绕组通上电源,慢慢地转动内定子,并观察输出绕组所产生的剩余电压的大小,直到调整到剩余电压最小,这时就用防松螺钉将内定子固定好。图 2-19 就是采用这种方法的示意图。为了消除图 2-18 所示的剩余电压,内定子应调整到图 2-19 所示的位置,这时,激磁绕组产生的磁通 $\dot{\phi}_1$ 的方向就与输出绕组轴线相垂直,不再在其中互感出剩余电压。

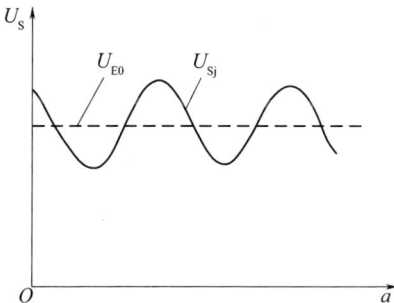

图 2-18 剩余电压的固定和交变分量

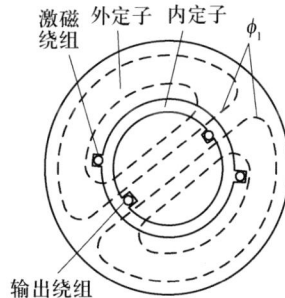

图 2-19 转动内定子消除剩余电压

23

此外,还经常采用补偿绕组来消除剩余电压,这种补偿绕组与激磁绕组相串联,但嵌在输出绕组的槽中,如图 2-20 所示。这样,在转子不动的情况下,接通电源时,流过补偿绕组的电流所产生的磁通 $\dot{\phi}$ 与输出绕组完全匝链,因而在输出绕组中又要感应出补偿电压,如果补偿绕组匝数选择得恰当,使磁通 $\dot{\phi}$ 产生的补偿电压与剩余电压大小相等,相位相反,则补偿电压可以完全抵消剩余电压。

除了依靠电机本身的结构来消除剩余电压外,还可由外部采用适当的线路,产生一个校正电压来抵消电机所产生的剩余电压。图 2-21 就是一个消除剩余电压的简单网络,图中虚线所表示的框内是一个分压器和移相器,分压器两端 a 和 b 与激磁绕组两端一起接在电源电压 $\dot{U}_1$ 上,而把分压器上 b 和 c 两点所产生的电压经过移相器移相后,所得的电压 $\dot{U}_f$ 与测速发电机输出绕组相串联,这里 $\dot{U}_f$ 就是校正电压,如果校正电压 $\dot{U}_f$ 的大小与剩余电压相等,相位相反,那么 $\dot{U}_f$ 就抵消了剩余电压,当转子不动时,则在发电机输出端 E 和 F 上就没有电压输出。

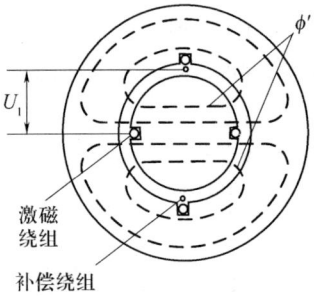

图 2-20　采用补偿绕组消除剩余电压　　图 2-21　消除剩余电压的简单网络

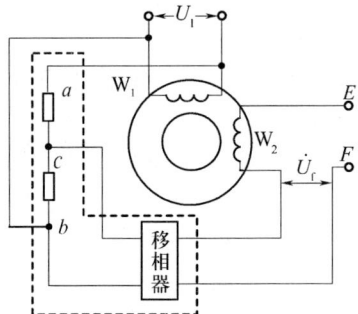

应该注意的是,剩余电压中的交变分量是难以用补偿法把它除去的,只得依靠改善转子材料性能和提高转子杯加工精度来减小它。对于已制成的电机,可以将转子杯进行修刮,使剩余电压波动分量减小到容许的范围。

目前,异步测速发电机剩余电压可以做到小于 10mV,一般的约为十几毫伏到几十毫伏。

2.6.4　输出斜率

与直流测速发电机一样,异步测速发电机的输出斜率 u_n 通常也是规定为转速 1000r/min 时的输出电压。如图 2-22 所示,输出斜率越大,输出特性上比值 $\Delta U_2/\Delta n$ 也越大,交流测速发电机的输出斜率比较小,一般为 $(0.5 \sim 5)$ V/(kr/min)。

24

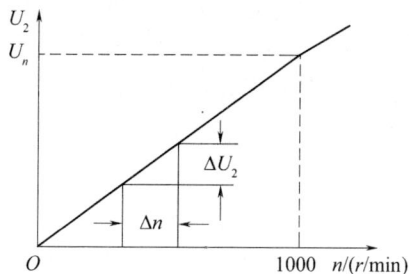

图 2－22　输出斜率

2.7　异步测速发电机的使用和主要技术数据

2.7.1　异步测速发电机的使用

交流测速发电机主要用于交流伺服系统和解算装置中,在选用时,应根据系统的频率、电压、工作转速的范围和具体用途,来选择交流测速发电机的规格,用作解算元件的应着重考虑精度要高,输出电压稳定性要好;用于一般转速检测或作阻尼元件时,应着重考虑输出斜率要大,而不宜既要精度高,又要输出斜率大。

当使用直流或交流测速发电机都能满足系统要求时,则需考虑到它们的优缺点,全面权衡,合理选用。

与直流测速发电机比较,交流异步测速发电机的主要优点如下:

（1）不需要电刷和换向器,构造简单,维护容易,运行可靠。

（2）无滑动接触,输出特性稳定,精度高。

（3）力矩小,惯量小。

（4）不产生干扰无线电的火花。

（5）正、反转输出电压对称。

主要缺点如下:

（1）存在相位误差和剩余电压。

（2）输出斜率小。

（3）输出特性随负载性质（电阻、电感、电容）不同而有不同。

在使用测速发电机时,还应注意以下几个问题。

1. 负载影响

异步测速发电机在控制系统中工作时,输出绕组所接的负载,一般情况下其阻抗是很大的,所以近似地可以用输出绕组开路的情况（不带负载）进行分析。通常生产厂给出的技术指标也多是指输出绕组开路时的指标,但倘若负载阻抗不是足够大,则输出绕组就不应认为是开路,负载对电机的性能就会有影响。

2. 温度的影响

环境温度的变化和电机长时间工作的发热,会使定子绕组和杯形转子的电阻以及磁性材料的性能发生变化,这样就会对电机的性能产生影响,使输出特性不稳定。例如,当温度升高时,由于电阻压降 $I_1 r_1$ 和 $I_2 r_2$ 的增大及磁通 ϕ_1 和 ϕ_2 的减小就会使输出斜率下降。这时相位移 φ 将向超前方向推移。在实际使用中,往往要求当温度变化时电机的性能应保持一定的稳定性,所以规定了变温输出误差 ΔU_{T} 和变温相位误差 $\Delta \varphi_2$ 的指标,其含义是由于温度变化引起的输出电压幅值和相位移的变化。对于某些作为解算元件用的、精度要求很高的异步测速发电机,为了使特性不受温度变化的影响,应采用温度补偿措施。简单的方法是在激磁回路、输出回路或同时在两回路中串联负温度系数的热敏电阻 R_{b} 来补偿温度变化的影响,如图 2-23 所示。

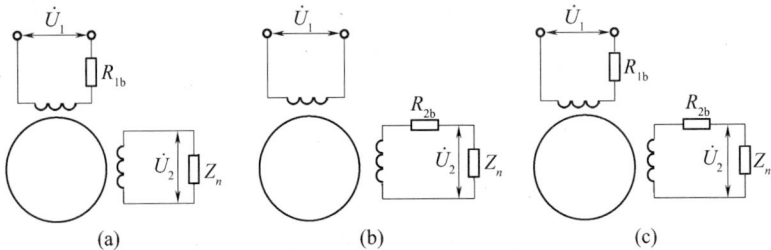

图 2-23 温度补偿

3. 激磁电源的影响

异步测速发电机对激磁电源的稳定度、失真度要求是比较高的,特别是解算用的测速发电机,要求激磁电源的幅值、频率都很稳定,电源内阻及电源与测速发电机之间连线的阻抗也应尽量小。电源电压幅值不稳定,会直接引起输出特性的线性误差,而频率的变化会影响感抗和容抗的值,因而也会引起输出的线性和相位误差。如对于 400Hz 异步测速发电机来说,在任何转速下,频率每变化 1Hz,输出电压约变化 0.03%,另外波形失真度较大的电源,会引起输出电压中高次谐波分量过大。所以在精密系统中激磁绕组一般采用单独电源供电,以保持电源电压和频率的稳定。

4. 移相问题

在自动控制系统中,往往希望输出电压 $\dot{U}_2$ 与激磁电压 $\dot{U}_1$ 相位相同,因而要进行移相。移相可以在激磁回路中进行,也可以在输出回路中进行,或者在两回路中同时进行。最简单的方法是在激磁回路中串联移相电容 C 进行移相,如图 2-25 所示。电容值可用实验办法确定。应注意的是,在激磁回路中串上电容后,会对输出斜率、线性误差等特性产生影响,因此在补偿相移后,电机的技术指标应重新测定。

目前应用得较多的是在输出回路中进行移相,这时,输出绕组通过 RC 移相网络后再输出电压,如图 2-24 所示。图中 C_1、R_1 构成移相电路,主要通过调节 C_1 和 R_1 的值来对输出电压 $\dot{U}_2$ 进行移相。电阻 R_3 和 R_2 组成分压器,改变 R_2 和 R_3 的大小可调节输出电压 $\dot{U}_2$ 的值,即反馈量强弱。采用这种方法移相时,C_1、R_1、R_2、R_3 及后面的负载一起组成了测速发电机的负载阻抗。

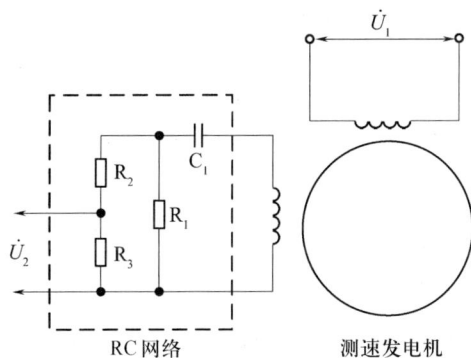

图 2-24 输出回路中移相

5. 最大线性工作转速

在测速发电机的技术条件中还规定了最大线性工作转速 n_{max},它表示当电机在转速 $n < n_{max}$ 情况下工作时,其线性误差不超过标准规定的范围。所以,在使用中,若对于测速发电机线性度有一定要求时,则电机的工作转速就不应超出最大线性工作转速。

2.7.2 交流异步测速发电机产品型号和主要技术数据

目前,我国生产的是 CK 系列空心杯转子异步测速发电机,其部分产品的主要技术数据列于表 2-5 中。

表 2-5 CK 系列空心杯转子异步测速发电机主要技术数据表

型 号	额定激磁电压/V	额定激磁频率/Hz	剩余电压及波动范围/mV	输出斜率/(V/(r/min))	输出相位移/(°)	空载激磁电流/mA	空载激磁功率/W	短路输出阻抗/Ω	同相线性误差/%
20CK01	26	400	15~25	0.2	0~30	110	2.2	1200	0.5
20CK02	36	400	20~30	0.32	0~10	90	2.2	2500	0.25
28CK01	36	400	15~25	0.5	0~5	220	4.5	1000	0.07
28CK02	36	400	30~40	0.7	0~30	220	4.5	1000	0.5
28CK03	115	400	35~50	1	0~10	70	4.5	5000	0.1

型 号	额定激磁电压/V	额定激磁频率/Hz	剩余电压及波动范围/mV	输出斜率/(V/(r/min))	输出相位移/(°)	空载激磁电流/mA	空载激磁功率/W	短路输出阻抗/Ω	同相线性误差/%
28CK04	115	400	20～30	1.6	0～5	70	4.5	6000	0.07
28CK05	115	400	50～70	2	0～30	70	4.5	5000	0.5
36CK01	36	400	20～30	0.7	0～10	240	5	1000	0.1
36CK02	36	400	35～50	1	0～30	240	5	1000	0.5
36CK03	115	400	45～60	1.6	0～10	80	5	5000	0.1
36CK04	115	400	25～35	2.5	0～5	80	5	6000	0.07
36CK05	115	400	60～80	3	0～30	80	5	5000	0.5
45CK01	36	400	25～40	1	0～10	260	6	1000	0.1
45CK02	36	400	45～60	1.6	0～30	260	6	1000	0.5
45CK03	115	400	45～65	2.5	0～10	90	6	6000	0.1
45CK04	115	400	30～40	3	0～5	90	6	7000	0.07
45CK05	115	400	65～90	4	0～30	90	6	6000	0.5
55CK01	115	400	75～100	5	0～10	120	8	7000	0.1
55CK02	115	400	95～120	7	0～30	120	8	7000	0.5
28CK51	36	50	15～25	0.5		200	3	1500	2
36CK51	36	50	20～35	1		200	5	2000	1
36CK52	110	50	20～40	2		70	5	3000	1
45CK51	110	50	20～35	2		80	6	3000	0.5
45CK52	110	50	30～45	3		80	6	2000	1
45CK53	110	50	40～55	4		80	6	3000	1
55CK51	110	50	45～60	5		100	7	4000	1

表中型号的含义如下：

例如 36CK05

36　　CK　　0　　5

性能参数代号：第5种性能参数

频率代号：400Hz

产品代号：空心杯转子异步测速发电机

机座代号：机座外径36mm

2.8 交流伺服测速机组

交流伺服电动机和交流测速发电机通常是通过齿轮组耦合在一起使用的。由于齿轮之间不可避免地有间隙存在,就会影响运转的稳定性和精确性。特别是低速运转时,会使伺服系统发生抖动现象,齿轮间隙对于系统来说,是一种不可避免的非线性因素。为了克服齿轮间隙的影响,可把伺服电动机与测速发电机做成一体,用公共的转轴和机壳,这就是交流伺服测速机组。我国这种机组的系列是 S-C,其中伺服电动机采用鼠笼转子,测速发电机采用非磁空心杯转子,它们装在同一轴上,如图 2-25 所示。显然这样的机组不但消除了齿隙误差,而且运转稳定、噪声也小,并且使结构紧凑,省掉了齿轮或其它联轴器,使整个系统的体积缩小。

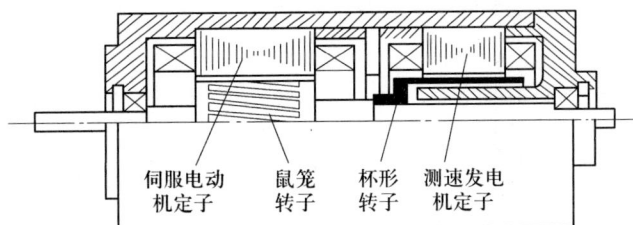

伺服电动   鼠笼   杯形   测速发电
机定子   转子   转子   机定子

图 2-25 交流伺服测速机组结构之一

另外,在一些高精度的伺服系统中,还采用低惯量杯形转子机组,它的结构特点是电动机和测速发电机的转子都是用杯形转子,它们共用一个杯子和内定子,如图 2-26 所示。这种机组体积小,重量轻、惯量小,运转平稳,反应快速灵敏,特别适用于航空仪表装置中。据美国资料介绍,一个 1.2 英寸长的机组,测速机在 1000r/min 时具有 0.3V 的输出,电动机的输出力矩为 2.842×10^{-4}N·m,转子惯量为 3.92×10^{-7}N·m^2。

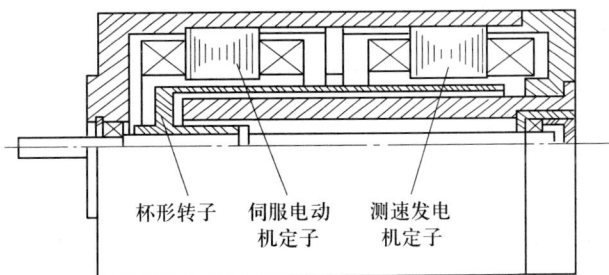

杯形转子   伺服电动   测速发电
机定子   机定子

图 2-26 交流伺服测速机组定子

由于交流伺服测速机组体积小、重量轻、性能好,故在国内外得到了广泛的应用。图 2-27 所示就是在航空仪表装置和自动驾驶仪中广泛使用的一种异步伺服

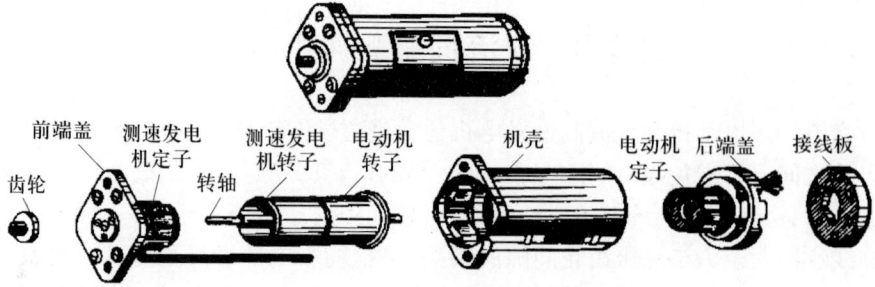

图 2 – 27　两相异步测速发电机的结构

测速发电机机组,它的转子就是低惯量的杯形转子组。

小　结

本章重点是掌握直流测速发电机和交流测速发电机的基本工作原理和结构特点、输出特性。

测速发电机在自动控制系统中作为测量或自动调节电机转速之用;在随动系统中用来产生反馈信号用以提高系统的稳定性和精度;在解算装置中作为微分和积分元件。它还可以测量各种机械在有限范围内的摆动或非常缓慢的转动。测速发电机可分为以下几类。

1. 直流测速发电机

(1)永磁式直流测速发电机;

(2)电磁式直流测速发电机。

2. 交流测速发电机

(1)同步测速发电机;

(2)异步测速发电机。

直流测速发电机的电枢反应和延迟换向的去磁效应,使线性误差随着转速的增高或负载电阻的减小而增大。因此,在使用时必须注意电机转速不得超过规定的最高转速,负载电阻不可小于给定值。纹波电压、电刷和换向器接触压降的变化造成了输出特性的不稳定,因而降低了测速发电机的精度。测速发电机的输出特性对于温度的变化是比较敏感的。凡是温度变化较大,或对变温输出误差要求严格的场合,还需要对测速机进行温度补偿。

交流测速发电机主要用于交流伺服系统和解算装置中,在选用时,应根据系统的频率、电压、工作转速的范围和具体用途来选择交流测速发电机的规格。用作解算元件时,应着重考虑精度要高,输出电压稳定性要好;用于一般转速检测或作阻尼元件时,应着重考虑输出斜率要大,而不宜既要精度高,又要输出斜率大。

当使用直流或交流测速发电机都能满足系统要求时,则需考虑到它们的优缺点,全面权衡,合理选用。

与直流测速发电机比较,交流异步测速发电机的主要优点如下:

(1) 不需要电刷和换向器,构造简单,维护容易,运行可靠。

(2) 无滑动接触,输出特性稳定,精度高。

(3) 力矩小,惯量小。

(4) 不产生干扰无线电的火花。

(5) 正、反转输出电压对称。

主要缺点如下:

(1) 存在相位误差和剩余电压。

(2) 输出斜率小。

(3) 输出特性随负载性质(电阻、电感、电容)而有不同。

思 考 题

(1) 自动控制系统对测速发电机的主要要求有哪些?

(2) 直流测速发电机的输出特性误差是由哪些因素引起的?

(3) 如何用实验的方法确定交流测速发电机的电枢绕组和激磁绕组?

(4) 直流测速发电机在各种控制系统中的功用是什么?

(5) 简述霍耳效应无刷直流测速发电机的工作原理?

(6) 为什么直流测速发电机的使用转速不宜超过规定的最高转速?而负载电阻又不能小于规定值?

(7) 为什么两相异步伺服电动机的转子常常采用鼠笼式结构,而交流异步测速发电机的转子却很少采用鼠笼式结构,一般都为非磁性空心杯式结构?

(8) 为什么交流异步测速发电机的输出电压大小与电机转速成正比,而频率却与转速无关?

(9) 异步测速发电机的输出特性为什么会存在线性误差?在工程上是怎样确定线性误差的?

(10) 简要说明在各种不同负载下,当负载阻抗变化时对异步测速发电机输出特性的影响。

(11) 什么是异步测速发电机的剩余电压?简要说明剩余电压产生的原因及减小的方法。

(12) 与直流测速发电机比较,交流异步测速发电机的主要优点有哪些?

(13) 在使用异步测速发电机时,应注意什么问题?

(14) 为什么要采用交流伺服测速机组?这样的结构在使用上有哪些优点?

第3章 同 位 器

3.1 概 述

同位器是一种感应式交流控制电机,主要功能是实现角度跟踪。在飞机上,同位器广泛应用于远距离指示装置和伺服系统中,其功用是将转子转动的角信号变换为电信号或将电信号变换为转子的转角信号,实现角度信号的变换、发送、传输和接收。例如,在飞机远读地平仪中,同位器用来测量和传递飞机的俯仰角或倾斜角。又如,在航向系统中,同位器用来测量飞机的转弯角等。

同位器的种类很多,按供电电源形式分为由三相电源供电的三相同位器、由单相电源供电的单相同位器。按其使用要求分为用于测量和直接指示角位置的指示型同位器(力矩型同位器)、用来测量和传递角位置信号的变压器式同位器(控制式同位器);还有一种测量、传递或指示两个角位置的差或和的同位器,叫差动式同位器,差动式同位器可以是指示型的,也可以是变压器型的。由于三相同位器常用于大功率场合,单相同位器主要应用于自控和遥控系统中,因此,本章仅对单相同位器的运行机理进行分析。

在自动控制的随动系统中,一般是通过两台或多台同位器在电路上联接起来,通过电的联系,使机械上互不相连的两轴或多轴能自动地保持相同的转角变化或同步旋转,故同位器也称自整角机。

在随动系统中,产生信号的同位器称为发送机,接受信号的同位器称为接收机。

指示型同位器主要用在指示系统中。系统中的接收机接收到发送机信号后,产生转轴力矩,直接带动很小的负载(如指针)转动,指示出发送机的转角位置。

变压器式同位器主要用于同位器和伺服机构所组成的随动系统中。其接收机的转轴不直接带动负载(即没有力矩输出),而在接收机中产生与失调角有关的电压信号输出,此时接收机工作在变压器状态,故称变压器式同位器。又由于接收机产生的电压信号经过放大后,用于控制随动系统的交流伺服电动机,带动从动轴即负载转动,消除失调角,所以也称为控制式自整角机。

同位器按结构可分为接触式和无接触式两种。接触式同位器有电刷与滑环之间的滑动接触;无接触式同位器没有电刷、滑环结构,激磁绕组和定子绕组都安装在定子上,因而精度较高,具有不产生无线电干扰等优点,但结构比较复杂。接触式同位器由于结构简单、性能较好,所以使用较广。

3.2 单相同位器的基本结构

和其它旋转电机一样,同位器也是由定子和转子两部分组成的,结构上与一般小型同步电机类似,如图3-1及图3-2所示。

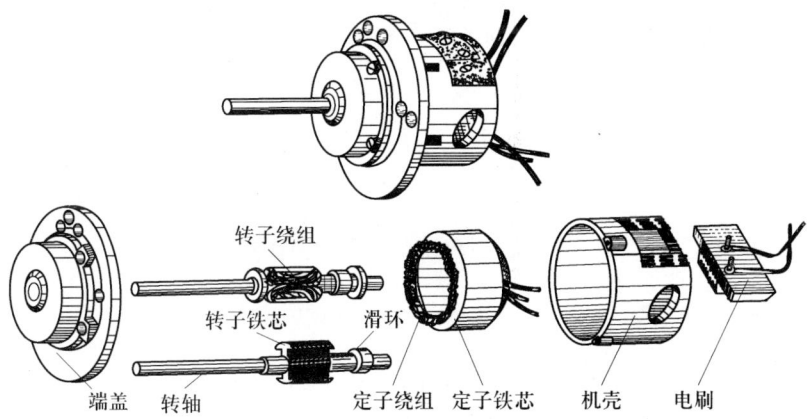

图3-1 整体式同位器凸极式转子

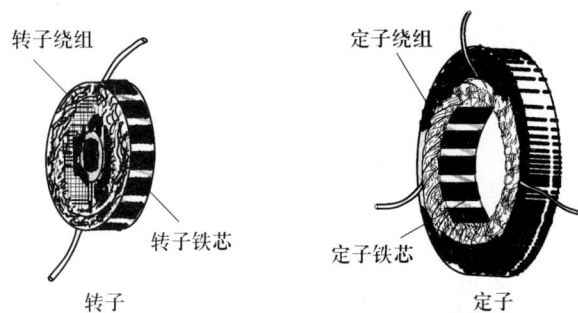

图3-2 非整体式同位器隐极式转子

3.2.1 定子

同位器的定子主要由定子铁芯和定子绕组构成。定子铁芯由硅钢片或坡莫合金叠片组成,在定子铁芯的槽中,安放着三个绕组。三个绕组的轴线彼此在空间相差120°电角度,三个绕组彼此是完全对称的。三个绕组的末端接在一起,首端从定子槽中引出。需要特别指出的是,因为同位器的三个定子绕组和三相交流电机的三相定子绕组相同,如图3-3所示,习惯上仍称同位器的定子绕组为三相定子绕组。其实,在后面的分析中,将会说明单相同位器的"三相"定子绕组中并不流过三相交流电,更不产生三相旋转磁场,所以,"三相"二字仅仅是为了叙述方便而借用的。

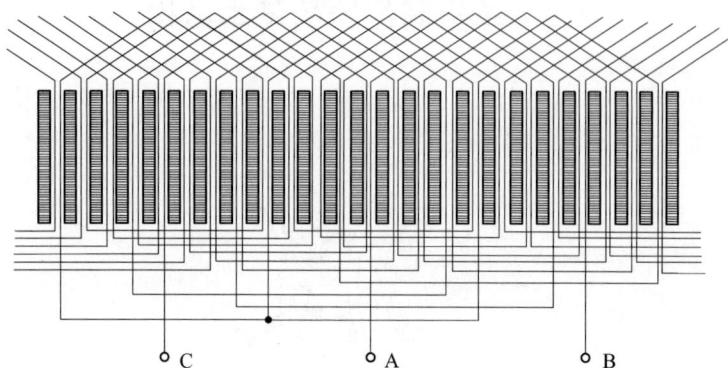

图 3-3 同位器定子绕组展开图

3.2.2 转子

同位器的转子主要由转子铁芯、转子绕组、滑环和转轴等构成。

转子铁芯也由硅钢片或坡莫合金叠片组成。可以做成凸极式,如图 3-1 所示,也可做成隐极式,如图 3-2 所示。无论是凸极式还是隐极式,同位器的转子都做成一对极的,同位器中的电角度和机械角度相等。

转子铁芯上绕有单相绕组或三相绕组。凸极式转子采用单相集中绕组,如图 3-1 所示;隐极式转子采用单相(或三相)分布绕组,单相分布绕组的展开图如图 3-4 所示。

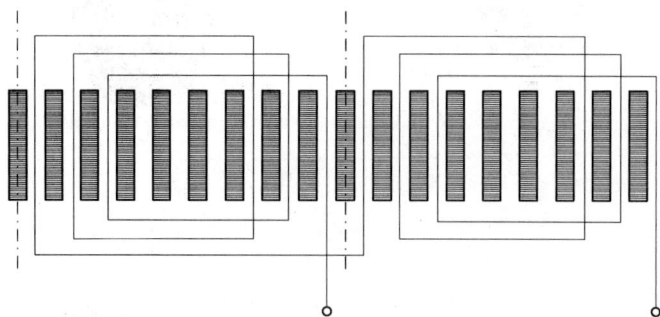

图 3-4 隐极式转子绕组展开图

滑环分别接在转子绕组端部,通过电刷与外电路相连。单相绕组有两个滑环;三相绕组有三个滑环。

3.3　变压器式同位器

在精度要求高和负载转矩大的同步角位移传送系统中,多采用变压器式同位器传输系统,其原理电路如图 3 – 5 所示。

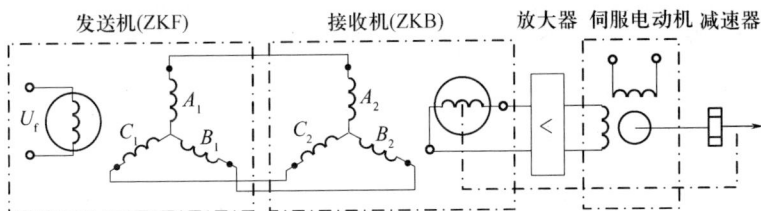

图 3 – 5　单相变压器式同位器系统电路

变压器式同位器传输系统由两台参数相同的同位器组成:一台作为发送机(国内代号为 ZKF,国际代号为 CX),用来发送转角位置信号;另一台作为接收机(国内代号为 ZKB,国际代号为 CT),用来将发送机送来的信号转换为转子绕组的电势信号输出。接收机输出的电势大小与发送机转子转角位置有关,因而变压器式同位器可以实现测量和传输发送机转子转角位置。发送机 ZKF 和接收机 ZKB 的三相定子绕组一一对应地连接起来,称为同步绕组或整步绕组;发送机的转子绕组接于单相交流激磁电源 U_f,称为激磁绕组;而接收机转子绕组不接电源,作为输出绕组接于放大器,然后控制两相伺服电动机。只要系统有失调角,输出绕组就有电压信号输出,伺服电动机就会转动;伺服电动机在驱动机械负载的同时,也带动接收机转子输出绕组转动,因此最终必处于协调状态。可见,在变压器式同位器传输系统中,接收机仅起到变压器传送电压信号的作用。

接收机的转子绕组中为什么会产生电势? 电势的大小和发送机转子绕组在空间的位置有什么关系呢?

为分析方便,取发送机和接收机的定子 A 相绕组轴线(简称为 A 轴)作为同位器中各种角度的参考轴线,如图 3 – 6 所示。发送机中各种角度,都从其定子 A 相绕组的轴线算起,接收机中各种角度,都是从其定子 A 相绕组轴线的交轴算起的,沿顺时针方向转过的角度为正值,沿逆时针方向转过的角度为负值。

发送机转子激磁绕组的轴线和发送机定子 A 相绕组轴线之间的夹角,以 θ_1 表示;接收机转子激磁绕组的轴线和接受机定子 A 相绕组交轴之间的夹角,以 θ_2 表示。发送机与接收机转角位置的差值为 $\theta = \theta_1 - \theta_2$,称为失调角。

3.3.1　变压器式同位器工作原理的物理分析

如图 3 – 6 所示,发送机转子被带动沿顺时针方向转过 θ_1 角,接收机转子绕组

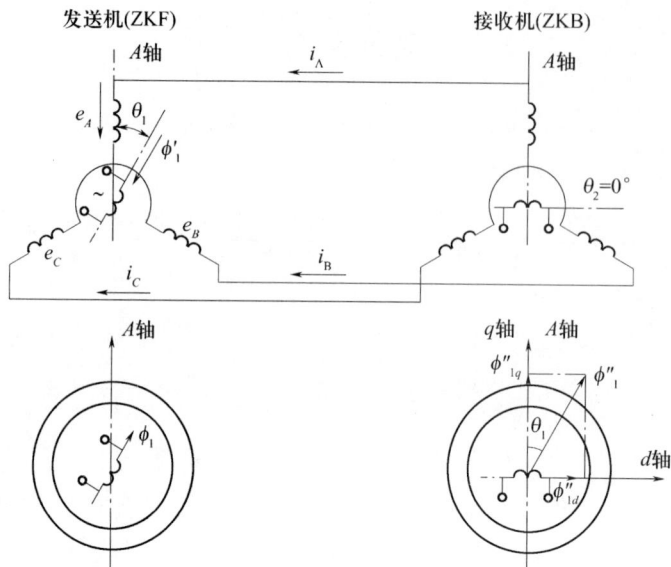

图 3-6 $\theta_1 \neq 0°$，$\theta_2 = 0°$ 时发送机和接收机的电势、电流和磁通

轴线在其 A 轴的交轴位置上，夹角 $\theta_2 = 0°$。

发送机 ZKF 中磁通的空间位置：当发送机转子激磁绕组中通以单相交流电时，发送机转子绕组中便产生脉振磁通 ϕ_1，该磁通的轴线与发送机转子绕组轴线 d 轴重合，与定子 A 轴的夹角为 θ_1。

转子绕组产生的脉振磁通 ϕ_1 要在发送机三相定子绕组中产生感应电势，而且，这种电势是由于线圈中磁通的交变所引起的，所以又称为变压器电势。由于发送机与接收机三相绕组是一一对应相连的，故在发送机和接收机的定子三相绕组所形成的回路中有电流产生。发送机和接收机定子三相绕组中的电流方向是相反的。

发送机定子三相绕组中的电流，在定子中产生合成磁通 ϕ'_1，由楞次定律可知，ϕ'_1 与转子激磁磁通 ϕ_1 的方向相反，起去磁作用。ϕ'_1 与发送机的 A 轴夹角为 θ_1 角。

接收机 ZKB 中磁通的空间位置：由于接收机定子三相绕组中电流方向与发送机定子电流方向相反，故在接收机定子中产生的磁通 ϕ''_1 方向与发送机中 ϕ'_1 方向相反，与发送机激磁磁通 ϕ_1 同方向，ϕ''_1 与接收机 A 轴的夹角仍为 θ_1 角。

接收机转子绕组的电势 E_2：如图 3-6 所示，接收机转子绕组轴线 d 轴与 A 轴的夹角为 $90°$，即 $\theta_2 = 0°$。定子磁通 ϕ''_1 与转子 d 轴夹角为 $-90° + \theta_1$ 角。由于发送机转子产生的磁通 ϕ_1 随时间脉振，它在定子绕组中产生的电势、电流和磁通 ϕ'_1 也随时间脉动，故接收机中的磁通 ϕ''_1 也为脉振磁通，且 ϕ_1 和 ϕ''_1 在空间的相对位置相同。在接收机中,将磁通 ϕ''_1 分解为沿转子绕组的直轴(d 轴)分量 $\phi''_{1d} = \phi''_1 \cdot \sin\theta_1$ 和沿转子绕组的交轴(q 轴)分量 $\phi''_{1q} = \phi''_1 \cdot \cos\theta_1$。因为交轴分量磁通 ϕ''_{1q} 与转子绕组轴线垂直,故 ϕ''_{1q} 不会在转子绕组中产生感应电势;而直轴分量磁通 ϕ''_{1d} 与转子绕组轴线重合,故在转子绕组中产生感应电势 $E_2 = E_m \cdot \sin\theta_1$。

从以上分析可见,变压器式同位器可实现将发送机转子位置角转换成接收机转子绕组电势输出。输出电势的大小与 θ_1 的正弦成正比。

3.3.2 变压器式同位器的数学分析

为简化分析,假设发送机与接收机的结构完全相同,其电路参数相同;忽略电机的铁损;认为电机的气隙均匀;电机磁路不饱和,铁芯的磁阻可以忽略不计,电机磁路的磁阻 $R_m = R_\delta =$ 常数;忽略高次谐波的影响。

设发送机的转子绕组以 $R_1 - R_2$ 表示,转子绕组的轴线 d 轴与定子 A 相绕组的轴线夹角为 θ_1 角,绕组的轴线与绕组的绕向间的关系符合右手螺旋定则,如图 3 – 7 所示。

设发送机转子绕组中的激磁电流为

$$i_1 = I_{m1} \cdot \cos\omega t$$

激磁电流产生的磁势是一个脉振磁势。按照《航空电机学》中的规定,当电流到达正的最大值的瞬间,脉振磁势向量与绕组轴线(d 轴)重合。

激磁电流产生的磁通为

$$\phi_1 = \phi_{m1} \cdot \cos\omega t$$

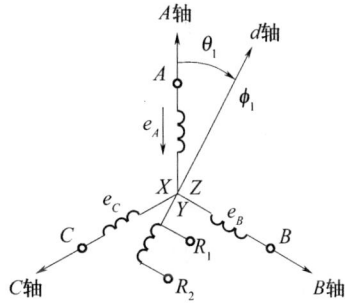

图 3 – 7 发送机定、转子绕组轴线

磁通 ϕ_1 是一个脉振磁通。同样,当电流到达正的最大值的瞬间,脉振磁通 $\boldsymbol{\phi}_1$ 向量与转子绕组轴线重合,如图 3 – 7 所示。

发送机的三相定子绕组分别以 $A - X$、$B - Y$、$C - Z$ 表示。A、B、C 为绕组的首端;X、Y、Z 为绕组的末端,三相绕组的轴线在空间彼此相差 120°电角度,如图 3 – 7 所示。

下面分析当发送机转子在空间转过 θ_1 时,发送机及接收机各相定子绕组中的磁链、电势、电流、磁势、磁通及接收机转子绕组中的电势。

1. 磁链

发送机转子绕组的激磁磁通 ϕ_1 穿过发送机定子各相绕组。发送机定子各相绕组所交链的磁链为

$$\psi_A = w\phi_1\cos\theta_1 = w\phi_{m1} \cdot \cos\omega t\cos\theta_1$$
$$\psi_B = w\phi_1\cos(\theta_1 - 120°) = w\phi_{m1} \cdot \cos\omega t\cos(\theta_1 - 120°)$$
$$\psi_C = w\phi_1\cos(\theta_1 - 240°) = w\phi_{m1} \cdot \cos\omega t\cos(\theta_1 - 240°)$$

式中:w 为各相定子绕组的等效匝数。

规定:沿绕组轴线方向的磁链为正值。故上式中各相绕组的磁链都是沿轴线方向的磁链,代表各相绕组磁链的正方向。当磁链值为负值时,说明磁链的方向与规定正方向相反,即沿绕组轴线的反方向。

可见,上式中发送机各相定子绕组中的磁链,随转子激磁磁通的脉振而脉振。

2. 电势

发送机各相定子绕组中磁链随时间变化,便在发送机各相定子绕组中产生相应的电势,即

$$e_A = -\frac{\mathrm{d}\psi_A}{\mathrm{d}t} = w\omega\phi_1\sin\omega t\cos\theta_1 = E_m\sin\omega t\cos\theta_1$$

$$e_B = -\frac{\mathrm{d}\psi_B}{\mathrm{d}t} = E_m\sin\omega t \cdot \cos(\theta_1 - 120°)$$

$$e_C = -\frac{\mathrm{d}\psi_C}{\mathrm{d}t} = E_m\sin\omega t \cdot \cos(\theta_1 - 240°)$$

式中:$E_m = w\omega\phi_1$ 为电势的最大值。

电势的正方向与磁通(磁链)的正方向之间应符合右手螺旋定则。当绕组的磁通(磁链)的方向沿绕组轴线方向时,绕组中的电势正方向是从首端到末端。上式中各相电势方向均为从绕组的首端到末端。

3. 电流

发送机各相定子绕组与接收机各相定子绕组一一对应连接,形成闭合回路。在发送机各相绕组的电势作用下,发送机和接收机各相定子绕组中流过电流。

设发送机和接收机各相绕组的阻抗均为 $Z = r + \mathrm{j}X$,则发送机各相定子绕组中的电流为

$$i_A = \frac{E_m}{2Z}\sin(\omega t - \varphi)\cos\theta_1 = I_m\sin(\omega t - \varphi)\cos\theta_1$$

$$i_B = I_m\sin(\omega t - \varphi)\cos(\theta_1 - 120°)$$

$$i_C = I_m\sin(\omega t - \varphi)\cos(\theta_1 - 240°)$$

式中:$\varphi = \arctan\dfrac{X}{r}$ 为电流滞后于电势的时间相位差角。

电流的正方向与电势的正方向相同,故电流的正方向也是从绕组的首端流向末端。

接收机各相绕组中的电流方向,与发送机各相绕组中的电流方向相反,即从各

相绕组的末端流向绕组的首端。

由上式可见,无论是发送机,还是接收机,定子绕组各相电流在时间上都是同相位的,它们在发送机或接收机中所产生的合成磁势,仍然是脉振磁势,不是旋转磁势。

4. 磁势

由于一相绕组在其轴线上的基波磁势瞬时值为

$$f(t) = \frac{4}{\pi} \cdot \frac{1}{2} \cdot \frac{w_1}{p} k_{w_1} \cdot I_m \cdot \sin \omega t = \frac{4}{\pi} \cdot \frac{1}{2} \cdot \frac{w_1}{p} k_{w_1} \cdot i$$

若设发送机和接收机定子一相绕组的等效匝数为

$$w = \frac{4}{\pi} \cdot \frac{1}{2} \cdot \frac{w_1}{p} k_{w_1}$$

则发送机各相定子绕组中的电流产生的磁势为

$$f_A = wi_A = wI_m\sin(\omega t - \varphi) \cdot \cos\theta_1 = F_m\sin(\omega t - \varphi) \cdot \cos\theta_1$$

$$f_B = wi_B = wI_m\sin(\omega t - \varphi) \cdot \cos(\theta_1 - 120°) = F_m\sin(\omega t - \varphi) \cdot \cos(\theta_1 - 120°)$$

$$f_C = wi_C = wI_m\sin(\omega t - \varphi) \cdot \cos(\theta_1 - 240°) = F_m\sin(\omega t - \varphi) \cdot \cos(\theta_1 - 240°)$$

发送机各相定子绕组的磁势,都是在时间上同相位的脉振磁势。由于发送机各相定子绕组的电流,都是从首端流向末端,故所产生的各相磁势向量,与各相绕组轴线重合,但与轴线正方向相反,如图3-8(a)所示。

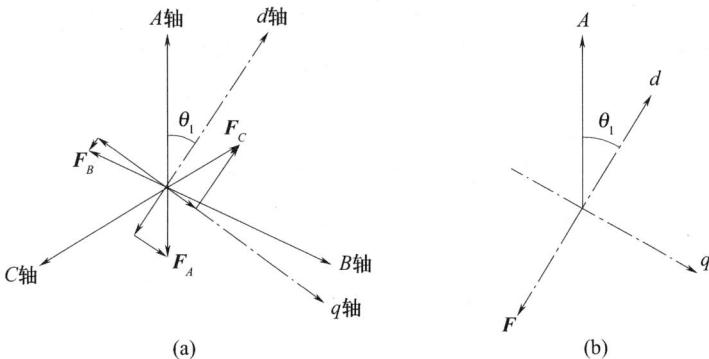

图3-8 发送机定子各相绕组的磁势及合成磁势

(a) 定子各相磁势;(b) 合成磁势。

为求发送机各相定子绕组中的电流在发送机中产生的合成磁势,取发送机转子绕组的轴线为坐标的纵轴(d 轴),其横轴(q 轴)与 d 轴垂直,如图3-8(b)所示。这样,可将各相磁势分解为沿 d 轴的磁势分量和沿 q 轴的分量,然后再进行合成,即可求出合成磁势。

沿直轴(d 轴)方向的总磁势为

$$f_d = -f_A \cdot \cos\theta_1 - f_B \cdot \cos(\theta_1 - 120°) - f_C \cdot \cos(\theta_1 - 240°) =$$
$$-F_m\sin(\omega t - \varphi)\left[\cos^2\theta_1 + \cos^2(\theta_1 - 120°) + \cos^2(\theta_1 - 240°)\right] =$$
$$-\frac{3}{2}F_m\sin(\omega t - \varphi)$$

沿横轴(q轴)方向的总磁势为

$$f_q = -f_A \cdot \sin\theta_1 - f_B \cdot \sin(\theta_1 - 120°) - f_C \cdot \sin(\theta_1 - 240°) =$$
$$-F_m\sin(\omega t - \varphi)\left[\cos\theta_1\sin\theta_1 + \cos(\theta_1 - 120°)\sin(\theta_1 - 120°) + \right.$$
$$\left.\cos(\theta_1 - 240°)\sin(\theta_1 - 240°)\right] = 0$$

三相合成磁势 $F = F_d + F_q$，故总的合成磁势为

$$f = f_d = -\frac{3}{2}F_m\sin(\omega t - \varphi)$$

上式表明,发送机定子三相合成磁势只有纵轴(d轴)分量,永远与发送机激磁绕组同轴,但与激磁磁势(磁通ϕ_1)方向相反,其幅值为每相绕组磁势幅值F_m的$\frac{3}{2}$倍,仍为随时间按正弦规律 $\sin(\omega t - \varphi)$ 变化的脉振磁势。

如果忽略定子绕阻的电阻,即认为 $r=0$,定子绕组是纯电感电路,则 $\psi = \arctan$ $\frac{X}{r} = 90°$电角度。发送机各相定子绕组中的电流,在时间上落后于各相电势$90°$时间电角度;然而发送机各相定子绕组的电势,滞后于激磁磁通$\dot{\phi}_1$的电角度为$90°$。这样,发送机各相定子绕组中电流与发送机转子绕组的激磁电流相差$180°$时间电角度。这就是说,发送机转子绕组中的电流到达正的最大值的瞬间(此时,发送机转子绕组的电流方向由首端到末端,其所产生的磁势及磁通的方向与转子轴线方向重合),发送机定子各相电流到达负的最大值(此时,发送机各相定子绕组中电流所产生的磁势和磁通的方向恰与绕组轴线方向相反)。所以,定子各相绕组中的电流产生的合成磁势、磁通的方向,与转子绕组中电流产生的激磁磁势、磁通方向恰好相反,起去磁作用。

因接收机定子各相绕组中的电流方向与发送机各相绕组中电流的方向相反,故接收机定子各相绕组产生的磁通 ϕ''_1 的方向,与发送机定子各相绕组中的电流产生的磁势、磁通 ϕ'_1 的方向相反。当发送机转子绕组轴线在空间转过 θ_1 角时,发送机定子各相绕组中的电流产生的磁势、磁通 ϕ'_1 在空间相对于发送机定子 A 轴转过 θ_1 角,其方向与激磁磁通 ϕ_1 方向相反,而接收机定子各相绕组的电流产生的磁势及磁通 ϕ''_1,在空间也相对于接收机的 A 轴转过同样角度 θ_1,ϕ''_1 的方向与 ϕ_1 始终相同。

5. 接收机转子绕组中的电势

接收机定子绕组的电流所产生的合成磁通 ϕ''_1 以 $\sin(\omega t - \varphi)$ 随时间脉振,在

空间与 A 轴的夹角为 θ_1，则

$$\phi''_1 = \frac{3}{2}\frac{F_m}{R_\delta}\sin(\omega t - \varphi) = \frac{3}{2}\phi_m\sin(\omega t - \varphi) = \phi''_{1m}\sin(\omega t - \varphi)$$

式中：R_δ 为接收机磁路的磁阻；F_m 为一相磁势的幅值；ϕ_m 为一相磁通的幅值；ϕ''_{1m} 为接收机三相磁势产生的磁通最大值。

同样，取转子绕组轴线为坐标的纵轴（d 轴），可将磁通分解为沿 d 轴和 q 轴的两个分量，即

$$\phi''_d = \phi''_1 \cdot \sin\theta_1$$

$$\phi''_q = \phi''_1 \cdot \cos\theta_1$$

如图 3－6 所示。由于磁通分量 ϕ''_q 垂直于转子绕组轴线，故 ϕ''_q 不会在转子绕组中产生感应电势；而磁通分量 ϕ''_d 与转子绕组同轴，必产生转子电势 e_2。

设接收机转子绕组的匝数为 w_2，则接收机转子绕组的磁链为

$$\psi_2 = w_2 \cdot \phi''_d = w_2\phi''_{1m}\sin(\omega t - \varphi) \cdot \sin\theta_1$$

接收机转子绕组产生的电势为

$$e_2 = -\frac{\mathrm{d}\psi_2}{\mathrm{d}t} = -\omega w_2\phi''_{1m}\cos(\omega t - \varphi) \cdot \sin\theta_1 =$$
$$-E_m\sin\theta_1\cos(\omega t - \varphi) = -E_{2m} \cdot \cos(\omega t - \varphi)$$

式中：$E_m = \omega w_2\phi''_{1m}$ 为转子绕组电势的最大值。

由上式可见，接收机转子绕组的电势，是以发送机激磁电源的频率随时间按余弦规律变化的，但其幅值

$$E_{2m} = E_m\sin\theta_1$$

的大小，由发送机转子位置角 θ_1 决定。对于一定的 θ_1 角，接收机转子电势的幅值是一定的，接收机转子绕组的电势以角频率 ω 随时间按余弦规律变化；不同的 θ_1 角，接收机转子电势仍以角频率 ω 随时间按余弦规律变化，但电势幅值不同。因此，接收机转子绕组的电势是一个幅值受发送机转子角位置 θ_1 控制或调制的调幅波。如图 3－9 所示。

当发送机转子在空间相对于定子 A 相绕组轴线转动的方向相反时，发送机中的磁通 ϕ_1 及接收机中的磁通 ϕ''_1 偏离定子 A 相绕轴线的方向相反，穿过接收机转子绕组的磁通 ϕ''_d 的方向也相反，转子绕组中产生的电势方向相反。当 θ_1 改变 180° 时，接收机转子绕组的电势在时间相位上改变 180° 电角度，如图 3－9（e）所示。因而，接收机转子电势不仅能反映发送机转子的空间位置角的大小，而且能反映发送机转子转角的方向。

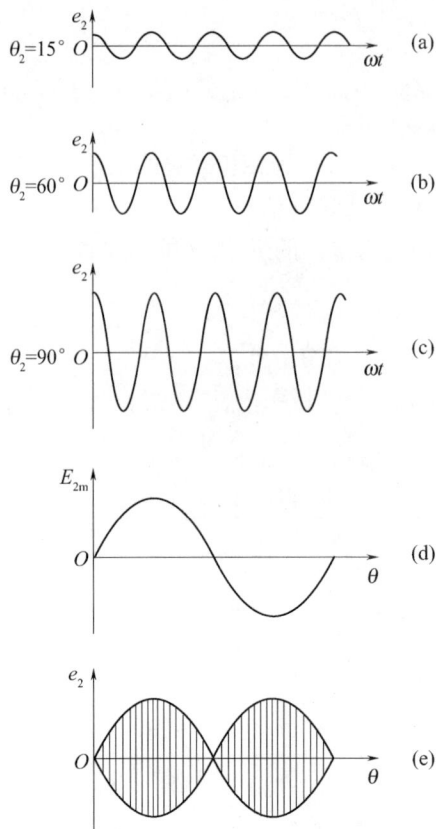

图 3 - 9 接收机转子绕组中的电势

3.3.3 变压器式同位器的应用举例

例 3.1 在远读地平仪中,变压器式同位器用来测量飞机的俯仰角或倾斜角。

如图 3 – 10 所示,倾斜同位器发送机的转子安装在随动托架轴上,定子安装在壳体上。倾斜同位器的接收机安装在远读地平仪的指示器上,接收机转子输出的电压,经放大器放大后,加在两相异步电动机(交流伺服电动机)的控制绕组上,使两相异步电动机旋转,经减速器带动指示器上的"小飞机"和接收机转子转动。

当飞机平飞时,发送机的转子轴线与其定子 A 相绕组轴线相重合,即 $\theta_1 = 0°$。接收机转子轴线与其定子 A 相轴线的交轴重合,即 $\theta_2 = 0°$。此时,接收机中的磁通 ϕ''_1 与 A 轴重合,而垂直于接收机转子绕组的 d 轴,故接收机转子绕组中不产生感应电势。两相异步电动机不转动,指示器上的"小飞机"处于水平位置。

当飞机倾斜一个角度 θ_1 时,发送机转子绕组轴线相对定子 A 相绕组轴线在空间转过 θ_1 角,接收机中的磁通 ϕ''_1 相对其定子 A 相绕组轴线在空间也转过 θ_1 角。

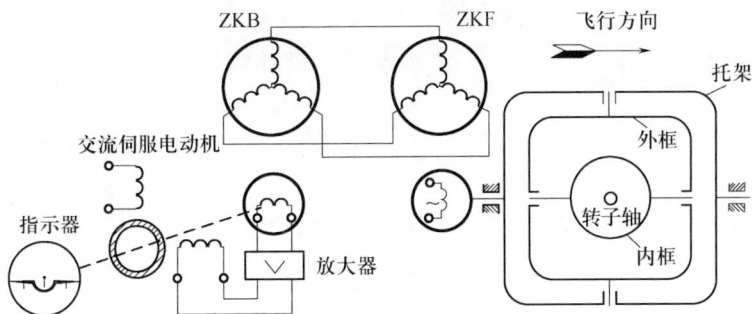

图 3 - 10　远读地平仪中倾斜同位器的原理电路

ϕ''_1 在接收机转子绕组中产生感应电势的幅值为 $E_{2m}=E_m\sin\theta_1$，经放大器放大后使两相异步电动机转动，带动指示器中的"小飞机"转动，两相异步电动机同时带动接收机转子转动。直到接收机转子轴线也从初始位置在空间转过 $\theta_2=\theta_1$，即与接收机 A 相绕组轴线夹角为 $90°+\theta_1$ 时，接收机转子的轴线又与磁通 ϕ''_1 相垂直，接收机转子绕组中的感应电势为零，两相电动机停止转动，"小飞机"停止转动，"小飞机"的翼尖在指示器的倾斜刻度盘上指出的角度，正是飞机的倾斜角。

当飞机倾斜方向相反时，发送机及接收机中的磁通偏离定子 A 相轴线的方向相反，接收机转子绕组中产生的感应电势相反改变 $180°$，两相异步电动机转向与前述相反，"小飞机"及接收机转子转动方向相反。

例3.2　在航向系统中，变压器式同位器用来测定飞机的磁航向。图 3 - 11 所示为航向系统中同位器的原理电路，它的发送机是一个地磁感应元件，也称磁同位器。磁同位器能够测量和传递地球磁场与飞机的航向角信号。它的接收机为单相同位器（输入同位器），接收机转子绕组与放大器、两相异步电动机、输出同位器的转子绕组组成一个随动系统。

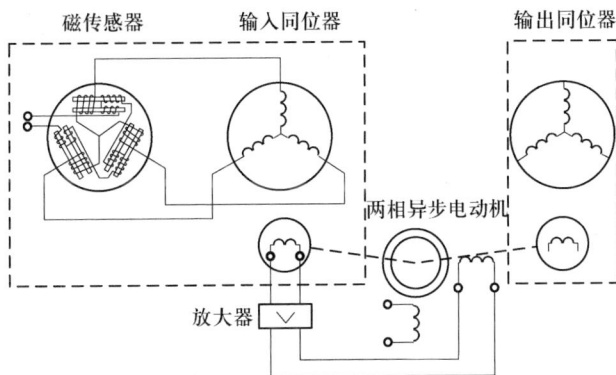

图 3 -11　航向系统中同位器的原理电路

该系统中的磁同位器相当于发送机,三相定子绕组接成星形,与输入同位器三相定子绕组对应连接。磁同位器转子磁场就是地球磁场,相当于发送机的转子是一个永磁转子。

磁同位器的每组定子铁芯,由坡莫合金片叠成。在每个铁芯柱上,绕有激磁绕组。激磁绕组由单相400Hz的交流电源供电,用来改变铁芯的导磁系数。在每组铁芯的两个铁芯柱上激磁绕组的绕向相反,它们产生的磁通大小相等、方向相反,互相抵消,故不会在定子各相绕组产生感应电势。

从变压器式同位器的工作原理知道,要使发送机能够测量和传递转子角位置信号。发送机中的磁通必是随时间变化的脉振磁通,才能在定子三相绕组中产生随时间变化的电势、电流和磁势。

磁同位器定子铁芯上绕有三个轴线彼此在空间相差120°的三相绕组,每个铁芯上绕有一个单相激磁绕组,三个铁芯上的激磁绕组彼此串连。磁同位器的转子磁场就是地球的磁场。

由于地球磁场相当于永磁体,不会在磁同位器的定子三相绕组感应电势。要使磁同位器中磁通随时间变化,必须设法改变磁路的磁阻 $R_\mathrm{m} = \dfrac{l}{\mu s}$,使其随时间改变。这样,才能使永磁转子的磁通也随时间改变。

在磁路尺寸一定的情况下,要改变磁路的磁阻 R_m,就必须改变铁芯的导磁系数 μ。

铁芯的导磁系数 μ 是随磁路饱和程度的增减而改变的,即随激磁磁势的增加而减小,图 3-12(b)所示。如图 3-12(a)所示,如果在铁芯上绕有一个激磁线

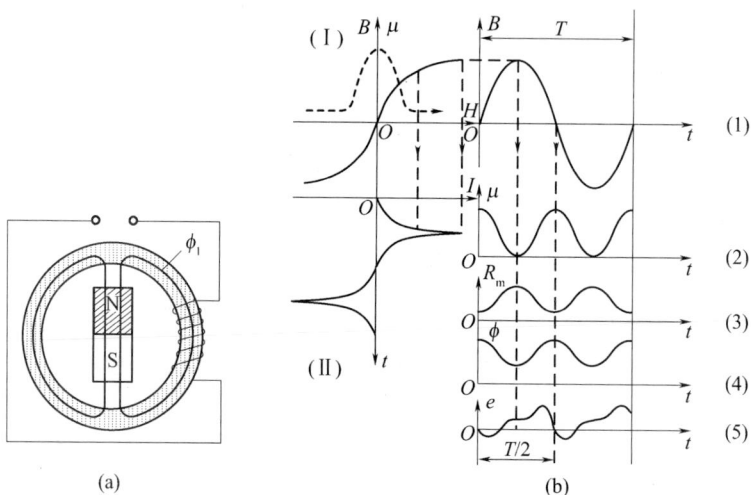

图 3-12　利用交流激磁改变磁路磁阻的原理

圈,并在激磁线圈中通以频率为 f 的交流电,则由于激磁磁势 $F = iw$ 随时间变化,铁芯的导磁系数 μ 便随时间变化,如图 3 - 12(b)所示。电流变化一周,铁芯的导磁系数 μ 变化两个周期,即以 $2f$ 的频率而变化。由于铁芯的导磁系数 μ 以 $2f$ 的频率变化,故铁芯中的磁阻 R_m 以及转子磁通便以 $2f$ 的频率随时间变化,如图 3 - 12(b)所示。

当飞机航向改变时,地球磁场的轴线相对于定子 A 轴在空间转动一个角度,接收机输入同位器中的磁通也随之相对定子 A 相轴线转动一个角度,输入同位器转子绕组中产生感应电势,电势经放大器放大后,使两相异步电机带动指针和接收机转子转动,接收机转子的空间位置,可以正确反映出飞机的磁航向。

由于两相异步电动机同时带动输出同位器的转子转动,故输出同位器转子轴线的空间位置,也能正确地反映出飞机的磁航向。

3.4　差动式同位器

差动式同位器可以用来测量和传递两个转子角位置的差或和。差动式同位器的结构和普通同位器不同,而与线绕转子异步电动机相似。定子、转子均为隐极式,定子、转子上都装有三相对称绕组,并且分别接成星形,转子的三个引出端由集电环和电刷引出。它的另一个特点是定子、转子有相同的槽数、绕组型式、匝数和参数。

差动式同位器的同步传输系统最少由三个同位器组成,如航向系统中差动式同位器的同步传输系统主要由发送机、差动同位器、接收机等组成,其原理电路如图 3 - 13 所示。

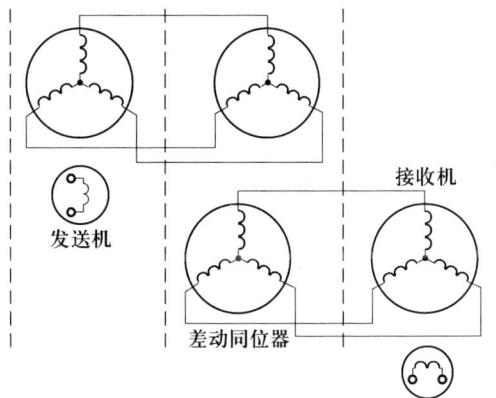

图 3 - 13　航向系统中差动式同位器的原理电路

其中,差动同位器的定子和转子上都绕有三相绕组。差动同位器的定子三相绕组与发送机的定子三相绕组一一对应连接;差动同位器的转子三相绕组与接收机的定子三相绕组也一一对应连接起来。差动同位器的转子,可以被另外的机械带动转动。

3.4.1 变压器式差动同位器同步传输系统的基本工作原理

当发送机的转子轴线自定子 A 相绕组轴线沿顺时针方向在空间转过 θ_1 角时,发送机转子磁通在差动同位器的定子绕组中产生电流、磁通。差动同位器的定子电流产生的磁通在空间的位置,沿顺时针方向偏离差动同位器的 A 相绕组的轴线 θ_1 角,如图 3-14(a)所示。

对接收机来说,差动同位器相当于发送机。差动同位器的定子相当于发送机的转子,定子磁通相当于发送机的转子磁通。而差动同位器的转子绕组,相当于发送机的定子绕组。

当差动同位器的转子 A 相绕组轴线与定子 A 相绕组轴线相重合时,如图3-14(a)所示,差动同位器中的磁通也沿顺时针方向偏离转子 A 相绕组轴线 θ_1 角,因而,在接收机中的磁通也相应地沿顺时针方向偏离定子 A 相绕组轴线 θ_1 角。

如果差动同位器的转子由于外面其它机械的带动在空间沿顺时针方向转过 θ_2 角时,如图 3-14(b)所示,差动同位器的转子 A 相绕组轴线也沿顺时针方向偏离其定子 A 相绕组轴线 θ_2。这时,差动同位器中的磁通与转子 A 相绕组轴线之间的夹角减小为 $\theta = \theta_1 - \theta_2$。接收机中的磁通与定子 A 相绕组轴线间的夹角也变为 $\theta = \theta_1 - \theta_2$。接收机转子绕组感应的电势大小正比于发送机转子空间位置角与差动同位器转子空间位置角之差 $\theta = \theta_1 - \theta_2$ 的正弦。

如果差动同位器的转子转动的方向与前述相反,如图 3-14(c)所示,则差动同位器的磁通与转子 A 相绕组轴线间的夹角为 $\theta = \theta_1 + \theta_2$。接收机中的磁通与其定子 A 相绕组轴线间的夹角为 $\theta = \theta_1 + \theta_2$。

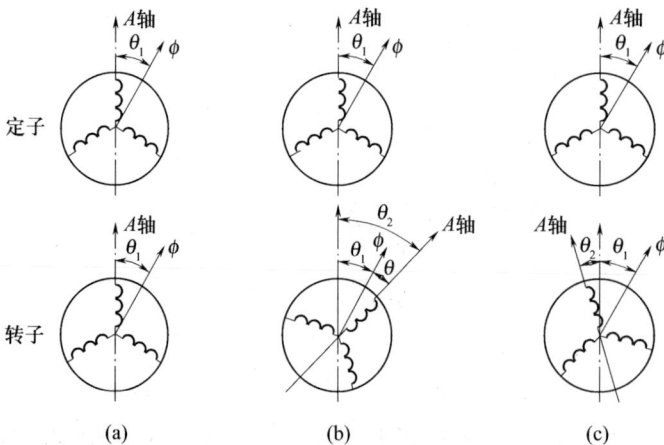

图 3-14　差动同位器的磁通在空间的角位置

可见,当差动同位器的转子转动时,接收机中的磁通也相对其定子 A 相绕组轴线转过同样的空间位置角,但方向相反。当差动同位器转子沿顺时针方向转过 $+\theta_2$ 角时,接收机中的磁通则沿逆时针方向转过 $-\theta_2$ 角。反之亦然。

因而,接收机中的磁通相对于其定子绕组 A 轴的空间位置角,是由发送机转子的位置角 θ_1 和差动同位器转子的位置角 θ_2 共同决定的,即 $\theta = \theta_1 \mp \theta_2$。接收机转子绕组中电势的大小和相位,决定于 $\theta = \theta_1 \mp \theta_2$ 的大小和方向。

所以,可以利用差动式同位器进行两个角度 θ_1 和 θ_2 的加减法运算。

3.4.2 差动式同位器同步传输系统的应用举例

在航向系统中,采用差动式同位器来传递飞机的航向。差动同位器与航向同位器、输出同位器、指示同位器和两套随动机构等组成同步传输系统,其电路连接如图 3 – 15 所示。

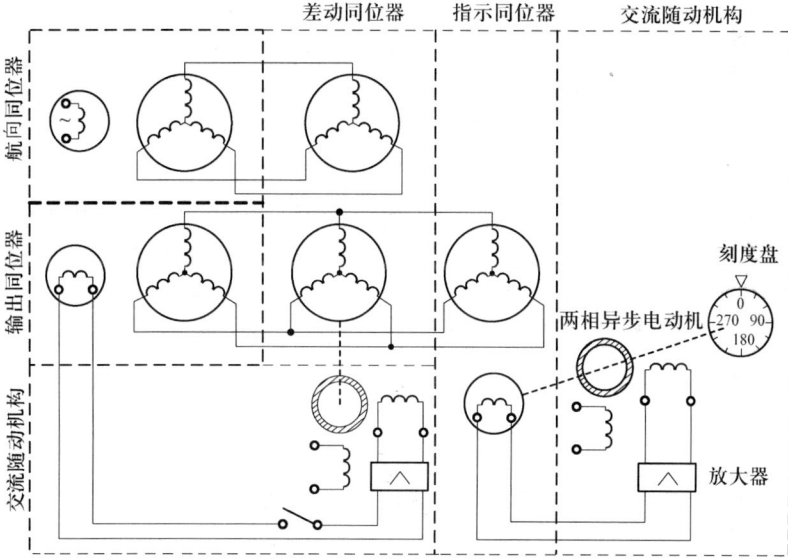

图 3 – 15　航向系统中差动同位器的原理电路

航向同位器的转子固定在陀螺的外框轴上,定子可以认为是装在表壳上。航向同位器的转子绕组的轴线与定子 A 相绕组的轴线间的夹角,能正确地反映飞机的陀螺方位角。

当飞机转弯时,航向同位器中的转子绕组轴线偏离定子 A 相绕组轴线 θ_1 角;差动同位器中的磁通必偏离定子 A 相绕组轴线 θ_1 角;指示同位器中的磁通也偏离其定子 A 相绕组轴线 θ_1 角,指示同位器的转子绕组中产生感应电势,经放大器放大后使指示器中的随动机构的两相异步电动机转动,带动指示器中的刻度盘和同

47

位器的转子转动,直至同位器转子绕组轴线重新与磁通垂直为止,指示器上的指针指示出飞机的陀螺方位角。

由于陀螺自转轴不能自动寻找磁子午线,因而,指示器的航向不一定是飞机的磁航向。为了使指示器能准确地指示出飞机的磁航向,在必要时用磁航向信号通过差动同位器对指示器进行校正。

由图3-11可知,输出同位器与磁同位器及输入同位器共同组成的同步传输系统,输出同位器的转子绕组在空间的角位置,能正确反映飞机的磁航向。

差动同位器的转子绕组,与输出同位器的定子绕组相连接。当差动同位器中的磁通偏离转子绕组轴线 θ_1 角时,在输出同位器中产生的磁通与定子绕组 A 轴在空间相差 θ_1 角。

当陀螺方位角与磁航向角相同时,指示器指示出的航向就是磁航向,勿需进行修正。此时,差动同位器在输出同位器中产生的磁通,恰与输出同位器的转子绕组相差90°电角度。输出同位器的转子绕组不产生电势,不输出校正信号。

当陀螺方位角与磁航向角不同时,输出同位器中的磁通与转子绕组轴线相差 $90° \pm \theta_2$,表明指示器指示的航向与磁航向相差 $\pm \theta_2$ 角。这时,输出同位器的转子绕组有电势产生。该电势经放大器放大后,使与差动同位器的转子联接的两相异步电动机转动,带动差动同位器的转子转动。如果指示器指示的航向多指 θ_2,则差动同位器的转子沿顺时针方向转动,使指示同位器及输出同位器中的磁通沿反时针方向转动。指示器中的磁通沿反时针方向转动,就会使转子绕组产生电势,从而使两相异步电动机带动刻度盘及同位器的转子沿反时针方向转动,直到差动同位器的转子转过 $+\theta_2$ 角,指示同位器及输出同位器中的磁通在空间转过 $-\theta_2$ 角,重新与转子轴线相垂直时,两相异步电动机才停止转动。这时,刻度盘已转过 $-\theta_2$ 角,指示出飞机的磁航向。

3.5 力矩式同位器

直接利用同位器本身产生的电磁转矩实现同步角位移传递的同位器称为力矩式同位器。它通常在一些精度要求不高,只需驱动指针、刻度盘等轻负载的场合应用,力矩式同位器产生力矩,使接收机转子随发送机转子的空间位置而转动。若接收机带动的是指示器的指针时,便可直接指示出发送机的转角,故也称指示型同位器。

力矩式同位器的原理电路如图3-16所示。发送机和接收机的定子三相绕组一一对应连接,发送机和接收机的转子绕组同接于同一单相电源。发送机转子绕组轴线与定子 A 相绕组轴线的夹角为 θ_1;接收机转子绕组轴与定子 A 相绕组轴线的夹角为 θ_2;$\theta = \theta_2 - \theta_1$ 为失调角。

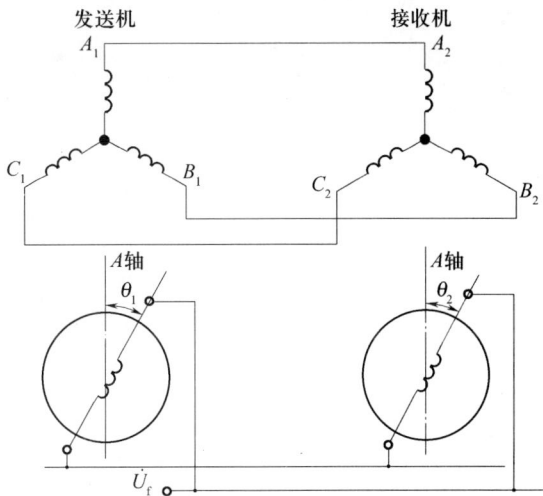

图 3 – 16　力矩式同位器的电路连接

3.5.1　力矩式同位器的基本工作原理

力矩式同位器是怎样产生力矩的? 为什么能指示转子的角位置呢?

为研究方便起见,假设发送机和接收机的结构相同、参数一样,忽略磁路饱和的影响,应用叠加原理,分别考虑发送机激磁磁通和接收机激磁磁通的作用,来说明力矩式同位器的工作原理。

1. 协调状态时力矩式同位器的运行情况

所谓协调状态,是指发送机和接收机的转子绕组轴线与其定子 A 相绕组轴线的夹角 $\theta_1 = \theta_2$,失调角 $\theta = \theta_2 - \theta_1 = 0$ 时的运行情况。

由变压器式同位器的分析可知:当发送机转子激磁,接收机不激磁时,接收机中产生的磁通 ϕ''_1 的轴线与其定子 A 相绕组轴线的夹角必为 θ_1 角;同理,当发送机转子不激磁,而接收机转子激磁时,它在发送机中产生的磁通 ϕ''_2 与发送机定子 A 相绕组的轴线的夹角也必为 θ_2 角,如图 3 – 17 所示。当同位器处于协调位置时,失调角 $\theta = 0$,即 $\theta_1 = \theta_2$。这时,在发送机中磁通 $\phi_1 + \phi''_2$ 与其转子绕组轴线重合($\theta_1 = \theta_2$);在接收机中的磁通 $\phi_2 + \phi''_1$ 与其转子绕组轴线重合,故在发送机和接收机中都不会产生力矩。

2. 失调状态时,力矩式同位器的运行情况

失调时,失调角 $\theta = \theta_2 - \theta_1 \neq 0$,即 $\theta_1 \neq \theta_2$,如图 3 – 18 所示。当发送机转子激磁时,在接收机中产生的磁通 ϕ''_1 与定子 A 相绕组轴线的夹角为 θ_1;当接收机转子激磁时,在发送机中产生的磁通 ϕ''_2 与定子 A 相绕组轴线的夹角为 θ_2 角。由于 θ_1 角不等于 θ_2 角,在发送机中 ϕ''_2 磁通的轴线与其转子轴线差 $\theta = \theta_1 - \theta_2$;在接收机

49

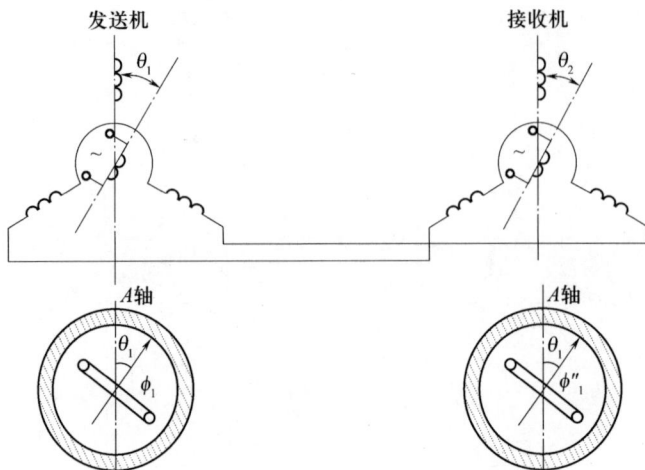

图 3 – 17 当 $\theta_1 = \theta_2$，$\theta = \theta_2 - \theta_1 = 0°$ 时同位器中的磁通

中的 ϕ''_1 磁通与其转子轴线相差 $\theta = \theta_2 - \theta_1$，如图 3 – 18 所示。

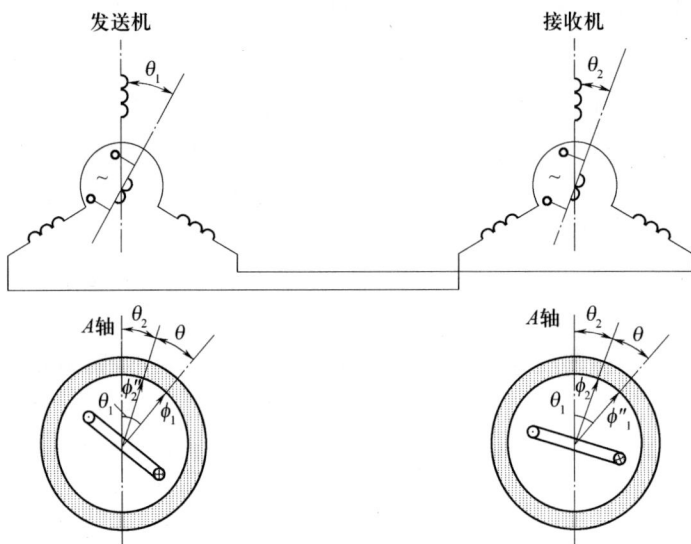

图 3 – 18 当 $\theta_1 \neq \theta_2$ 时同位器中的磁通

对于接收机来说，我们可将磁通 ϕ''_1 分解为两个分量：一个是沿接收机转子绕组轴线（d 轴）的分量 $\phi''_{1d} = \phi''_1 \cdot \cos\theta$；另一个是沿转子绕组的横轴分量 $\phi''_{1q} = \phi''_1 \cdot \sin\theta$，如图 3 – 19（a）所示。

图中可以看出，ϕ''_{1d} 磁通与转子电流作用不产生电磁转矩；ϕ''_{1q} 磁通与转子电流作用产生电磁转矩。作用在转子上的电磁转矩的大小，与磁通 ϕ''_{1q} 大小成正比，亦即与失调角 θ 的正弦 $\sin\theta$ 正比。电磁转矩的作用，力图使接收机的转子沿发送

50

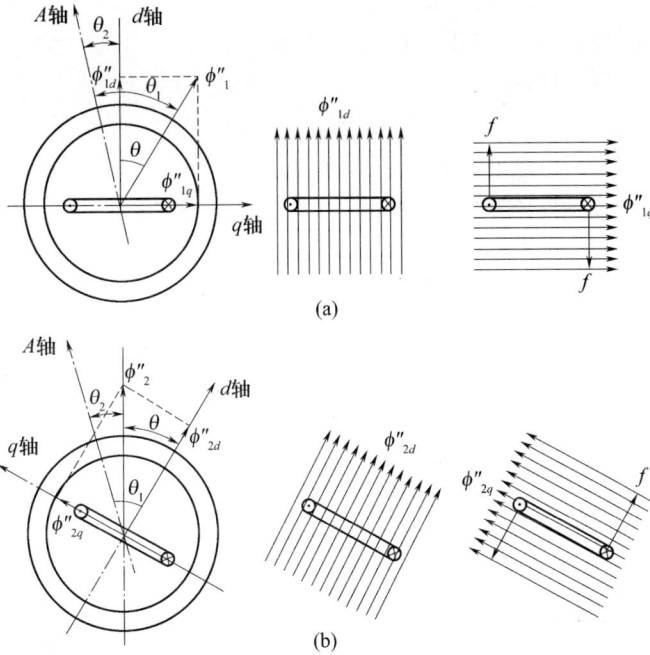

图 3 – 19 接收机、发送机中的磁通分量及转矩

(a) 接收机中的纵轴、横轴磁通及转子上的电磁转矩;

(b) 发送机中的纵轴、横轴磁通及转子上的电磁转矩。

机转子转动方向转动,即向减小失调角方向转动。由于接收机转子可以自由转动,在电磁转矩作用下,接收机转子转动,直到失调角 $\theta = 0$,即接收机转子空间位置角 θ_2 等于发送机转子空间位置角 θ_1 时,电磁转矩为零,接收机停止转动。若在接收机转子轴上带动指示器指针时,便可指示出发送机的转子转角。

对于发送机,同样可将磁通 ϕ''_2 分解为两个分量,即

$$\phi''_{2d} = \phi''_2 \cos\theta$$

$$\phi''_{2q} = -\phi''_2 \sin\theta$$

如图 3 – 19(b)所示,由于 ϕ''_{2d} 与发送机转子绕组轴线重合,故不会产生电磁转矩。磁通 ϕ''_{2q} 方向与接收机中 ϕ''_{1q} 磁通分量方向相反,故磁通 ϕ''_{2q} 与发送机转子绕组中电流作用所产生的电磁转矩方向相反,电磁转矩力图使发送机转子沿接收机转子转动的方向旋转。但发送机的转子转动靠外力带动,电磁转矩不能使发送机转子转动。

这就是说,当发送机转子相对于定子 A 相绕组轴在空间转过 θ_1 角时,接收机的转子也相对定子 A 相绕组轴线在空间转过 θ_1 角。所以,同位器也叫自整角机。当发送机转子在空间不断转动时,接收机转子自动追随发送机转子在空间不断转动。所以,同位器又称为自动同步器。

51

罗盘指示器中的无线电罗盘指针,就是利用力矩同位器产生力矩的原理,使接收机的转子带动无线电罗盘指针转动,在罗盘指示器上指示出电台方位角的。

电磁转矩与失调角有关,任意失调角时的电磁转矩为

$$M = M_{max} \cdot \sin\theta$$

当失调角 $\theta = 90°$ 时,电磁转矩最大,即 $M = M_{max}$。

电磁转矩与失调角的关系曲线 $M = f(\theta)$,如图 3-20 所示。

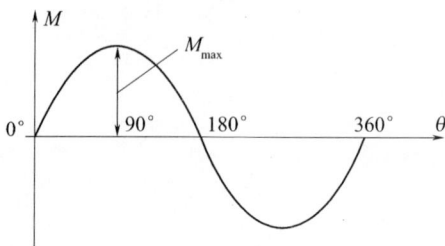

图 3-20 电磁转矩与失调角之间的关系曲线

3.5.2 电磁转矩公式

以上分析表明:发送机转子磁通 ϕ_1 在接收机中产生的磁通 ϕ''_1 的大小为

$$\phi''_1 = \frac{3}{2}\phi''_m \sin(\omega t - \varphi)$$

ϕ''_1 与接收机定子 A 相绕组轴线的夹角为 θ_1。ϕ''_1 与接收机转子绕组轴线(d 轴)的夹角为 $\theta = \theta_1 - \theta_2$,$\phi''_1$ 的横轴分量为 $\phi''_{1q} = \phi''_1 \cdot \sin\theta = \frac{3}{2}\phi''_m \sin(\omega t - \varphi) \cdot \sin\theta$。

式中,ϕ''_m 为当发送机激磁时,在接收机一相定子绕组中产生的磁通幅值。

在接收机转子绕组流过电流 i_2 时,转子上每根导体与 ϕ''_{1q} 作用所受的电磁力为

$$f = B''_q \cdot l \cdot i_2 = \frac{\phi''_{1q}}{s} \cdot l \cdot i_2 = \frac{l}{\pi \frac{D_a}{2}}\phi''_{1q} \cdot i_2 = \frac{2}{\pi D_a}\phi''_{1q} \cdot i_2$$

式中:l 为导体有效长度;D_a 为转子直径;B''_q 为磁通 ϕ''_{1q} 的平均磁通密度。

设接收机转子绕组的等效匝数为 w_2,则接收机转子上产生的电磁转矩为

$$m = 2w_2 \cdot f \cdot \frac{D_a}{2} = \frac{2}{\pi}w_2 \cdot \phi''_{1q} \cdot i_2$$

式中:$i_2 = I_{m2} \cdot \cos\omega t$。

因 ϕ''_{1q} 及 i_2 都随时间变化,在任意瞬间和任意失调角时,接收机转子产生的电磁转矩的瞬时值为

$$m = \frac{2}{\pi}w_2\left[\frac{3}{2}\phi''_m\sin(\omega t - \varphi)\sin\theta\right] \cdot I_{m2} \cdot \cos\omega t =$$

$$3\phi''_m \cdot I_{m2} \cdot w_2 \cdot \frac{1}{\pi}\sin\theta\sin(\omega t - \varphi)\cos\omega t = c_1\sin\theta \cdot \sin(\omega t - \varphi) \cdot \cos\omega t$$

式中,$c_1 = 3\phi''_m \cdot I_{m2} \cdot w_2 \cdot \frac{1}{\pi}$。

在一个周期内,接收机转子上的平均电磁转矩为

$$M = \frac{1}{T}\int_0^T m\mathrm{d}t = \frac{1}{2\pi}\int_0^{2\pi} c_1\sin\theta\sin(\omega t - \varphi) \cdot \cos\omega t \cdot \mathrm{d}t =$$

$$\frac{c_1}{2\pi}\sin\theta\int_0^{2\pi}\frac{1}{2}\left[\sin(\omega t - \varphi + \omega t) + \sin(\omega t - \varphi - \omega t)\right] \cdot \mathrm{d}t =$$

$$\frac{c_1}{4\pi}\sin\theta\int_0^{2\pi}\left[\sin(2\omega t - \varphi) + \sin(-\varphi)\right] \cdot \mathrm{d}t =$$

$$\frac{c_1}{4\pi}\sin\theta\int_0^{2\pi} - \sin\varphi \cdot \mathrm{d}t = -\frac{1}{2}c_1\sin\varphi \cdot \sin\theta$$

因而,作用在接收机转子上的电磁转矩为

$$M = -M_{max} \cdot \sin\theta$$

式中,$M_{max} = \frac{1}{2}c_1\sin\varphi$。为当 $\sin\theta = 1$ 时,作用在接收机转子上的最大转矩值。负号表示整步转矩的方向。

发送机转子上的电磁转矩与接收机转子上的电磁转矩大小相等,方向相反。这是因为在分析接收机时,设 $\theta = \theta_1 - \theta_2$ 为正值,在分析发送机时,应取 $\theta = \theta_2 - \theta_1$,由于 $\theta = \theta_2 - \theta_1$ 为负值,发送机转子上的电磁转矩与接收机转子上的电磁转矩方向相反。

3.6 无接触式同位器

为了减小由于电刷与滑环的摩擦而产生的误差,将同位器做成没有电刷和滑环的无接触式同位器。无接触式同位器的结构及磁路系统较为特殊,现分述如下。

3.6.1 无接触式同位器的结构

无接触式同位器的结构如图 3 - 21 所示,也由转子和定子两部分组成。

1. 转子

无接触式同位器的转子,由转子铁芯、非导磁体、转轴等部分组成。

转子铁芯分左、右两半部。两半部之间,用非导磁体隔开。转子铁芯用硅钢片或坡莫合金叠片组成。铁芯叠片的平面与转轴平行。左右两半部分铁芯叠片在同

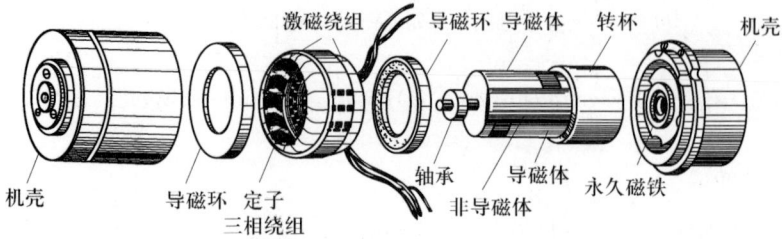

图 3 - 21 无接触式同位器的结构

一平面内。

两半部铁芯叠片与塑料压制成为一个整体,并加工成圆柱形。两部分铁芯之间的"Z"形塑料,就是非导磁体。

转子上没有任何绕组,激磁绕组装在定子上。

2. 定子

定子由定子铁芯、三相定子绕组、激磁绕组、导磁环、导磁条、机壳等部分组成。

定子铁心由铁芯冲片叠成,在铁芯冲片的槽中,放置着三相定子绕组。定子铁芯叠片的平面与转轴垂直,定子绕组的轴线垂直于转轴。三相绕组的轴线彼此在空间相差 120°电角度。

在三相定子绕组的两个端部上,套着两个圆环形的激磁绕组,激磁绕组的轴线与转子轴线平行。

为了引导激磁绕组产生的磁通经转子铁芯而闭合,在机壳内紧靠着激磁绕组安装着两个导磁环,导磁环与激磁绕组间用绝缘布隔开,导磁环的平面垂直于转轴。

机壳用铝合金做成,在机壳的内缘,沿转子轴线方向开有八个槽,每个槽中,压入一个导磁条。导磁条用电工钢片叠成,叠片的平面沿转轴的径向,平行于转轴。

此外,在力矩式同位器的接收机中,为了防止转子振荡,增加了一个阻尼器。如图 3 - 21 所示,阻尼器由装在转子上的转杯及装在端盖内的永久磁铁组成。当转子振荡时,在振荡过程中,转杯摆动切割永久磁铁的磁通,在转杯中产生电势、电流。由于转杯中电阻很大,转杯中的电流与电势几乎同相位,转杯中的电流与永久磁铁的磁通相互作用产生电磁转矩。该转矩对转杯的摆动起阻碍作用,使转子摆动很快衰减。

3.6.2 无接触式同位器的磁路系统

图 3 - 22 为无接触式同位器磁路系统的示意图。图中的号码表示磁通经过各部件的先后次序。

54

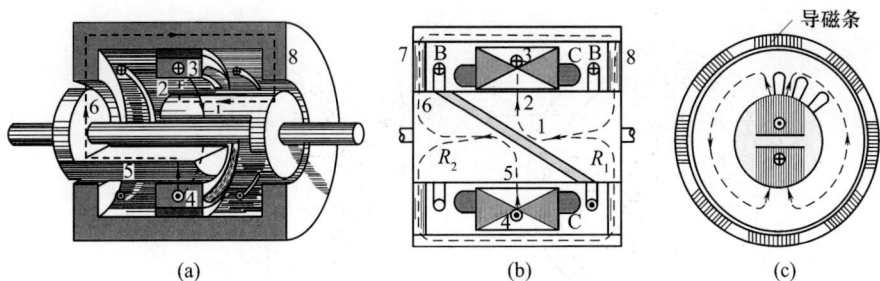

图 3 - 22　无接触式同位器的磁路系统

激磁绕组产生的磁通,从右面的导磁环进入上半部转子铁芯,从右至左沿转子铁芯叠片平面前进,遇到非导磁体后,折转向上。穿过上部定子、转子间的气隙,进入定子铁心与定子三相绕组相交链。因定子铁芯与机壳间的气隙较大,磁通不能直接穿出定子铁芯,经机壳闭合,而是沿定子铁芯轭部折转向下,再向上穿过定子绕组下部,经定、转子间的气隙,进入下半部转子铁芯。遇到非导磁体后,折转向左,沿下半部铁心进入左面导磁环,经机壳内的导磁条向右,回到右面的导磁环,形成闭合回路。

可见,无接触式同位器中的转子磁通,只能沿定、转子铁芯叠片的平面,向上进入定子铁芯与定子绕组交链。而转子铁芯叠片的方向是一定的。当转子转动时,转子铁芯叠片的平面跟着转动,转子磁通在空间的位置也跟着转动,与定子三相绕组相交链的磁通亦随之改变。因此,从原理上说,它与接触式同位器没有什么不同,只不过因为没有滑动接触,从而减小了误差,提高了精度。

3.7　角位移信号转换器

以上所述的同位器都是成对地工作的,包括一个接收机和一个发送机。但也有的同位器只有一个发送机,直接将转角变为电信号输出。在一些自动驾驶仪中,微动同位器、环形同位器及远读地平仪中的线性变压器便是用来作为角度传感器的。下面,简要说明这些同位器的工作原理。

3.7.1　微动同位器

微动同位器用来将微小的转角变为电信号输出。微动同位器是利用转子转动时,使磁路的磁阻及磁通发生变化来产生电势的。

1. 四极微动同位器

四极微动同位器的原理图如图 3 - 23 所示。

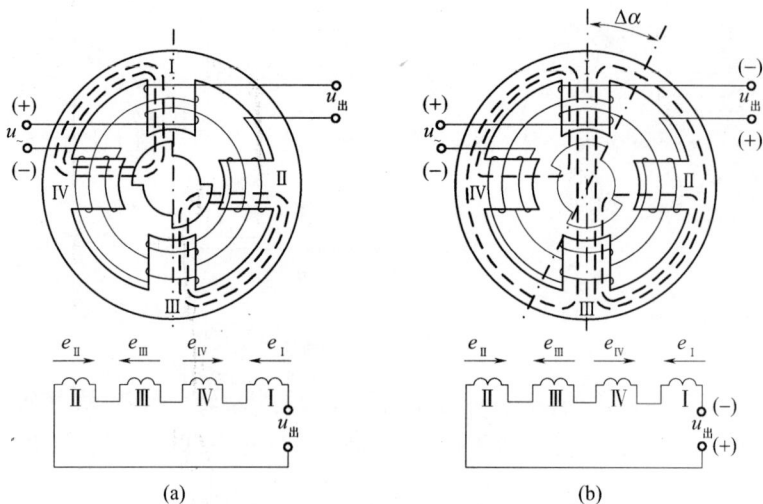

图 3-23 四级微动同位器的原理结构图

同位器的定子上均匀地设有四个齿和四个槽,齿宽等于槽宽。转子上对称地有两个齿,齿宽等于槽宽。每个定子齿绕有一个激磁线圈和一个输出线圈。如图3-23所示,一个转子齿对着的两个定子齿上,激磁线圈的绕向相反,输出线圈的绕向相同。四个激磁线圈串联后接于单相交流电源,四个输出线圈串联后接放大器。

激磁绕组中的电流产生的磁通,通过一个转子齿及两个定子齿而闭合,形成一对磁极。为了方便,取相邻两个定子齿之间的平分线作为参考轴线。

如图3-23(a)所示,当转子齿的轴线与参考轴线相重合时,相邻两个齿中的磁通量相等,但方向相反,两个输出线圈中产生的变压器电势大小相等、方向相反,相互抵消,输出绕组两端产生的电势等于零。

如图3-23(b)所示,当转子齿的轴线偏离参考轴线时,相邻两个齿中的磁通量不相等,两个输线圈中产生的变压器电势方向相反,但大小不等,不能互相抵消,输出绕组两端有电势产生。电势的方向,由磁通量多的输出线圈中的电势方向决定。

当转子齿轴线偏离参考轴线的方向相反时,相邻两个齿中的磁通量多少与前述相反,电势的相位改变180°。

输出电压的有效值 U 随转子齿轴线偏离参考轴线的空间电角度 θ 变化的关系如图3-24所示。

如图可见:在 $\theta = 0 \sim 45°$ 范围内,输出电压 U 与转子转角 θ 成正比,即

$$U = K\theta$$

而

56

$$\frac{\mathrm{d}U}{\mathrm{d}\theta} = K$$

式中:K 为陡度系数或输出电压的梯度,又称同位器的变换系数。它表示单位转子转角 θ(即 $\theta=1°$)的变化所产生的输出电压的变化,亦即输出特性 $U=f(\theta)$ 的起始部分的斜率。

由图 3-24 可见,这种同位器只有在转子转角很小的范围内,输出电压的大小才与转子转角成正比,而在转子转角超过 45°空间电角度时,输出电压保持不变,因而不能反映转子的角位置。因为这种同位器只能在转子转角较小(小于 45°空间电角度)时才能正确地反映转子的角位置,所以称为微动同位器。

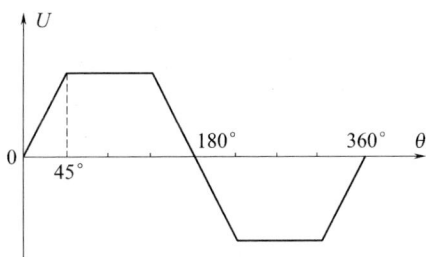

图 3-24 四极微动同位器的输出特性

2. 十二极微动同位器

角速度陀螺仪中的微动同位器的原理图如图 3-25 所示。

同位器的定子上有 12 个齿和 12 个槽,齿宽等于槽宽,均匀地分布在定子圆周上。转子上有 6 个齿和 6 个槽,齿宽等于槽宽,均匀地分布在转子圆周上。定子齿上有 6 个激磁线圈和 6 个输出线圈。

每个激磁线圈包围着两个齿,相邻两个激磁线圈的绕向相反。激磁线圈中通以单相交流电时,线圈中的电流产生的磁通,通过转子齿及与一个转子齿相邻的两个定子齿而闭合。如图 3-25 所示,共产生 6 对磁极。

每两个定子齿上,也绕有一个输出线圈。输出线圈的轴线与激磁线圈的轴线相差一个齿距,两个相邻的输出线圈绕向相反。全部输出线圈彼此串联。

当转子齿的轴线与参考轴线(位于两个相邻的定子齿中间)相重合时,如图 3-25(a)所示,相邻两个定子齿中的磁通量相等,穿进输出线圈的磁通量等于穿出输出线圈的磁通量,输出线圈中不产生电势,输出绕组两端的电势为零。

当转子齿轴线偏离参考轴线时,相邻两个定子齿中的磁通量不等,如图 3-25(b)所示,穿过输出线圈的有效磁通量不等于零,输出线圈有变压器电势产生。输出绕组两端的电势的大小和方向,由穿过输出线圈的有效磁通量的大小和方向决定。

当转子齿轴线偏离参考轴线的角度不同时,有效磁通的数量改变,输出绕组中

57

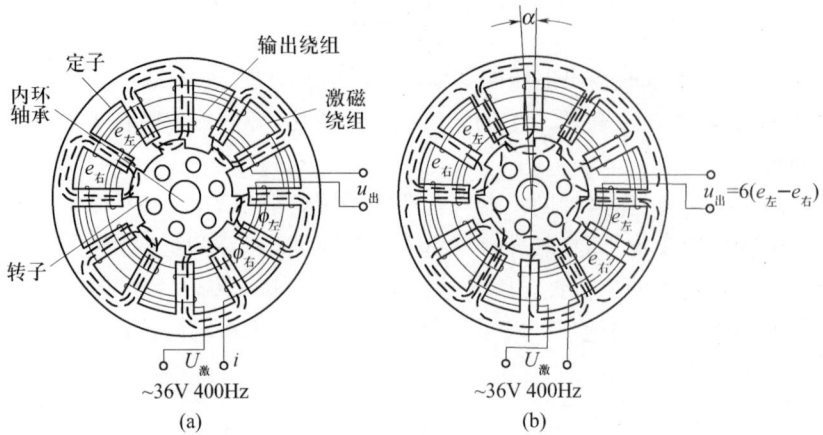

图 3 – 25　十二极微动同位器的原理结构图

的电势的大小随之改变。

当转子齿轴线偏离参考轴线的方向相反时,有效磁通的方向改变,输出绕组中的电势的相位改变 $180°$。

如以空间电角度表示转子齿偏离参考轴线的角度,则同位器的输出特性与图 3 – 24 相同。

3. 线性变压器

和微动同位器一样,线性变压器也是用来测量转角的,其原理和微动同位器相同,都是利用当转子转角改变时,磁路的磁阻改变,输出绕组因而产生变压器电势的原理,将转子转角变成电信号输出的。

如图 3 – 26 所示,在"山"形铁芯上,绕有一个激磁绕组和一个输出绕组。激磁绕组在中间铁芯柱上。输出绕组分成两半部,分别绕在左、右两个铁芯柱上,左、右两半部输出绕组的绕向相反,互相串联。激磁绕组接于交流电源,它所产生的磁通分两路经转子上的扇形铁芯而闭合,激磁磁通在左、右两半部输出绕组中产生变压器电势。

当扇形铁芯处于中间位置时,两条磁路的磁阻相等,左、右两铁芯中的磁通的大小相等。由于左、右两半部输出绕组的绕向相反,左、右两半部输出绕组产生的电势方向相反。左、右两半部输出绕组产生的电势大小相等、方向相反,它们串联后互相抵消,输出绕组两端的电压等于零,输出绕组没有信号输出。

当扇形铁芯偏离中间位置时,由于左、右两半部铁芯中的磁通不等,左、右两半部输出绕组产生的电势大小不等,不能完全互相抵消,输出绕组两端有信号输出。扇形铁芯偏离中间位置的角度越大,输出电压越高。当扇形铁芯偏离中间位置的方向相反时,输出绕组两端的电压的相位改变 $180°$。因而,输出绕组的信号电压

58

的大小和相位,能够反映扇形铁芯的位置。

输出绕组输出电压与转角 θ 的关系如图 3-27 所示。由图可见,在小转角范围内,输出特性 $U=f(\theta)$ 可以认为是线性的。故称为线性变压器。

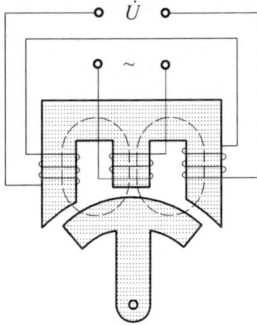

图 3-26　变压器式感应转换器的原理结构图

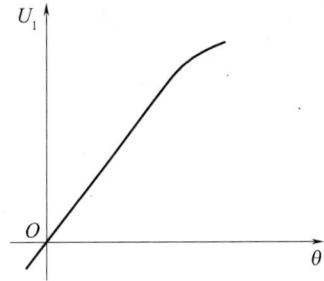

图 3-27　线性变压器的输出特性

在远读地平仪中,线性变压器用来测量陀螺外框对内框轴的转角,与两相异步电动机测速发电机组、放大器等组成随动托架系统。原理电路如图 3-28 所示,其工作原理说明如下:

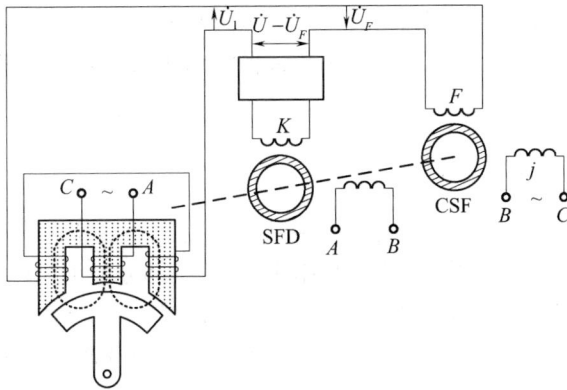

图 3-28　线性变压器与测速发电机组成的自动控制系统

线性变压器的"山"形铁芯,装在陀螺外框上,扇形铁芯装在陀螺内框轴上。当陀螺外框轴与陀螺自转轴相垂直时,扇形铁芯处于中间位置,线性变压器的输出绕组没有电压输出,两相异步电动机不转动。当陀螺外框轴与陀螺自转轴不垂直时,扇形铁芯偏离中间位置,线性变压器的输出绕组有电压输出,经放大后,使两相异步电动机带动随动托架转动,使陀螺外框轴恢复与陀螺自转轴相垂直。为了提高随动系统的稳定性,利用两相异步测速发电机的输出绕组产生的电势作为负反馈信号。

系统中各电压的相位关系如下：

线性变压器的激磁绕组接于电源电压 $\dot{U}_{CA}$，它的输出绕组的电压 $\dot{U}_1$ 与 $\dot{U}_{CA}$ 反相（图 3-29(a)）或同相（图 3-29(b)）。

测速发电机 CSF 的激磁绕组接于电源 $\dot{U}_{BC}$，调整补偿电路的参数，使测速发电机的输出电压 $\dot{U}_F$ 与 $\dot{U}_{BC}$ 相差 120°，（图 3-29(a)）或 60°（图 3-29(b)）。

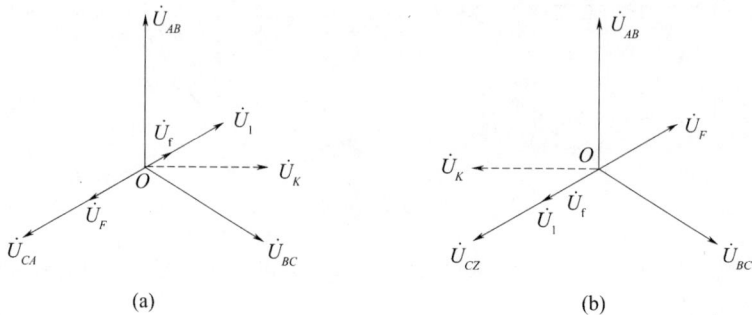

(a)　　　　　　　　　(b)

图 3-29　各电压的相位关系

由图 3-29 可见：测速发电机的输出电压 $\dot{U}_F$ 始终与线性变压器的输出电压 $\dot{U}_1$ 反相。

加于放大器的电压 $\dot{U}_f = \dot{U}_1 - \dot{U}_F$，经放大器后移相 30°。结果，加于两相伺服电动机 SFD 控制绕组的电压 $\dot{U}_K$ 与两相伺服电动机激磁绕组的电压 $\dot{U}_j = \dot{U}_{AB}$ 相差 90°。

3.7.2　环形同位器

如图 3-30 所示，环形同位器的凸极转子上绕有激磁绕组。而在定子的环形铁芯上，对称地绕有输出绕组。输出绕组由上、下两部分绕组组成，上、下两部分绕组完全相同。两部分定子绕组的绕向相同，反向串联。

当激磁绕组接于单相交流电源时，它所产生的磁通分两路沿环形铁芯闭合。

取上、下两部分绕组的中点连线作为参考轴线。

先分析上半部绕组中产生的变压器电势。

如图 3-30(a)所示，当转子轴线和参考轴线相重合时，在转子轴线两侧，左半部绕组的磁链 $\psi_左 = \phi w_左$ 和右半部绕组的磁链 $\psi_右 = \phi w_右$ 相等，左半部绕组产生的电势 $e_左$ 和右半部绕组产生的电势 $e_右$ 大小相等，但方向相反，它们互相抵销，上半部绕组两端的电势等于零。

如图 3-30(b)所示，当转子轴线偏离参考轴线 θ 角时，上半部绕组两端有电势产生。电势的大小，由左右两部分绕组匝数之差决定，电势的方向，与 $e_右$ 相同。

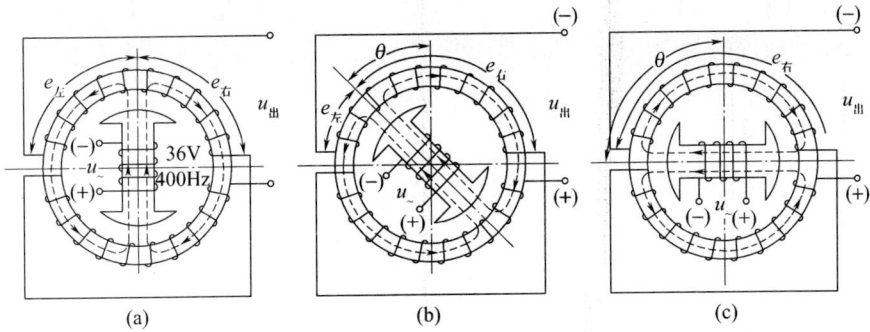

图 3 – 30　环形同位器的原理结构

如图 3 – 30(c)所示,当转子轴线与参考轴线垂直时,$w_左 = 0$,$e_左 = 0$,上半部绕组产生的电势最大。

当转子偏离参考轴线的方向相反时,与上述情况相反,由于 $w_左 > w_右$,$\psi_左 > \psi_右$,故 $e_左 > e_右$,上半部绕组两端的电势方向与 $e_左$ 相同,由于 $e_左$ 的方向与 $e_右$ 的方向相反,上半部绕组两端的电势的相位较前改变 180°。

下半部绕组中产生电势的情况,与上半部绕组中产生电势的情况相同。无论转子处于什么位置,上、下两部分绕组两端产生的电势的方向相同。输出绕组两端的电势,为上半部绕组两端产生的电势的 2 倍。可以证明:在 0 ~ 90° 的范围内,输出电压 U 与转子偏转角 θ 成正比。

设输出绕组共有 w 匝,均匀地分布在定子圆周上。将定子圆周分为 360°,单位角度内的匝数为

$$\Delta w = \frac{w}{2\pi}$$

当转子轴线向左偏离参考轴线角 θ 时,左、右两半部绕组的匝数为

$$w_左 = \frac{1}{4}w - \frac{w}{2\pi} \cdot \theta$$

$$w_右 = \frac{1}{4}w + \frac{w}{2\pi} \cdot \theta$$

上半部绕组产生的电势为

$$e_右 - e_左 = K_1 \cdot \frac{w}{\pi}\theta$$

输出绕组两端的电势为

$$e = 2(e_右 - e_左) = 2K_1 w \cdot \frac{1}{\pi}\theta = K\theta$$

因而,输出电压 U 与转子转角 θ 成正比,即

$$U = K\theta$$

输出电压 U 与转子转角 θ 之间的关系 $U = f(\theta)$ 为一条直线,如图 3-31 所示。因此,这种同位器又叫做感应式线性电位计。

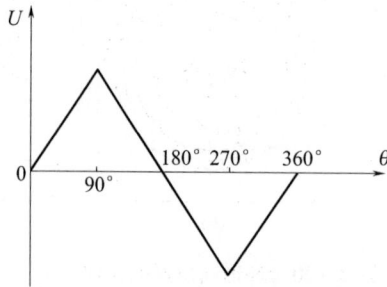

图 3-31 环形同位器的输出特性

3.8 同位器的技术数据及使用

3.8.1 同位器的技术数据

我国生产的同位器(自整角机)的型号和技术数据,见表 3-1。

1. 型号

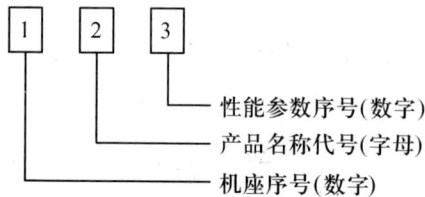

表 3-1 同位器主要技术数据表

类别	型号	频率/Hz	激磁电压/V	最大输出电压/V	比整步转矩/ $(N \cdot m/(°)) \times 10^{-5}$ (不小于)	空载电流/mA	空载功率/W (不大于)	开路输入阻抗/Ω	短路输出阻抗/Ω (不大于)	开路输出阻抗/Ω
控制式发送机	12ZKF01	400	26	12						
	12ZKF02	400	20	9		100	1.5	200	43.4	60
	16ZKF01	400	20	9						
	20ZKF01	400	36	16		72	1.2	500	60	
	24ZKF01	400	26	12						
	28ZKF01	400	115	90		42	1.0	2740	500	
	28ZKF02	400	36	16		135	1.5	267	15	

类别	型号	频率/Hz	激磁电压/V	最大输出电压/V	比整步转矩/(N·m/(°))×10⁻⁵ (不小于)	空载电流/mA	空载功率/W (不大于)	开路输入阻抗/Ω	短路输出阻抗/Ω (不大于)	开路输出阻抗/Ω
控制式发送机	36ZKF01	400	115	9		92	2	1250	150	
	36ZKF02	50	36	16						
	45ZKF01	400	115	90		200	2.5	575	50	
	45ZKF02	50	110	90		38	2	2900	1000	
控制式差动发送机	16ZKC01	400	9	9						
	20ZKC01	400	16	16		100	1.0	138	60	
	24ZKC01	400	12	12						
	28ZKC01	400	90	90		39	1.2	2000	600	
	28ZKC02	400	16	16		200	1.0	69	20	
	36ZKC01	400	90	90		30	2.0	975	200	
	45ZKC01	400	90	90		160	2.0	487	60	
	45ZKC02	50	90	90		50	2.0	1560	1800	
自整角变压器	12ZKB01	400	9	18		72	0.5	108	835	1075
	16ZKB01	400	9	18						
	20ZKB01	400	16	32		80	0.6	172	700	
	24ZKB01	400	12	24						
	28ZKB01	400	90	58		11	0.3	3090	1700	
	28ZKB02	400	90	58		25	0.5	3120	700	
	28ZKB03	400	16	32		55	0.4	251	650	
	28ZKB04	400	16	32		110	0.6	126	350	
	36ZKB01	400	90	58		11	0.3	7090	1000	
	36ZKB02	400	90	58		30	0.5	2600	450	
	36ZKB03	400	90	58		55	1.0	1420	200	
	36ZKB04	50	16	32						
	45ZKB01	400	90	58		7	0.3	11150	1500	
	45ZKB02	400	90	58		30	0.5	2600	300	
	45ZKB03	400	90	58		78	10	1000	120	
	45ZKB04	400	90	58		120	1.5	650	75	
	12ZKB05	50	90	58		30	1.0	2600		

类别	型号	频率/Hz	激磁电压/V	最大输出电压/V	比整步转矩/(N·m/(°))×10^{-5}（不小于）	空载电流/mA	空载功率/W（不大于）	开路输入阻抗/Ω	短路输出阻抗/Ω（不大于）	开路输出阻抗/Ω
力矩式发送机	20ZLF01	400	36	16	2.94	140	1.3			
	24ZLF01	400	36	16	4.9	220	1.7			
	28ZLF01	400	115	90	5.88	110	2			
	28ZLF02	400	115	16	5.88	100	2			
	28ZLF03	400	36	16	5.88	300	2			
	36ZLF01	400	1156	90	24.5	250	4			
	36ZLF02	400	115	16	24.5	250	4			
	45ZLF01	400	115	90	78.4	550	8			
	45ZLF02	50	115	90	29.4	100	3.5			
	55ZLF01	400	115	90	196	900	12			
	55ZLF02	50	110	90	107.8	250	3.5			
	70ZLF01	400	115	90	490	1700	16			
	70ZLF02	50	110	90	294	500	8			
	90ZLF01	400	115	90	784	2000	20			
	90ZLF02	50	110	90	784	850	10			
力矩式差动发送机	20ZCF01	400	16	16		250	1.3			
	28ZCF01	400	9	90		110	2			
	28ZCF02	400	16	16		600	2			
	36ZCF01	400	90	90	14.7	300	4			
	45ZCF01	400	90	90	39.2	600	8			
	55ZCF01	50	90	90	29.4	300	3.5			
	70ZCF01	50	90	90	176.4	780	1.14			
	90ZCF01	50	90	90	392	1200	14			

类别	型号	频率 /Hz	激磁 电压/V	最大输出 电压/V	比整步转矩/ (N·m/(°)) ×10⁻⁵ (不小于)	空载 电流 /mA	空载 功率/W (不大于)	开路 输入 阻抗/Ω	短路输出 阻抗/Ω (不大于)	开路 输出 阻抗/Ω
自整角接收机	20ZLJ01	400	36	16	2.94	140	1.3			
	24ZLJ01	400	36	16	4.9	220	1.7			
	28ZLJ01	400	115	90	5.88	100	2			
	28ZLJ02	400	115	16	5.88	100	2			
	28ZLJ03	400	36	16	5.88	300	2			
	36ZLJ01	400	115	90	24.5	250	4			
	36ZLJ02	400	115	16	24.5	250	4			
	45ZLJ01	400	115	90	78.4	550	8			
	45ZLJ02	50	110	90	29.4	100	3.5			
	55ZLJ01	400	115	90	196	900	12			
	55ZLJ02	50	110	90	107.8	250	3.5			
	70ZLJ01	400	115	90	490	1700	16			
	70ZLJ02	50	110	90	294	500	8			
	90ZLJ01	400	115	90	784	2000	20			
	90ZLJ02	50	110	90	784	850	10			

产品名称代号：

ZKF——控制式发送机（变压器式发送机）

ZKC——控制式差动发送机（变压器式差动同位器）

ZKB——自整角变压器（变压器式接收机）

ZLF——力矩式发送机

ZCF——力矩式差动发送机

ZLJ——力矩式接收机

2. 激磁电压

激磁电压即加在激磁绕组上，产生激磁磁通的电压。对于变压器式发送机、力矩式发送机和接收机而言，激磁绕组均为单相绕组；对于变压器式接收机，激磁绕组是定子三相绕组,其激磁电压是指加在定子绕组上的最大线电压,它的数值应与对接的同位器发送机定子绕组的最大线电压一致。

3. 最大输出电压

最大输出电压是指额定激磁时,同位器副边的最大线电压。对于上述的发送机和接收机均指定子绕组最大线电势;对于变压器式接收机,则指输出绕组的最大电势。

4. 空载电流和空载功率

空载电流和空载功率是指副边空载时,激磁电流和激磁绕组消耗的功率。

5. 开路输入阻抗

开路输入阻抗是指副边开路,从原边(激磁端)看进去的等效阻抗。对上述的发送机和接收机是指定子绕组开路,从激磁绕组两端看进去的阻抗;对于变压器式接收机是指输出绕组开路,从定子绕组两端看进去的阻抗。

6. 短路输出阻抗

短路输出阻抗是指原边(激磁端)短路,从副边绕组两端看进去的阻抗。

7. 开路输出阻抗

开路输出阻抗是指原边(激磁端)开路,从副边绕组两端看进去的阻抗。

3.8.2 同位器的使用

1. 同位器的误差

当发送机的转子在空间转过 θ_1 角时,希望接收机的转子(或磁通 ϕ''_1)也跟着准确地在空间转过角 θ_1,即发送机转子与接收机转子准确地同位或同步。事实上,由于种种原因,当发送机转子转过 θ_1 角时,接收机转子(或磁通 ϕ''_1)并不能准确地转过 θ_1 角,这就产生了误差。

产生误差的原因是多种多样的,如三相绕组不对称、绕组有短路线匝、转子不平衡、空气隙不均匀、由于齿槽而产生的齿谐波、磁路不对称、轴承摩擦及电刷与滑环的摩擦、电源电压频率波动、绕组温度和环境温度变化⋯⋯

典型的误差曲线如图 3-32 所示。

取正转及反转的最大误差角的绝对值相加的二分之一,为平均最大静态误差,即

$$\Delta\theta = \frac{|\Delta\theta_{m1}| + |\Delta\theta_{m2}|}{2}$$

在罗盘中,为了补偿同步传送系统的误差,装设了波面机构。利用波面机构,机械地迫使同位器的转子多转或少转,从而抵销了同位器产生的少转或多转误差。

除上述原因产生误差外,由于接线不正确,也会引起误差,其规律见表 3-2。

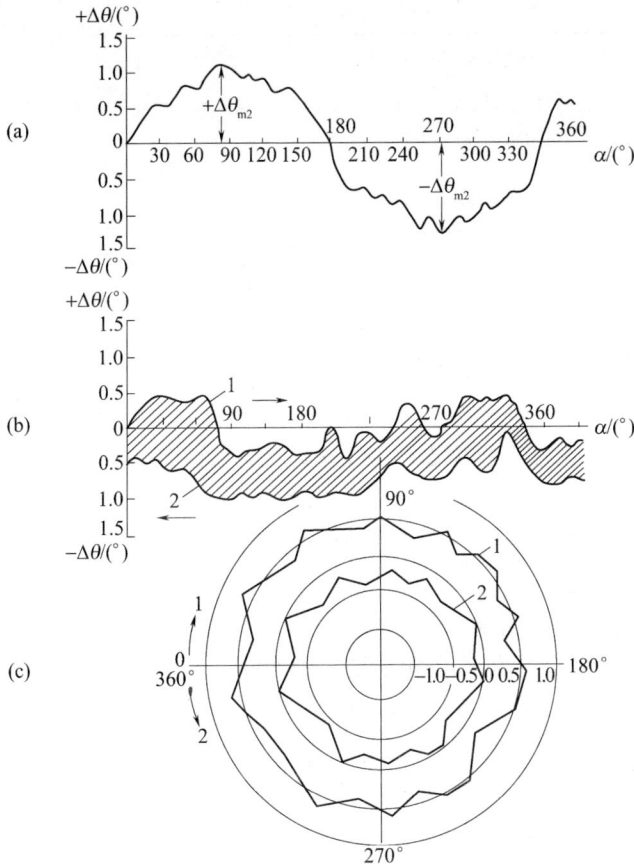

图 3-32 同位器的误差曲线

表 3-2 接线不正确,引起的"误差"规律列表

θ₂ θ₁ 接线	0°	30°	60°	90°	120°	150°	180°	210°	240°	270°	330°	360°
b、c 接错	0°	330°	300°	270°	240°	210°	180°	150°	120°	90°	60°	30°
a、b 接错	120°	90°	60°	30°	0°	330°	300°	270°	240°	210°	180°	150°
a、c 接错	240°	210°	180°	150°	120°	90°	60°	30°	0°	330°	300°	270°

2. 选用同位器注意事项

（1）变压器式同位器和力矩式同位器在使用上各具有不同的特点,要根据实际需要合理选用。表 3-3 对变压器式同位器和力矩式同位器进行了比较。由表可知,变压器式同位器适用于精度较高、负载较大的伺服系统。力矩式同位器适用于精度较低的指示系统。

表 3 - 3　变压器式同位器和力矩式同位器的比较

项　目	变压器式同位器	力矩式同位器
负载能力	接收机只输出信号,负载能力取决于系统中的伺服电动机及放大器的功率	接收机的负载能力受到精度及比整步转矩的限制,故只能带动指针、刻度盘等轻负载
精度	较高	较低
系统结构	较复杂,需伺服电动机、放大器、减速器等	较简单,不需其它辅助元件
系统造价	较高	较低

　　(2) 同位器的激磁电压和频率必须与使用的电源符合,若电源可任意选择时,应先用电压较高、频率为 400Hz 的同位器,因其性能较好,体积较小。

　　(3) 相互联接使用的同位器,其对接绕组的额定电压和频率必须相同。

　　(4) 在电源容量允许的情况下,应选用输入阻抗较低的发送机,以获得较大的负载能力。

　　(5) 选用接收机和差动发送机时,应选输入阻抗较高的产品,以减轻发送机的负载。

3. 使用中应注意的问题

　　(1) 零位调整。当同位器在随动系统中作测量差角时,通常在调整之前,其发送机和接收机刻度盘上的读数是不一致的,因此需要进行调零。调零的方法是转动发送机转子使其刻度盘上的数为零;然后固定发送机转子,再转动变压器式接收机。使其转子在协调位置时,刻度盘的读数也为零,并固定接收机的定子。

　　(2) 发送机和接收机切勿调错。在理论分析时,为了简化,曾假定发送机和接收机结构相同。但实际上,发送机和接收机是有差异的。对于变压器式发送机,其转子一般做成凸极,而接收机转子往往做成隐极。因为隐极转子与凸极转子相比,其磁通密度在空间分布更接近正弦。另外,发送机、接收机的定、转子绕组的参数也不一样。因此发送机和接收机不能互换。对力矩式同位器,其接收机是带有电阻尼或机械阻尼的,而发送机则没有阻尼。所以,如将发送机和接收机调错,势必使同位器发生振荡。

小　结

　　同位器是一种感应式交流控制电机,主要功能是实现角度跟踪。

1. 分类

　　(1) 按供电电源形式分为三相同位器和单相同位器;

　　(2) 按使用要求分为指示型(力矩式)同位器、变压器式(控制式)同位器和差动式同位器;

（3）按结构分为接触式和无接触式同位器。

2. 单相同位器的基本结构

单相同位器由定子和转子两部分组成的,结构上与一般小型同步电机类似。

3. 变压器式同位器

变压器式同位器传输系统由两台参数相同的同位器组成,一台作为发送机,另一台作为接收机,可实现将发送机转子位置角 θ_1 转换成接收机转子绕组电势输出,输出电势的大小与的正弦成正比,在精度要求高和负载转矩大的同步角位移传送系统中采用。

4. 差动式同位器

差动式同位器可以用来测量和传递两个转子角位置的差或和。其结构和普通同位器不同,而与线绕转子异步电动机相似。差动式同位器的同步传输系统最少由发送机、差动同位器和接收机三个同位器组成。对接收机来说,差动同位器相当于发送机。对发送机来说,差动同位器相当于接收机。

5. 力矩式同位器

力矩式同位器直接利用同位器本身产生的电磁转矩实现同步角位移传递。通常在一些精度要求不高,只需驱动指针、刻度盘等轻负载的场合应用,也称指示型同位器。其输出转矩的大小与失调角的正弦成正比。

6. 无接触式同位器

无接触式同位器没有电刷和滑环,从原理上说,它与接触式同位器没有什么不同,只不过因为没有滑动接触,从而减小了由于电刷与滑环的摩擦而产生的误差,提高了精度。

7. 角位移信号转换器

角位移信号转换器只有一个发送机,直接将转角变为电信号输出。在一些自动驾驶仪中,微动同位器、环形同位器及远读地平仪中的线性变压器便是用来作为角度传感器的。

（1）微动同位器。微动同位器用来将微小的转角变为电信号输出。微动同位器是利用转子转动时,使磁路的磁阻及磁通发生变化来产生电势的。

（2）环形同位器。环形同位器的凸极转子上绕有激磁绕组,在定子的环形铁芯上,对称地绕有输出绕组。当激磁绕组接于单相交流电源时,它所产生的磁通分两路沿环形铁芯闭合。也是利用转子转动时,使磁路的磁阻及磁通发生变化来产生电势的。

8. 同位器的技术数据及使用

（1）同位器的技术数据。

（2）同位器的使用。

思 考 题

（1）试述变压器式同位器的基本工作原理。

（2）分析差动式同位器为什么能够进行两角度 θ_1 和 θ_2 角的加减法运算？

（3）磁同位器为什么能够将地磁场变为交变的磁通？

（4）力矩式同位器为什么会产生电磁转矩？为什么在协调位置时，同位器中不会产生转矩？

（5）一对同位器定子绕组的三根出线端是否可以任意联接？若把发送机的 A_1 端与接收机 B_2 端联接，B_1 与 C_2 联接后会发生什么结果？

（6）如果一对自整角机定子三相绕组中有一相断路，或接触不良，试问同位器能不能同步转动？

第4章　旋转变压器

4.1　概　述

旋转变压器（Revolving Transformer）是自动控制装置中的一种精密测位用的电机。从电机原理来看，旋转变压器是一种副绕组可以旋转的变压器，简称旋变，它的原、副边绕组分别装在定子、转子上。与静止变压器不同的是，这种变压器原、副边绕组之间的电磁耦合程度由转子的转角决定，故转子绕组的输出电压大小及相位与转子的转角有关。

当旋转变压器的原边绕组施加单相交流激磁时，其副边绕组能够产生与转子转角严格保持某种函数关系的电压信号输出。在控制系统中旋转变压器主要用作坐标变换、三角函数运算等，也可用于随动系统中，传输与转角相应的电信号。此外，还可用作移相器和角度数字的转换装置。

4.1.1　旋转变压器的分类

旋转变压器有多种分类方法。按有无电刷和滑环来分，可分为有刷式和无刷式两种。常用的是有刷式旋转变压器。

按电机的极对数多少来分，可分为单对极和多对极两种。通常在无特别说明时，均是指单对极旋转变压器（$p=1$）。

按它的使用要求来分，又可分为用于解算装置的旋转变压器和用于随动系统的旋转变压器。

用于解算装置中的旋转变压器，可分为以下几种：

（1）正余弦旋转变压器。当它的原边施加单相交流电激磁时，其副边两个绕组分别产生与转子转角呈正弦、余弦函数关系的电压。

（2）线性旋转变压器。它是在一定的工作转角范围内，输出电压与转子转角呈线性函数关系的旋转变压器。

（3）比例式旋转变压器。结构与正余弦旋转变压器基本相同，但增加了一个带有调整和锁紧转子位置的装置。在系统中作为调整电压的比例元件。

（4）特殊函数旋转变压器。它是在一定范围内，输出电压与转子转角呈某一给定的函数关系（如正割函数、倒数函数、弹道函数、圆函数以及对数函数等）的一种旋转变压器。它的工作原理和结构与正余弦旋转变压器基本相同。

用于随动系统中的旋转变压器,可分为以下几种:

(1)旋变发送机。

(2)旋变差动发送机。

(3)旋变接收机。

以上这三种旋转变压器的工作原理与第 3 章变压器式同位器基本上没有区别,只不过是采用四线制,通常用在精度较高的随动系统中。

4.1.2 旋转变压器的结构

旋转变压器的典型结构与普通绕线式异步电机相似。为了获得良好的电气对称性,提高旋转变压器的精度,它们都设计成两极隐极式四绕组旋转变压器。图 4-1 所示为旋转变压器的基本结构。

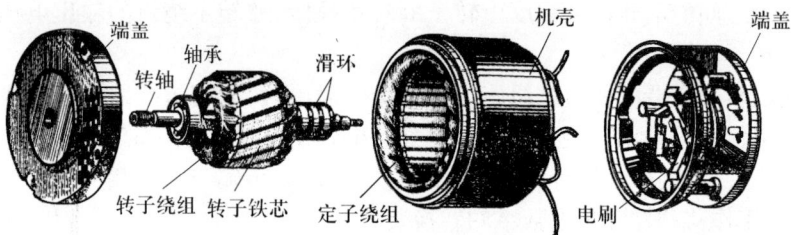

图 4-1 旋转变压器的结构

旋转变压器的定子、转子铁芯都是采用高磁导率的铁镍软磁合金片或硅钢片经冲制、绝缘、选装而成。定子槽内,分别嵌放着空间互差 90° 的两相对称绕组,在转子槽内也分别嵌放着空间互差 90° 的两相对称绕组。转子绕组经安置在转轴上的滑环和固定在机壳上的电刷引出。为了提高旋转变压器的精度,旋转变压器的定子、转子绕组,都采用特殊设计的短矩分布绕组,使转子与定子之间的互感严格按转子转角的正弦、余弦关系变化,以满足输出电压严格按转子转角的正弦或余弦变化的要求。

我国现在生产的旋转变压器系列有以下几种:

XZ 系列——正余弦旋转变压器;

XX 系列——线性旋转变压器;

XL 系列——比例式旋转变压器。

它们都是有刷式结构。它们和同位器一样,也都是封闭式结构。

4.2 余弦旋转变压器

如图 4-2 所示,设旋转变压器的定子上安置着一个激磁绕组 D_1—D_2,其匝数

为 w_{D1}；转子上安置着一个输出绕组 Z_1—Z_2，其匝数为 w_{Z1}。1 为绕组的首端,2 为绕组的末端,绕组的轴线按右手螺旋定则确定。转子绕组 Z_1—Z_2 的轴线与定子绕组 D_1—D_2 的轴线,在空间相差 θ 角。

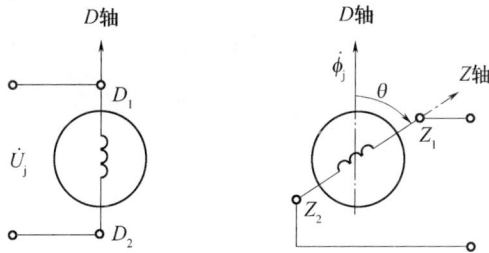

图 4 - 2　余弦旋转变压器原理

将定子激磁绕组 D_1—D_2 接于交流电源,激磁电压为 U_j,激磁电流为 i_j,其所产生的激磁磁通为 ϕ_j。当电流为正值时,电流由绕组的首端流向绕组的末端,其所产生的激磁磁通 ϕ_j 的方向和在空间的位置示于图 4 - 2 中。

激磁磁通 ϕ_j 穿过转子绕组。当 $\theta = 90°$ 时,与转子绕组 Z_1—Z_2 相链的激磁磁通 $\phi_{Z1j} = 0$；当 $\theta = 0°$ 时,与转子绕组相链的激磁磁通 $\phi_{Z1j} = \phi_j$；当 $0 < \theta < 90°$ 时,与转子绕组 Z_1—Z_2 相链的激磁磁通为

$$\phi_{Z1j} = \phi_j \cos \theta$$

设激磁磁通 ϕ_j 随时间按余弦规律变化,即

$$\phi_j = \phi_m \cos \omega t$$

则与转子绕组 Z_1—Z_2 相链的激磁磁通 ϕ_{Z1j} 也随时间按余弦规律变化,即

$$\phi_{Z1j} = \phi_m \cos\omega t \cos \theta$$

由于 ϕ_{Z1j} 随时间变化,因而,在转子绕组 Z_1—Z_2 中必然要产生感应电势。

转子绕组 Z_1—Z_2 中的感应电势与哪些因素有关呢？

4.2.1　空载运行时的情况

当转子绕组开路时,转子绕组 Z_1—Z_2 中只链过由激磁磁通 ϕ_j 产生的 ϕ_{Z1j}。ϕ_{Z1j} 在转子绕组 Z_1—Z_2 中产生的电势为

$$e_{Z1j} = -w_{Z1} \frac{\mathrm{d}}{\mathrm{d}t} \phi_{Z1j} = \omega w_{Z1} \phi_m \cos\theta \cdot \sin\omega t = E_{Z1m} \sin\omega t$$

可见,激磁磁通 ϕ_j 在转子绕组 Z_1—Z_2 中产生的电势 e_{Z1j},以电源频率随时间变化,但电势的幅值

$$E_{Z1m} = \omega w_{Z1} \phi_m \cdot \cos\theta$$

随转子的空间位置角 θ 变化。换句话说,转子绕组 Z_1—Z_2 的电势的幅值,受转子的空间位置角 θ 的控制,转子绕组的电势是一个受转子空间位置 θ 控制的调幅波。

激磁磁通 ϕ_j 在转子绕组 Z_1—Z_2 中产生的电势的有效值为

$$E_{Z1} = \frac{1}{\sqrt{2}} w_{Z1} \phi_m \cdot \cos\theta$$

激磁磁通 ϕ_j,在定子绕组 Z_1—Z_2 中产生的电势的有效值为

$$E_{D1} = \frac{1}{\sqrt{2}} \omega w_{D1} \phi_m$$

故

$$\frac{E_{Z1}}{E_{D1}} = \frac{w_{Z1}}{w_{D1}} \cdot \cos\theta = k\cos\theta$$

式中,$k = \dfrac{w_{Z1}}{w_{D1}}$。于是

$$E_{Z1} = kE_{D1}\cos\theta$$

像变压器那样,忽略激磁绕组的漏阻抗压降时,则

$$E_{D1} = U_j$$

故

$$E_{Z1} = kU_j\cos\theta$$

所以,转子绕组 Z_1—Z_2 的电势 E_{Z1} 与转子绕组轴线相对于定子绕组轴线转过的空间角度 θ 的余弦成正比。忽略空载损耗时,$\dot{E}_{Z1}$ 的相位与激磁电压 $\dot{U}_j$ 相同(或相反),这样的旋转变压器称为余弦旋转变压器。

4.2.2 负载运行时的情况

当转子绕组 Z_1—Z_2 接通负载阻抗 Z_F 后,转子绕组 Z_1—Z_2 中流过电流 I_{Z1}。转子绕组中的电流 I_{Z1} 产生转子磁势 F_{Z1}。这样,旋转变压器中不仅有激磁绕组中的电流产生的激磁磁通,而且还有由转子绕组中的负载电流产生的磁通;转子线组中不仅有由激磁磁通产生的电势,还有由转子电流产生的磁通产生的电势。

为了分析转子绕组中的磁势 F_{Z1} 对转子绕组中电势的影响,把转子磁势 F_{Z1} 分解成两个分量:

$$F_{Z1d} = F_{Z1}\cos\theta = I_{Z1}w_{Z1}\cos\theta$$
$$F_{Z1q} = F_{Z1}\sin\theta = I_{Z1}w_{Z1}\sin\theta$$

如图 4-3(a)所示,其中 F_{Z1d} 是沿 d 轴的分量,d 轴与激磁绕组轴线相重合,称为纵轴,F_{Z1d} 称为转子磁势的纵轴分量。F_{Z1q} 是沿 q 轴的分量,q 轴与激磁绕组轴线相垂直,称为横轴,F_{Z1q} 称为转子磁势的横轴分量。

这里,可以把纵轴磁势 F_{Z1d} 看成是匝数为 $w_{Z1}\cos\theta$、电流为 I_{Z1} 的等效的纵轴绕组产生的;把横轴磁势 F_{Z1q} 看成是匝数为 $w_{Z1}\sin\theta$、电流为 I_{Z1} 的等效的横轴绕组产生的。这就是说,把转子绕组看成是一个纵轴绕组 w_{Z1d} 及一个横轴绕组 w_{Z1q} 串联

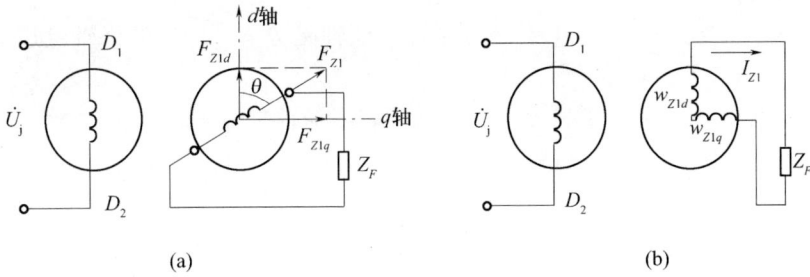

图 4-3 转子绕组产生的磁势及等效的转子绕组

而成的,如图 4-3(b)所示。纵轴绕组及横轴绕组的匝数分别为

$$w_{Z1d} = w_{Z1}\cos\theta$$
$$w_{Z1q} = w_{Z1}\sin\theta$$

纵轴绕组与激磁绕组发生电磁耦合。按照变压器原理,当有电流 I_{Z1} 流过纵轴绕组时,产生的纵轴磁势 F_{Z1d},被激磁绕组的磁势所抵消。当激磁电压不变时,激磁磁通基本上保持不变,激磁磁通在转子纵轴绕组中产生的电势为

$$E_{Z1d} = \frac{w_{Z1d}}{w_{D1}}E_{D1} = \frac{w_{Z1}\cos\theta}{w_{D1}}U_j = kU_j\cos\theta$$

与空载时转子绕组 Z_1—Z_2 中产生的电势相同,随转子转角 θ 的余弦变化。

转子纵轴磁势对转子横轴绕组无影响。

激磁磁通不会在转子横轴绕组中产生电势。

转子横轴磁势 F_{Z1q} 对激磁磁通无影响,对转子纵轴绕组无影响。

然而,由于转子横轴磁势 F_{Z1q} 产生横轴磁通 ϕ_{Z1q} 随时间变化,要在转子横轴绕组中产生电势 E_{Z1q},E_{Z1q} 的大小与转子横轴绕组的匝数 w_{Z1q} 及横轴磁通 ϕ_{Z1q} 的多少成正比,即

$$E_{Z1q} \propto w_{Z1q}\phi_{Z1q}$$

当忽略钢的磁阻时,有

$$E_{Z1q} \propto w_{Z1q} \cdot \frac{F_{Z1q}}{R_\delta} \propto w_{Z1q} \cdot \frac{w_{Z1q}I_{Z1}}{R_\delta} \propto (w_{Z1})^2 \cdot \Lambda_\delta \cdot I_{Z1} \propto (w_{Z1}\sin\theta)^2 \Lambda_\delta I_{Z1}$$

故

$$E_{Z1q} = b\sin^2\theta \cdot I_{Z1}$$

转子绕组总的电势为转子纵轴电势 E_{Z1d} 及横轴电势 E_{Z1q} 之和,即

$$\dot{E}_{Z1} = \dot{E}_{Z1d} + \dot{E}_{Z1q}$$

因而,当有负载电流 I_{Z1} 流过时,转子绕组中出现了与 $\sin^2\theta$ 成正比的电势,使转子绕组 Z_1—Z_2 中的电势 $\dot{E}_{Z1} = \dot{E}_{Z1d} + \dot{E}_{Z1q}$ 的大小和相位,不仅与 $\cos\theta$ 有关,而且也与 $\sin^2\theta$ 有关。即转子绕组的电势,不再只是转子转角 θ 的余弦函数。这就产生

了幅值误差和相位误差。

显然,这个误差完全是由于存在着转子横轴磁势 F_{Z1q} 产生的横轴磁通 ϕ_{Z1q} 所引起的。

为了消除这个误差,必须从根本上消除转子横轴磁势 F_{Z1q}。

消除转子横轴磁势 F_{Z1q} 的办法是采用原边补偿、副边补偿或反馈补偿。

4.2.3 原边补偿

如图 4 - 4 所示,为了抵消转子的横轴磁势 F_{Z1q},可在定子上另外装设一个绕组 D_3—D_4,称为补偿绕组。补偿绕组的轴线,与激绕磁组的轴线相垂直,即位于 q 轴。补偿绕组两端短接。

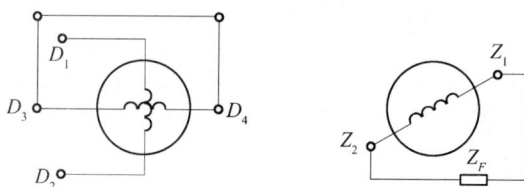

图 4 - 4　原边补偿余弦旋转变压器

由于补偿绕组与转子横轴绕组位于同一轴线上,它们之间发生电磁耦合。转子横轴绕组的横轴磁势产生的横轴磁通穿过补偿绕组时,在补偿绕组中产生电势和电流。这时,转子横轴绕组好像变压器的原绕组,补偿绕组好像短路的变压器的副绕组。根据变压器原理,补偿绕组中的电流产生的磁势和转子横轴绕组中的电流产生的磁势大小相等、方向相反而互相抵消,旋转变压器中便没有沿横轴的磁势。因此,实际应用的余弦旋转变压器的定子上装有轴线相互垂直的两相对称绕组。

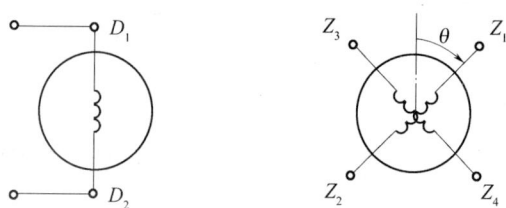

图 4 - 5　正弦旋转变压器及余弦旋转变压器

4.3　正弦旋转变压器

如果在定子上装设一个激磁绕组 D_1—D_2,转子上装设两个轴线互相垂直的绕组。如图 4 - 5 所示,则空载时,Z_1—Z_2 输出的电压与转子转角 θ 的余弦成正比,称为余弦绕组,则 Z_3—Z_4 输出的电压与转子转角 θ 的正弦成正比,称为正弦绕组。

设余弦绕组开路,我们来分析正弦旋转变压器的工作情况。

4.3.1 空载运行时的情况

因为正弦绕组和余弦绕组的轴线在空间相差 90°空间电角度,故空载时正弦绕组的电势为

$$E_{Z2} = kU_j \sin\theta$$

4.3.2 负载运行时的情况

负载时,流过正弦绕组的电流 I_{Z2} 产生磁势 F_{Z2},将其分解为纵轴磁势及横轴磁势,即

$$F_{Z2d} = F_{Z2}\sin\theta = w_{Z2}\sin\theta\, I_{Z2}$$

$$F_{Z2q} = F_{Z2}\cos\theta = w_{Z2}\cos\theta\, I_{Z2}$$

仍用纵轴绕组和横轴绕组来代替正弦绕组,则

$$w_{Z2d} = w_{Z2}\sin\theta$$

$$w_{Z2q} = w_{Z2}\cos\theta$$

由于横轴磁势及其产生的磁通与 $\cos\theta$ 成正比,横轴绕组的匝数又与 $\cos\theta$ 成正比,故横轴磁势在横轴绕组中产生的电势与 $\cos^2\theta$ 成正比。这样,正弦绕组输出的电压的大小不仅与转子转角的正弦成正比,还与转子转角的 $\cos^2\theta$ 有关,相位也不与激磁电压同相(或反相),这就产生了幅值误差和相位误差。

为了抵消横轴绕组产生的磁势,和余弦旋转变压器一样,可以采用原边补偿的办法。除此之外,也可采用副边补偿的办法。

4.3.3 副边补偿

如图 4-6 所示,旋转变压器的正弦绕组及余弦绕组都与负载相接。这时,正弦绕组及余弦绕组中的电流都要产生横轴磁势。如果使正弦绕组产生的横轴磁势

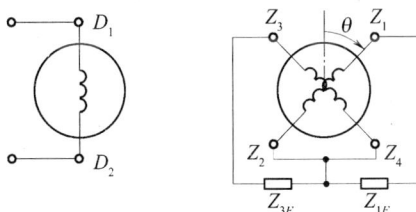

图 4-6 副边补偿旋转变压器

与余弦绕组产生的横轴磁势大小相等、方向相反而互相抵消,则旋转变压器中就不存在转子绕组产生的横轴磁势,也便没有了由横轴磁势产生的误差。

为了使两个转子绕组产生的横轴磁势互相抵消,要求两个转子绕组的横轴磁势大小相等、方向相反,即

$$F_{Z1q} = -F_{Z2q}$$

则

$$\dot{I}_{Z1} \cdot w_{Z1}\sin\theta = -w_{Z2}\cos\theta \cdot \dot{I}_{Z2}$$

如果两个转子绕组的匝数

$$w_{Z1} = w_{Z2}$$

则因

$$\dot{E}_{Z1} = k\dot{U}_j\cos\theta$$

$$\dot{E}_{Z2} = k\dot{U}_j\sin\theta$$

$$\dot{I}_{Z1} = \frac{k\dot{U}_j\cos\theta}{Z_1 + Z_{1F}}$$

$$\dot{I}_{Z2} = \frac{k\dot{U}_j\sin\theta}{Z_2 + Z_{2F}}$$

式中:Z_1、Z_2 为绕组本身的阻抗;Z_{1F} 及 Z_{2F} 为绕组的负载阻抗。

如果

$$Z_1 + Z_{1F} = Z_2 + Z_{2F}$$

则

$$\frac{k\dot{U}_j\cos\theta}{Z_1 + Z_{1F}} \cdot w_{Z1}\sin\theta = w_{Z2}\cos\theta\frac{k\dot{U}_j\sin\theta}{Z_2 + Z_{2F}}$$

即两绕组产生的横轴磁势大小相等、相位相同,但它们在空间彼此相差180°空间电角度而互相抵消,旋转变压器中不存在转子横轴绕组产生的磁势所带来的误差。这样的绕组称为副边对称绕组。故旋转变压器副边对称的条件为

$$w_{Z1} = w_{Z2}$$
$$Z_1 + Z_{1F} = Z_2 + Z_{2F}$$

与原边补偿相比较,由于副边完全补偿时的条件与负载阻抗有关,不易满足,而原边补偿却与负载阻抗无关。为达到更为满意的补偿效果,可同时采用原边补偿及副边补偿。

4.3.4　反馈补偿

无论是原边补偿还是副边补偿,都只补偿了转子绕组产生的横轴磁势,只能削弱或消除由于转子的横轴磁势所产生的幅值误差和相位误差。但是,即使横轴磁势为零,旋转变压器中只存在激磁绕组和转子纵轴绕组之间的电磁耦合,则根据变

78

压器原理,由于转子绕组的负载电流的影响,转子绕组(副绕组)输出电压的大小并不与激磁绕组(原绕组)的电压成正比,相位也不与激磁绕组的电压同相或反相,仍然存在幅值误差和相位误差。此外,由于温度等等因素的影响,使电路参数发生变化,也会产生误差。这些误差,不是由于存在转子横轴磁势而产生的,无论是原边补偿或副边补偿都不能消除这种误差。为了消除这种误差,必须在系统中采用反馈补偿。为此,必须在旋转变压器中装设反馈绕组,如图4-7所示。

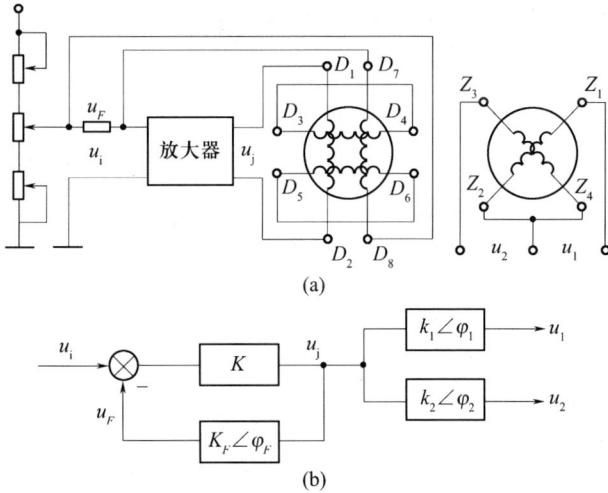

图4-7　反馈补偿原理图及系统框图

在图4-7中示出了领航仪中旋转变压器的接线图。图4-7(a)中,旋转变压器定子上有两个自行短路的补偿绕组 D_3—D_4 和 D_5—D_6,以补偿横轴磁势。另外还装有一个补偿绕组 D_7—D_8,称为反馈绕组。反馈绕组的轴线与激磁绕组 D_1—D_2 的轴线相重合,它们之间发生变压器耦合。激磁绕组由放大器供电,输入电压 u_i(它可以是风速、空速等的电压信号)经放大器放大后的输出电压 u_j 给旋转变压器的激磁绕组激磁,旋转变压器的余弦绕组及正弦绕组输出的电压分别为 u_1 及 u_2,变比为 k_1 及 k_2,输出电压与激磁电压间的相移分别为 φ_1 及 φ_2。系统的框图如图4-7(b)所示。

由图4-7(b)可见,当无反馈时,有

$$\dot{U}_1 \approx \dot{U}_i K k_1 \angle \varphi_1 = \dot{U}_j k_1 \angle \varphi_1$$
$$\dot{U}_2 \approx \dot{U}_i K k_2 \angle \varphi_2 = \dot{U}_j k_2 \angle \varphi_2$$

当有反馈时,有

$$\dot{U}_j = \frac{K}{1 + K K_F \angle \varphi_F} \dot{U}_i$$

式中:K 为放大器的放大倍数;K_F 为反馈系数;φ_F 为放大器输出电压与反馈电压 $\dot{U}_F$ 之间的相移。

在上式中,如 $K \cdot K_F \gg 1$,则

$$\dot{U}_j = \frac{1}{K_F \angle \varphi_F} \dot{U}_i$$

而

$$\dot{U}_1 = k_1 \angle \varphi_1 \cdot \dot{U}_j = k_1 \angle \varphi_1 \frac{1}{K_F \angle \varphi_F} \dot{U}_i$$

$$\dot{U}_2 = k_2 \angle \varphi_2 \cdot \dot{U}_j = k_2 \angle \varphi_2 \frac{1}{K_F \angle \varphi_F} \dot{U}_i$$

如果

$$\varphi_1 = \varphi_2 = \varphi_F$$

则旋转变压器的输出电压 $\dot{U}_1$、$\dot{U}_2$ 与输入电压 $\dot{U}_i$ 同相,从而可以消除系统的相位误差。

4.4 Scott 变压器

如果在一个系统中同时使用同位器和旋转变压器两种角度传感和计算装置,有时需要进行一些变换。实现同位器的三个互差 120°绕组信号与旋转变压器的两个互差 90°绕组的信号的转换,可以应用 Scott 变压器。

Scott 变压器的原理电路如图 4-8 所示。它由两个单独的变压器构成。一端接同位器,另一端接旋转变压器,图中各绕组匝比关系为

$$w_1 : w_2 : w_4 = 1 : 1 : 2$$

$$w_3 : w_5 = \sqrt{3} : 2$$

同名端及接线端子如图 4-8 所示。

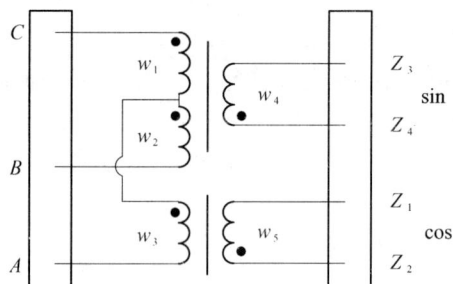

图 4-8 Scott 变压器电路原理图

为分析简便,设发送同位器的内阻为 0,则 A、B、C 端为电压源,且有

$$e_A = E_m \sin\omega t \cos\theta_1$$

$$e_B = E_m \sin\omega t \cos(\theta_1 - 120°)$$

$$e_A = E_m \sin\omega t \cos(\theta_1 - 240°)$$

下面分析 Scott 变压器如何将 A、B、C 转换到正余弦。

80

1. 正弦绕组

由变压器的一般原理,绕组 w_1、w_2、w_4 的电压大小与匝数有关,$w_1 = w_2$ 即 w_1 与 w_2 上电压应相等,中心抽头处的电压为

$$\frac{(e_C - e_B)}{2} + e_B = (e_C + e_B)/2$$

绕组 w_4 上感应的电压为

$$e_4 = -\frac{w_4}{w_1 + w_2} \cdot (e_C - e_B) = e_B - e_C =$$

$$E_m \sin\omega t [\cos(\theta_1 - 120°) - \cos(\theta_1 - 240°)] =$$

$$E_m \sin\omega t [-2\sin(\theta_1 - 180°)\sin 60°] = \sqrt{3} E_m \sin\omega t \cdot \sin\theta_1$$

其大小与 θ_1 的正弦成正比,可视为正弦绕组。

2. 余弦绕组

加在绕组 w_3 上的电压为

$$(e_C + e_B)/2 - e_A$$

绕组 w_5 上感应的电压为

$$e_5 = -\frac{w_5}{w_3} \cdot \left[\frac{(e_C + e_B)}{2} - e_A\right] = -\frac{2}{\sqrt{3}} \cdot \left[\frac{(e_C + e_B)}{2} - e_A\right] =$$

$$\frac{1}{\sqrt{3}} \cdot [(e_A - e_B) + (e_A - e_c)] = \sqrt{3} \cdot E_m \sin\omega t \cos\theta_1$$

其大小与 θ_1 的余弦有关,可视为余弦绕组。

反过来,如果在 Z_1—Z_2,Z_3—Z_4 上分别加以余弦和正弦信号。也会在 A、B、C 上感应出三个电压信号反映 θ_1 的大小,即通过 Scott 变压器实现了位置信号 θ_1 在同位器和旋转变压器之间的传递。

如果把同位器的一端接地,另外两端相当于一个相差 60°的轴系,而旋转变压器则是直角坐标系,它们都可用来反映转角位置,如图 4 - 9 所示。

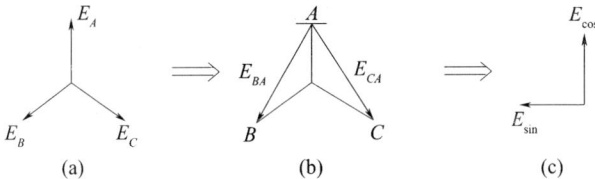

图 4 - 9　同位器与旋转变压器轴系

俄制飞机上所用的 Scott 变压器系列号为 CKT,其中,C 代表正弦,K 代表余弦,T 代表变压器。普通正余弦旋转变压器系列号为 CKBT,其中,B 代表旋转,C、K、T 同上。飞机地平仪指示器和驾驶仪航向通道通常使用此种变压器,它们分别

用于从旋转变压器到同位器和从同位器到旋变的信号转换。

随着电子技术的发展,系统中转角信号有很多是由计算机发出,经由转换电路变换成正余弦信号形式输出的,若这些信号要与同位器类设备相连接,便可用 Scott 变压器作为接口。

4.5　线性旋转变压器

由前面的分析可知,正、余弦旋转变压器的正弦绕组的输出电压为

$$U_2 \approx k_2 U_j \sin \theta$$

当 θ 很小时,$\sin\theta \approx \theta$,故

$$U_2 \approx k_2 U_j \cdot \theta$$

即正弦绕组输出的电压 U_2 与旋转变压器转子的转角 θ 成线性关系。

但是,这样的线性关系只有在 θ 很小的情况下才近似成立。若要求线性度(实际输出特性与理想的直线输出特性间偏差的相对值)在 0.1% 以下时,θ 应不超过 $4.5°$。

为了扩大线性范围,可将旋转变压器的余弦绕组与激磁绕组串联起来,如图 4-10 所示。这时,激磁绕组的电压为

$$\dot{U}_j = \dot{E}_{D1} + \dot{E}_{Z1} = \dot{E}_{D1} + k_1 \dot{E}_{D1} \cos \theta$$

而正弦绕组的输出电压 U_2 与激磁电压 U_j 的比值为

$$\frac{U_2}{U_j} = \frac{k_2 E_{D1} \sin \theta}{E_{D1} + k_1 E_{D1} \cos \theta} = \frac{k_2 \sin \theta}{1 + k_1 \cos \theta}$$

故

$$U_2 = \frac{k_2 \sin \theta}{1 + k_1 \cos \theta} U_j$$

计算表明:当 $k_1 = k_2 = k_u = 0.52$ 时,在 $\theta = \pm 60°$ 的范围内,U_2 与 θ 的关系都可认为是线性的,其输出特性如图 4-11 所示。

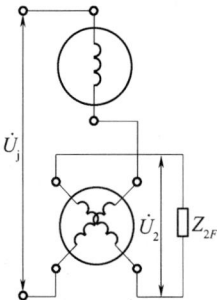

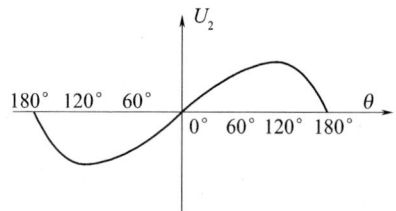

图 4-10　线性旋转变压器的原理接线　　　图 4-11　线性旋转变压器的输出特性

以上关系是在忽略绕组的阻抗压降时得到的。实际上,当考虑阻抗压降的影响时,一般取 $k_u = 0.56 \sim 0.57$。

4.6 无刷旋转变压器

如图 4-12 所示,与传统的有刷旋转变压器不同的是,无刷旋转变压器是通过环形变压器的磁耦合作用实现由转子激磁,定子由两个正交的绕组组成。无刷旋转变压器利用环形变压器的磁耦合作用,取代了电刷和滑环装置,实现了无刷,而其定子上的正弦、余弦绕组的输出电压仍然分别保持与转子转角 θ 的正弦和余弦成正比不变。

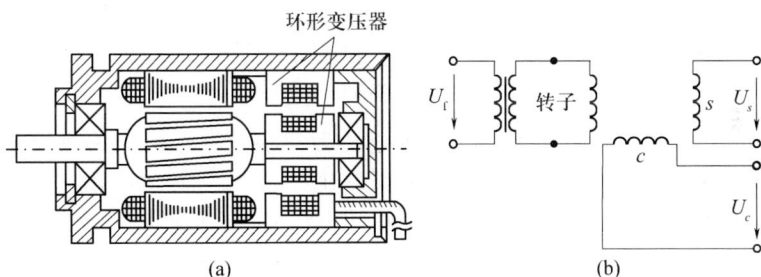

图 4-12 无刷旋转变压器的结构和原理电路图

(a)结构示意图;(b)原理电路图。

由于无刷旋转变压器具有结构坚固,使用寿命长,并能适应机械振动、高低温变化和湿热等恶劣的航空环境条件,因此,在航空用的无刷直流电动机和永磁同步伺服电机中作为位置传感器使用。

值得提出的是,随着现代电子技术的发展,目前普遍采用旋转变压器数字变换器大规模集成电路(简称旋变模块),将旋转变压器的模拟电压变换为数字信号输出,还附带输出模拟量的转速信号,其线性度小于1%,可用于保证闭环的稳定性和要求不太高的速度反馈。

4.7 旋转变压器的应用

旋转变压器可用来在自动控制系统中作测量元件、解算元件、反馈元件等,现举例说明如下。

4.7.1 作测量元件

如图 4-13 所示,当旋转变压器成对联结时,可以像同位器那样,用来测量转子的转角。这时,一个旋转变压器作为发送机,另一个旋转变压器作为接收机。

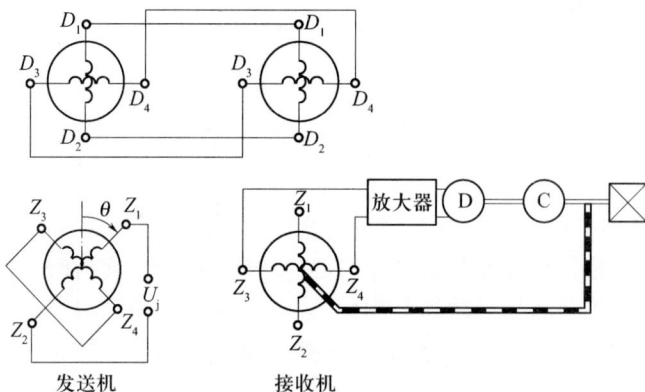

图4-13 旋转变压器测量转角的原理图

发送机和接收机的定子绕组对应地联接起来,发送机的一个转子绕组接激磁电源,另一个转子绕组短路,以补偿横轴磁势。接收机的转子绕组接放大器。

设发送机和接收机处于协调位置时,转子绕组 $Z_1 - Z_2$ 的轴线与定子绕组 $D_1 - D_2$ 的轴线相重合。发送机转子在空间转过 θ 角时,发送机转子绕组 $Z_1 - Z_2$ 的轴线在空间转过 θ 角,发送机转子绕组 $Z_1 - Z_2$ 的电压 $\dot{U}_j$ 产生的脉振激磁磁通 $\dot{\phi}_j$ 在空间也相对于定子绕组 $D_1 - D_2$ 的轴线转过 θ 角。这时,激磁磁通 ϕ_j 在发送机定子绕组 $D_1 - D_2$ 中产生与 $\cos\theta$ 成正比的电势,因发送机定子绕组 $D_1 - D_2$ 与接收机定子绕组相 $D_1 - D_2$ 连接,在发送机与接收机定子绕组 $D_1 - D_2$ 的回路中产生与 $\cos\theta$ 成正比的电流,这个电流在接收机中产生与 $\cos\theta$ 成正比的纵轴磁势,其方向沿接收机定子绕组轴线;同理,发送机的定子绕组 $D_3 - D_4$ 中产生与 $\sin\theta$ 成正比的电势,接收机与接收机的定子绕组 $D_3 - D_4$ 中流过与 $\sin\theta$ 成正比的电流,接收机定子绕组 $D_3 - D_4$ 产生与 $\sin\theta$ 成正比的横轴磁势,其方向沿接收机定子绕组 $D_3 - D_4$ 的轴线。因发送机和接收机的两个定子绕组完全相同,接收机中的合成磁势的方向与定子绕组 $D_1 - D_2$ 的轴线在空间相差 θ 角。接收机中的合成磁势在接收机中产生的合成磁通,在接收机转子绕组 $Z_3 - Z_4$ 中产生与 $\sin\theta$ 成正比的电势。接收机转子绕组 $Z_3 - Z_4$ 输出的电压经放大器放大后加于两相异步电动机的控制绕组,使两相异步电动机转动,并经减速器带动指针转动;同时,两相异步电动机还带动接收机转子在空间转动,当接收机转子绕组 $Z_1 - Z_2$ 的轴线在空间相对于激磁绕组 $D_1 - D_2$ 的轴线转过 θ 角时,由于接收机转子绕组 $Z_3 - Z_4$ 的轴线与接收机中的合成磁通相垂直,其输出电压为零,两相异步电动机停止转动,其所带动的指针指示出发送机转子的转角。

由于旋转变压器的绕组经过特殊的设计及制造,旋转变压器的精度比同位器的精度高,但价格贵,因此,旋转变压器通常只用于高精度随动系统中作为测量元件。

飞机自动领航仪中的航向随动系统,就是采用如图 4 – 13 所示的原理来测量航向的。如果接收机的定子预先逆转子转动的方向转过 ψ 角,则当接收机转子转过 $\theta - \psi$ 角时,随动电动机即停止转动,这时,指示的角度为 $\theta - \psi$ 角。

4.7.2 作解算元件

可利用旋转变压器进行直角三角运算,其原理说明如下。

为分析方便,设旋转变压器的变比 $k = 1$。

1. 已知 C、θ 求 x、y——分解运算

设旋转变压器定子绕组 $D_1 - D_2$ 接电压 C,当转子在空间转过 θ 角时,其正弦绕组输出的电压就是直角三角形的对边 y,其余弦绕组输出的电压就是直角三角形的底边 x,如图 4 – 14 所示。

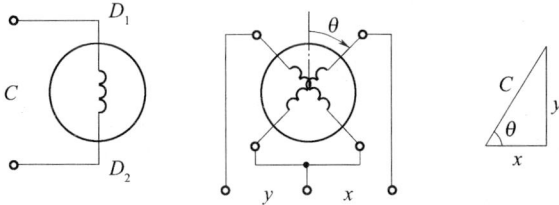

图 4 – 14　利用旋转变压器作分解运算

在自动领航仪中,用这种方法分解风速或地速。

2. 已知 x、y 求 θ、C——合成运算

其原理电路如图 4 – 15 所示。

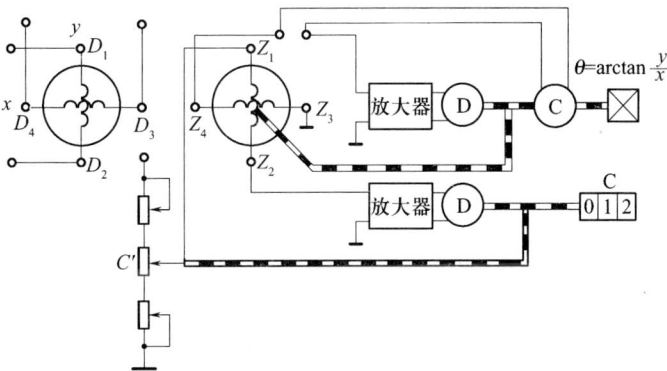

图 4 – 15　利用旋转变压器求 θ、C

设旋转变压器的变比 $k = 1$,电压 x、y 同时加于两个定子绕组。定子绕组 $D_1 - D_2$ 接电压 x,其所产生的磁势沿定子绕组 $D_1 - D_2$ 的轴线;$D_3 - D_4$ 接电压 y,其所产

生的磁势沿定子绕组 $D_3 - D_4$ 的轴线。定子绕组 $D_1 - D_2$ 及 $D_3 - D_4$ 中的电流产生的合成磁势的方向,与定子绕组 $D_1 - D_2$ 的轴线在空间相差 $\theta = \arctan \dfrac{y}{x}$ 角。x、y 均为外加电压。

设转子绕组 $Z_1 - Z_2$ 的轴线与定子绕组 $D_1 - D_2$ 的轴线相重合,则定子电流产生的合成磁势的方向与转子绕组 $Z_1 - Z_2$ 的轴线在空间相差 θ 角。合成磁通在转子 $Z_1 - Z_2$ 中产生的电势为 x,在转子绕组 $Z_1 - Z_2$ 中产生的电势为 y。

转子绕组 $Z_3 - Z_4$ 中的输出电压 x,经放大器放大后加于两相异步电动机的控制绕组,使两相异步电动机转动。两相异步电动机转动时,带动显示器的指针转过一定的角度,同时也带动旋转变压器的转子在空间转过一定的角度。当旋转变压器的转子在空间转过 θ 角时,旋转变压器的转子绕组 $Z_3 - Z_4$ 与旋转变压器中的合成磁势的方向垂直,其所产生的电势 $y = 0$,两相异步电动机停止转动。这时,显示器的指针转过的角度为 θ 角,即显示器算出了 θ 角,即

$$\theta = \arctan \frac{y}{x}$$

系统中的测速发电机作为反馈元件,以提高系统的稳定性。这个系统称为第一随动系统。

转子绕组 $Z_1 - Z_2$ 的输出电压 x,与电位计上的电压 C' 串联,加于放大器的输入端的电压 $\Delta u = x - C'$,电压差 Δu 经放大器放大后使两相异步电动机转动。两相异步电动机转动时,带动记数器转动。同时,两相异步电动机带动电位计的指针移动。这个系统称为第二随动系统。

如果当第一随动系统中的两相异步电动机停止转动时,第二随动系统中的两相异步电动机也同时停止转动,那么,当第一随动系统中的两相异步电动机停止转动时,旋转变压器转子绕组 $Z_1 - Z_2$ 中的电势最大,其值为

$$C = \sqrt{x^2 + y^2}$$

另一方面,当第二随动系统中的两相异步电动机停止转动时,必然是

$$\Delta u = C - C' = 0$$

故

$$C = C'$$

则计数器及电位计上显示的电压 C',即为电压 x、y 组成的直角三角形的斜边 C。

在自动领航仪中,通常用这种方法来合成风速或地速。

在自动驾驶仪中,也通常利用上述原理来控制飞机的倾斜角 γ,其原理电路如图 4 – 16 所示。

旋转变压器的定子固定在飞机上,而转子被陀螺平台稳定在空间不动,当定子绕组 $D_1 - D_2$ 输入与飞机空速 V 及重力加速度 g 的比值 $\dfrac{g}{V}$ 成正比的电压 x,$D_3 - D_4$

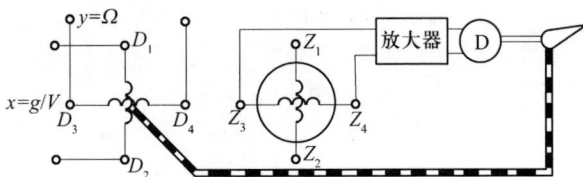

图 4-16 正切计算器原理图

输入与转弯角速度 Ω 成正比的电压 y 时,旋转变压器中合成磁势与定子绕组 $D_1 -$ D_2 的轴线成 $\theta = \arctan \dfrac{y}{x}$,这个角度便是给定的飞机正确转弯时飞机应有的倾斜角。

合成磁势与转子 $Z_1 - Z_2$ 的轴线在空间相差 θ 角,与转子绕组 $Z_3 - Z_4$ 的辅线在空间相差 $90° - \theta$ 角。$Z_3 - Z0_4$ 的输出电压经放大后使两相异步电动机转动,带动副翼转动,使飞机倾斜。当飞机倾斜时,带动旋转变压器的定子绕组倾斜,其所产生的合成磁势亦随之倾斜。当飞机沿反时针方向倾斜 θ 角时,合成磁势与转子绕组 $Z_3 - Z_4$ 垂直,$Z_3 - Z_4$ 的输出电压为零,两相异步电动机停转,实现了正确转弯的自动控制。

因这时是用旋转变压器来计算 $\tan\alpha = \dfrac{y}{x} = \dfrac{V}{g}\Omega$ 的,所以,又把旋转变压器称为正切计算器。

3. 已知 C、x,求 θ、y

如图 4-17 所示,旋转变压器的变比 $k = 1$,定子绕组 $D_1 - D_2$ 接于电压 C,转子绕组 $Z_1 - Z_2$ 输出的电压与给定电压 x 相减后加于放大器 1 的输入端,经放大后使两相异步电动机转动,带动指针及旋转变压器的转子转动。这个系统称为第一随动系统。

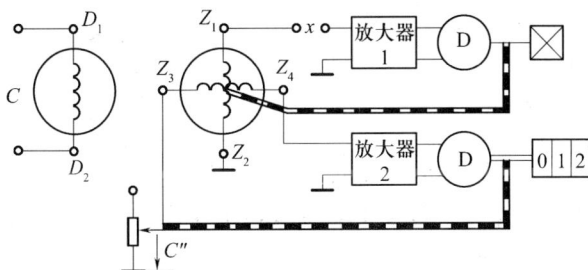

图 4-17 已知 C、x,求 θ、y

如果当旋转变压器的转子转过 θ 角时,第一随动系统的两相异步电动机停止转动,则必然是加于放大器的电压

$$\Delta u = C\cos\theta - x = 0$$

则

$$C\cos\theta = x$$

故

$$\theta = \arccos\frac{x}{C}$$

指针指出直角三角形中的电压 C 与 x 间的夹角 θ。

电位计上的电压与转子绕组 $Z_3 - Z_4$ 输出的电压相减后加于放大器 2 的输入端,经放大后使两相异步电动机转动,同时带动计数器转动及电位计指针移动,组成第二随动系统。

如第一随动系统及第二随动系统的两相异步电动机同时开始转动且同时停止转动,则当第二随动系统中的两相异步电动机停止转动时,必有

$$\Delta u = C'' - C\sin\theta = 0$$
$$C'' = C\sin\theta = y$$

即电位计上的电压 C'' 及计数器的示数,就是电压 C 及 x 组成的直角三角形的对边 y。

4. 积化和差运算

如图 4 - 18 所示,设旋转变压器的变比 $k=1$,定子绕组 $D_1 - D_2$ 接电压 $y = 1 \cdot \sin\omega t$, $D_3 - D_4$ 接电压 $x = 1 \cdot \cos\omega t$;转子绕组在空间转过 θ 角。则转子绕组输出的电压为

$$d = y\cos\theta + x\sin\theta = \sin\omega t\cos\theta + \cos\omega t\sin\theta = \sin(\omega t + \theta)$$
$$g = y\sin\theta - x\cos\theta = \sin\omega t\sin\theta - \cos\omega t\cos\theta = -\cos(\omega t + \theta)$$

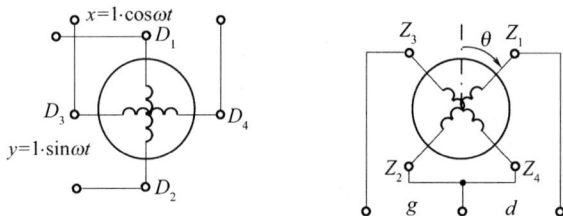

图 4 - 18　用旋转变压器作积化和差运算

可见,用旋转变压器可以将转子的机械转角 θ 变成电量的附加相移 θ,故旋转变压器又可用作为移相器。

4.7.3　作反馈元件

在自动驾驶仪中舵机的随动系统中,利用线性旋转变压器作负反馈,其原理电路如图 4 - 19 所示。

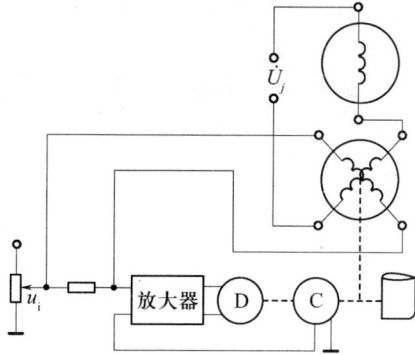

图 4 - 19　利用线性旋转变压器作反馈元件

给定电压 $\dot{U}_i$ 经放大器放大后,使两相异步电动机转动,同时带动舵面、测速发电机、旋转变压器转子转动。当舵面转角增大时,旋转变压器的输出电压随之增大,使放大器的输入电压减小,直到旋转变压器的输出电压与给定电压相等时,放大器输入电压为零,两相异步电动机停止转动。

4.8　旋转变压器的特性指标和技术数据

4.8.1　旋转变压器的主要特性指标及误差范围

1. 正余弦函数误差 δ_n

δ_n 的含义为正余弦旋转变压器原边一相加额定的激磁电压,另一相短接,在不同转角时,两相输出绕组的感应电势与理论正、余弦函数之差对最大理论输出电压之比。误差范围为 0.02% ~ 0.3%。这种误差直接影响作为解算元件的解算精度。

2. 线性误差 δ_z

δ_z 的含义是线性旋转变压器在工作转角范围内,在不同转角时,实际输出电压和理论值之差对理论最大输出电压之比。误差范围为 0.05% ~ 0.3%,工作转角范围一般为 $\pm 60°$。

3. 电气误差 $\Delta\theta_d$

正余弦旋转变压器在不同转角位置,其两个输出绕组电压之比等于相应的理论电气角的正切(或余切)时,实际电气位置和理论电气位置的机械角度差叫电气误差。误差范围在 3′ ~ 18′。

4. 零位误差 $\Delta\theta_0$

正余弦旋转变压器定子一相绕组短接,另一相绕组加额定激磁电压时,两个输出绕组电压的基波同相分量为零时,叫做电气零位。实际电气零位与理论电气零位(0°、90°、180°、270°)之差叫做零位误差,误差范围为 3′~22′。

5. 零位电压 U_0

转子处于实际电气零位时的输出电压,其误差范围为额定电压的 0.01% ~ 0.04% 。

6. 输出相位移 φ

输出电压基波分量与输入电压基波分量的相位差叫输出相位移,误差范围为 3°~22°。

电气误差、正余弦函数误差和零位误差直接影响解算装置和数据传递系统的精度,见表 4 – 1。

表 4 – 1 旋转变压器的精度

精度等级	0 级	1 级	2 级	3 级
零位误差	3′	8′	16′	22′
正余弦函数误差/%	±0.5	±0.1	±0.2	±0.3
电气误差	3′	8′	12′	18′

4.8.2 旋转变压器的技术数据

几种旋转变压器的技术数据分别列于表 4 – 2 中。

表 4 – 2 旋转变压器主要技术数据

类别	型号	激磁方	额定电压/V	额定频率/Hz	开路输入阻抗/Ω	变比	开路输出阻抗/Ω	短路输出阻抗/Ω	输出电压相位移/(°)
正余弦旋转变压器	12XZ01	定子	20	400	600	0.56	—	—	—
	12XZ02	定子	20	400	1000	1	—	—	—
	20XZ01	定子	26	400	600	0.56	240	200	20
	20XZ02	定子	26	400	600	1	700	600	20
	20XZ03	定子	26	400	1000	0.56	380	350	22
	20XZ04	定子	26	400	1000	1	1200	1100	22
	20XZ05	定子	26	400	2000	0.56	700	600	22
	20XZ06	定子	26	400	2000	1	2500	2300	22
	28XZ01	定子	36	400	400	0.56	130	60	12
	28XZ02	定子	36	400	600	0.56	200	80	12
	28XZ03	定子	36	400	600	1	620	270	12
	28XZ04	定子	36	400	1000	0.56	330	150	12
	28XZ05	定子	36	400	1000	1	1100	560	12
	28XZ06	定子	36	400	2000	0.56	650	350	15
	28XZ07	定子	36	400	2000	1	2100	1000	15

类别	型号	激磁方	额定电压/V	额定频率/Hz	开路输入阻抗/Ω	变比	开路输出阻抗/Ω	短路输出阻抗/Ω	输出电压相位移/(°)
	28XZ08	定子	36	400	3000	0.56	1000	500	15
	28XZ09	定子	36	400	3000	1	3100	1500	15
	28XZ10	定子	36	400	4000	1	4200	2000	15
	36XZ01	定子	36	400	400	0.56	130	35	7
	36XZ02	定子	36	400	600	0.56	200	50	7
	36XZ03	定子	36	400	600	1	600	160	7
	36XZ04	定子	60	400	600	1	600	160	7
	36XZ05	定子	60	400	1000	0.56	320	100	7
	36XZ06	定子	60	400	1000	1	1050	320	7
	36XZ07	定子	60	400	2000	0.56	640	170	7
	36XZ08	定子	60	400	2000	1	2100	700	7
	36XZ09	定子	60	400	3000	0.56	970	250	7
	36XZ10	定子	60	400	3000	1	3000	900	7
	36XZ11	定子	60	400	4000	0.56	1300	400	7
	36XZ12	定子	60	400	4000	1	4000	1500	7
	36XZ13	定子	60	400	6000	0.56	2000	600	7
	36XZ14	定子	60	400	6000	1	6000	1900	7
	45XZ01	定子	115	400	400	0.56	130	25	5
	45XZ02	定子	115	400	600	0.56	200	35	5
	45XZ03	定子	115	400	600	1	600	120	5
正余弦旋转变压器	45XZ04	定子	115	400	1000	0.56	320	70	5
	45XZ05	定子	115	400	1000	1	1000	200	5
	45XZ06	定子	115	400	2000	0.56	640	130	5
	45XZ07	定子	115	400	3000	0.56	950	200	5
	45XZ08	定子	115	400	4000	0.56	1300	280	5
	45XZ09	定子	115	400	4000	1	4000	900	5
	45XZ10	定子	115	400	6000	1	6000	1500	5
	45XZ11	定子	115	400	10000	0.56	3200	650	5
	55XZ01	定子	115	400	200	0.56	65	7	2.5
	55XZ02	定子	115	400	200	1	200	20	2.5
	S5XZ03	定子	115	400	400	0.56	130	13	2.5
	55XZ04	定子	115	400	400	1	400	40	2.5
	55XZ05	定子	115	400	1000	0.56	310	30	2.5
	5SXZ06	定子	115	400	1000	1	1000	1000	2.5
	70XZ01	定子	36	50	200	0.56	65	25	14
	70XZ02	定子	36	50	600	0.56	190	85	14
	70XZ03	定子	36	50	1000	0.56	310	140	14
	70XZ04	定子	36	50	1000	1	1000	450	14
	70XZ05	定子	36	50	2000	1	2000	900	14
	70XZ06	定子	110	50	600	0.56	190	90	14
	70XZ07	定子	110	50	1000	0.56	310	140	14
	70XZ08	定子	110	50	1000	1	1000	450	14
	70XZ09	定子	110	50	2000	1	2000	900	14
	70XZ10	定子	220	50	3000	0.56	950	420	14
	70XZ11	定子	220	50	6000	1	6000	2700	14

类别	型号	激磁方	额定电压/V	额定频率/Hz	开路输入阻抗/Ω	变比	开路输出阻抗/Ω	短路输出阻抗/Ω	输出电压相位移/(°)
线性旋转变压器	28XX01	定子	36	400	600	0.55~0.6	200	80	12
	28XX02	定子	36	400	1000	0.55~0.6	330	150	12
	36XX01	定子	36	400	400	0.55~0.6	130	35	7
	36XX02	定子	36	400	600	0.55~0.6	190	50	7
	36XX03	定子	60	400	600	0.55~0.6	190	50	7
	36XX04	定子	60	400	1000	0.55~0.6	320	100	7
	36XX05	定子	60	400	4000	0.55~0.6	1300	400	7
	45XX01	定子	115	400	600	0.55~0.6	200	35	5
	45XX02	定子	115	400	1000	0.55~0.6	320	70	5
	45XX03	定子	115	400	2000	0.55~0.6	640	130	5
	45XX04	定子	115	400	4000	0.55~0.6	1300	280	5
	55XX01	定子	115	400	400	0.55~0.6	130	13	2.5
	55XX02	定子	115	400	600	0.55~0.6	190	20	2.5
	55XX03	定子	115	400	1000	0.55~0.6	310	30	2.5
旋变发送机	20XF01	转子	26	400	400	0.45	100	70	20
	28XF01	转子	36	400	600	0.45	150	50	12
	36XF01	转子	36	400	400	0.45	90	25	7
	45XF01	转子	115	400	400	0.78	250	60	5
旋变差动发送机	20XC01	定子	12	400	400	1	450	380	20
	28XC01	定子	16	400	600	1	620	270	12
	36XC01	定子	16	400	400	1	400	110	7
	45XC01	定子	90	400	600	1	600	120	5
旋变变压器	20XB01	定子	12	400	1000	2	5100	5000	22
	28XB01	定子	16	400	1000	2	4200	2200	12
	28XB02	定子	16	400	2000	2	8500	4000	15
	36XB01	定子	16	400	1000	2	4000	1400	7
	36XB02	定子	16	400	2000	2	8000	2400	7
	36XB03	定子	16	400	3000	2	12000	3600	7
	45XB01	定子	90	400	2000	0.65	860	190	5
	45XB02	定子	90	400	4000	0.65	1700	370	5
	45XB03	定子	90	400	10000	0.65	4200	1100	5

小　结

旋转变压器是一种可以旋转的变压器,它将转子转角按一定规律转换为电压信号输出。在控制系统中旋转变压器主要用作坐标变换、三角函数运算等,也可用于随动系统中,传输与转角相应的电信号。此外,还可用作移相器和角度数字的转换装置。

1. 分类

(1)按有无电刷和滑环分为有刷式和无刷式两种。常用的是有刷式旋转变压器。

(2)按电机的极对数多少分为单对极和多对极两种。

(3)按它的使用要求分为用于解算装置的旋转变压器和用于随动系统的旋转变压器。

(4)用于解算装置中的旋转变压器,又分为正余弦旋转变压器、线性旋转变压器、比例式旋转变压器和特殊函数旋转变压器。

(5)用于随动系统中的旋转变压器,可分为旋变发送机、旋变差动发送机、旋变接收机。

2. 结构

旋转变压器的典型结构与普通绕线式异步电机相似,其定子和转子均采用空间互差 90°的两相对称短距分布绕组,极数一般为两极,转子绕组则通过滑环和电刷引出。

3. 余弦旋转变压器

定子接于交流电源作为激磁绕组,转子绕组作为输出绕组。空载时输出绕组两端的电势与转子转角的余弦成正比;负载时,由于转子横轴磁势的影响,会产生幅值和相位误差。消除转子横轴磁势的办法是采用原边补偿、副边补偿或反馈补偿。

4. 正弦旋转变压器

定子接于交流电源作为激磁绕组,转子绕组作为输出绕组。空载时输出绕组两端的电势与转子转角的正弦成正比;负载时,由于转子横轴磁势的影响,会产生幅值和相位误差。为了抵消横轴绕组产生的磁势,和余弦旋转变压器一样,可以采用原边补偿和副边补偿,也可采用原、副边同时补偿的办法。

5. Scott 变压器

Scott 变压器用于当在一个系统中同时使用同位器和旋转变压器两种角度传感和计算装置时,实现从旋转变压器到同位器或从同位器到旋变的信号转换。

值得指出的是,随着电子技术的发展,现代飞机中转角信号有很多是由计算机发出,经由转换电路变换成正余弦信号形式输出的,这些信号要与同位器类设备相联接,通常是采用 Scott 变压器作为接口的。

6. 线性旋转变压器

将旋转变压器的余弦绕组与激磁绕组串联起来,在 $\theta = \pm 60°$ 的范围内,输出电压与转角成正比。

7. 无刷旋转变压器

无刷旋转变压器利用环形变压器的磁耦合作用,取代了电刷和滑环装置,实现无刷,而其输出电压仍然分别保持与转子转角 θ 的正弦和余弦成正比不变。

8. 旋转变压器的应用

9. 旋转变压器的特性指标和技术数据

思 考 题

（1）为何副边补偿的正余弦旋转变压器的输入阻抗与转角 θ 无关？ 为何原边补偿(副边无补偿)的正余弦旋转变压器的输入阻抗与转角 θ 有关？

（2）用来测量差角的旋转变压器是什么类型的旋转变压器？

（3）正、余弦旋转变压器负载后为什么会产生幅值和相位误差？ 如何消除或减小误差？

（4）旋转变压器有哪些用途？

（5）简要说明采用原边补偿的线性旋转变压器的工作原理。

（6）为什么在随动传递系统中,采用旋转变压器的精度比采用同位器的精度更高？

第5章 伺服电动机

5.1 概 述

伺服电动机又称为执行电动机,它在自动控制系统中作为执行元件,把输入的控制信号(电信号)转换为转轴上的角位移或角速度输出,并能带动一定的负载。改变控制信号可以改变伺服电动机的转速及转向。

按其使用电源性质的不同,可将伺服电动机分为直流伺服电动机和交流伺服电动机两大类。直流伺服电动机通常用在功率稍大的系统中,其输出功率约为1W~600W。由于激磁方式的不同,直流伺服电动机又有电磁式和永磁式之分。近几十年来,随着电子技术的发展,以及高性能的永磁材料的推广使用,永磁式直流伺服电动机在一些要求有良好动态特性的精密速度或位置伺服系统中(如录像机、磁带机、精密机床、计算机外部设备、航空航天设备等)得到广泛应用。交流伺服电动机已有较长的发展历史,应用广泛,国内、外大多厂家已按系列生产,功率范围一般为0.1W~100W,频率有50Hz/60Hz和400Hz,其中最常用的在30W以下。

近年来,由于应用范围日益扩展,各种性能要求不断提高,促使伺服电动机有了很大发展,出现了许多新型结构。由于系统对电机快速响应的要求越来越高,使各种低惯量的伺服电动机相继出现,如盘形电枢、空心转杯电枢、印刷绕组电枢和无槽电枢直流电动机。绕线式杯形电枢直流伺服电动机的时间常数是很小的,可以达到几十微秒左右。随着电子技术的发展,又出现了无刷直流伺服电动机。

伺服电动机的种类虽多,用途也很广泛,但自动控制系统对它们的基本要求可归纳为以下几点:

(1)宽广的调速范围。要求伺服电动机的转速随着控制电压的改变能在宽广的范围内进行调节。

(2)具有线性的机械特性和调速特性。在整个转速范围内保证运行的稳定性。

(3)无"自转"现象。当控制信号消失时,伺服电动机立即停转。

(4)快速响应。要求电机的机电常数小,相应地伺服电动机要有较大的起动转矩和较小的转动惯量,这样当控制信号变化时,电机反应快速、灵敏。

(5)控制功率要小,起动电压要低。

正因为伺服电动机具有上述优点,它不仅在飞机仪表、自动驾驶仪、瞄准具、导弹、雷达等航空设备中被广泛用作执行元件,而且在国民经济和日常生活的其它领域有着广泛的应用。

本章主要介绍各种交、直流伺服电动机的结构特点、控制方法、主要性能指标和技术数据,比较两类伺服电动机的性能,介绍它们在航空自动控制系统中的应用。

5.2　直流伺服电动机的结构特点和控制方法

自动控制系统中使用的直流电动机和一般动力用的直流电动机虽然在工作原理上是完全相同的,但由于各自的功用不同,因而它们的工作状态与工作性能差别很大。例如,飞机上的变流机,是用飞机的直流电源驱动一台直流电动机,来带动一台交流发电机产生400Hz的交流电,为了保持输出电压的频率稳定,要求这台直流电动机正常工作过程中的转速要尽量保持不变。但在自动控制系统中,如雷达天线控制系统中的直流电动机,其转速和工作状态要根据目标的运动情况而改变。因此,把在自动控制系统中作为执行元件的直流电动机,称为直流伺服电动机或直流执行电动机。

尽管直流伺服电动机的基本结构及内部电磁关系与一般直流电动机相同,但是,为了满足自动控制系统对它的要求,直流伺服电动机在控制方式和具体结构上与普通直流电动机有所不同。按控制方法不同直流伺服电动机可分为电枢控制和磁场控制两种。本节主要分析直流伺服电动机的控制方法。

为了简化分析,假设电机的磁路是不饱和的,并忽略电枢反应及换向的影响。

5.2.1　电枢控制直流电动机

如图5-1所示,电枢控制直流电动机的激磁绕组接于不变的直流电压 U_j,或其激磁磁场由永久磁铁产生,而加于电枢的电压 U_a 是可以改变的。

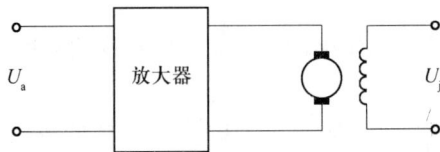

图 5-1　电枢控制电动机原理接线图

根据直流电动机的转矩公式,有
$$M = C_m \phi I_a$$
因磁路不饱和,磁通 ϕ 与激磁电流 I_j 成正比,即
$$\phi \propto I_j \propto U_j$$

故

$$\phi = C_\phi U_j$$

式中：C_ϕ 为激磁系数。

又因为

$$I_a = \frac{U_a - E_a}{R_a} = \frac{U_a - C_e n C_\phi U_j}{R_a}$$

故

$$M = C_m \cdot C_\phi U_j \cdot \frac{U_a - C_e n C_\phi U_j}{R_a} = \frac{C_m C_\phi U_a U_j - C_m C_e C_\phi^2 n U_j^2}{R_a}$$

取 $\alpha = \dfrac{U_a}{U_j}$ 为信号系数，则上式化为

$$M = \frac{C_m C_\phi \alpha U_j^2 - C_m C_e C_\phi^2 n U_j^2}{R_a}$$

当 $n = 0, \alpha = 1$，即电枢不动，控制电压 U_a 等于激磁电压 U_j 时，起动力矩为

$$M_{q0} = \frac{C_m C_\phi U_j^2}{R_a}$$

以 m 表示任意转速时的力矩 M 与起动力矩 M_{q0} 的比值，则

$$m = \frac{M}{M_{q0}} = \alpha - C_e C_\phi n$$

当 $m = 0, \alpha = 1$，即理想空载时，转速 n_0 为

$$n_0 = \frac{1}{C_e C_\phi}$$

所以

$$m = \alpha - \frac{n}{n_0}$$

令 $v = \dfrac{n}{n_0}$ 为相对转速，则

$$m = \alpha - v \tag{5.1}$$

对于一定的信号系数 α，即对于一定的控制电压 U_a，电机的转矩随转速变化的特性 $m = f(v)$，称为机械特性。由式（5.1）可见：电枢控制时，电动机的机械特性 $m = f(v)$ 是一条直线。对于不同的 α 值，可求得其特性曲线族，如图 5 - 2 (a)所示。

对于一定的负载力矩，电机的转速随信号系数变化的关系曲线 $v = f(\alpha)$，称为电机的调节特性。因

$$v = \alpha - m$$

故电枢控制时，电动机的调节特性也是直线，如图 5 - 2(b)所示。

值得注意的是,$m = f(v)$是以相对值表示的机械特性,它与电机的参数无关。而转矩的实际值M,却是与电机的电路参数有关的。例如,当电枢电路中考虑放大器的电阻R_f时,应以$R_a + R_f$代替R_a,这将使转矩的实际值减小,机械特性$M = f(n)$变软。

由图5-2(b)可见,当$m \neq 0$时,直线$v = f(\alpha)$并不通过原点,这意味着即使有控制电压,但控制电压不够大,即α较小时,电机仍不转动。这就是说,电机的控制存在死区。$m \neq 0$时,使电机转动的最小控制电压,称为始动电压。m越大,即电机轴上的阻转力矩越大,死区越大,始动电压越大。

因为电枢控制时,直流电动机具有线性的特性,所以电枢控制直流伺服电动机主要用于线性调节系统中。

应该注意:只有当阻转力矩的机械特性为线性时,电机的机械特性才是线性的。否则,电机的机械特性是非线性的。相应地,调节特性也是非线性的。

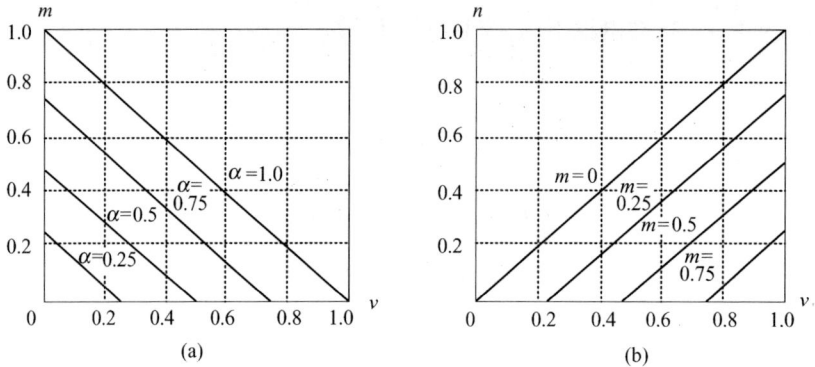

图5-2 电枢控制时的机械特性和调节特性

5.2.2 磁场控制直流电动机

磁场控制电动机,是将电枢接于不变的电源电压U_a,通过改变激磁绕组所接的电压U_j来对实现对电动机的控制。其原理接线图如图5-3所示。

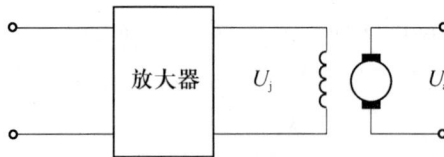

图5-3 磁场控制电动机原理接线图

在磁场控制电动机中,同样有

$$\phi = C_\phi U_j$$

$$M = \frac{C_m C_\phi U_a U_j - C_m C_e C_\phi^2 n U_j^2}{R_a}$$

为方便起见,令信号系数

$$\alpha = \frac{U_j}{U_a}$$

故得

$$M = \frac{C_m C_\phi \alpha U_a^2 - C_m C_e C_\phi^2 n \alpha^2 U_a^2}{R_a}$$

当 $n = 0, \alpha = 1$ 时,得

$$M_{q0} = \frac{C_m C_\phi U_a^2}{R_a}$$

故

$$m = \frac{M}{M_{q0}} = \alpha - C_e C_\phi \alpha^2 n$$

当 $m = 0, \alpha = 1$ 时,理想空载转速为

$$n_0 = \frac{1}{C_e C_\phi}$$

令 $v = \frac{n}{n_0}$ 为相对转速,可得

$$m = \alpha - v\alpha^2$$

可见,磁场控制电动机中,当 α 一定时,机械特性 $m = f(v)$ 是线性的,如图 5 – 4(a)所示。而

$$v = \frac{\alpha - m}{\alpha^2}$$

因此,对于一定的 m 值,调节特性 $v = f(\alpha)$ 是非线性的,如图 5 – 4(b)所示。

图 5 – 4(b)中,最高转速所对应的信号系数,可由

$$\frac{dv}{d\alpha} = 0$$

$$\alpha^2 - 2\alpha(\alpha - m) = 0$$

求得

$$\alpha = 2m$$

代入 $v = \frac{\alpha - m}{\alpha^2}$ 中,可得最高转速为

$$v_{max} = \frac{1}{4m}$$

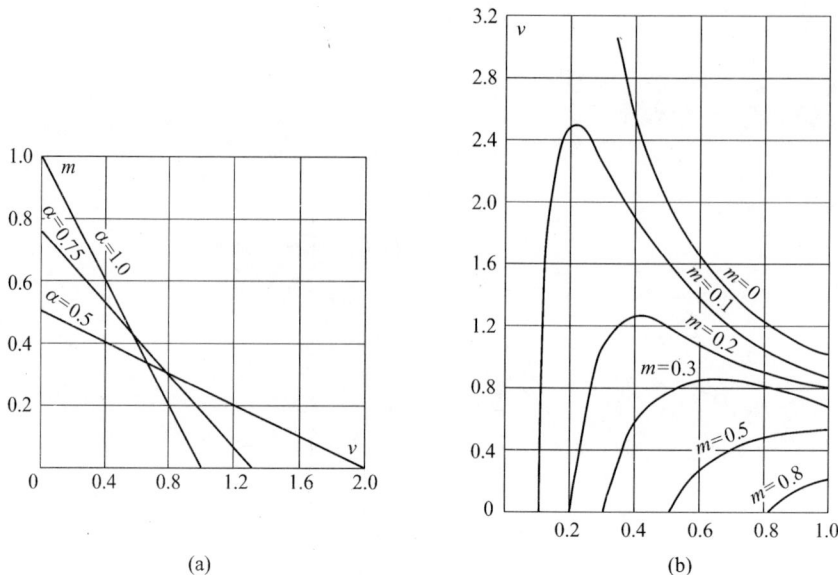

图 5 - 4 磁场控制时的机械特性和调节特性

（a）磁场控制时的机械特性；（b）磁场控制时的调节特性。

由于磁场控制直流伺服电动机的调节特性 $v = f(\alpha)$ 是非线性的,因此,这种控制方式用得较少。

5.2.3 直流伺服电动机的动态特性和传递函数

1. 直流伺服电动机的动态方程

直流电动机稳定运行时,其电压、电流、转速等是不随时间变化的。这种运行状态,称为直流电动机的稳定运行状态。直流电动机稳定运行时的特性,称为稳态特性。

当电动机的外加电压或负载转矩等发生变化时,电动机由一个稳定状态过渡到另一个稳定状态。这种过渡不是立即完成的,需要经历一个逐渐变化过程,称为过渡过程。电机在过渡过程中的特性,称为动态特性。

电枢控制直流电动机在过渡过程中的特性,可由在电枢绕组上加一个阶跃电压 U_a 后,其转速随时间变化的特性来衡量。

1）过渡过程中的电势平衡方程和转矩平衡方程

过渡过程中,电枢回路的电势平衡方程为

$$u_a = e_a + i_a R_a + L_a \frac{\mathrm{d}i_a}{\mathrm{d}t} = C_e n\phi + i_a R_a + L_a \frac{\mathrm{d}i_a}{\mathrm{d}t}$$

式中:L_a 为电枢电路的电感;n、i_a 分别为转速及电枢电流的瞬时值。

在过渡过程中,电机的转速要随时间变化,而电机有一定的机械惯性,故要产生惯性力矩 M_J,即

$$M_J = J\frac{\mathrm{d}\Omega}{\mathrm{d}t}$$

式中:J 为整个电机组(包括电动机及其所带动的负载)的转动惯量;$\Omega = \frac{2\pi n}{60}$ 为电机转动的机械角速度。

当 $\frac{\mathrm{d}\Omega}{\mathrm{d}t} > 0$,即电机加速时,惯性力矩力图阻碍电机转动,为阻转力矩;当 $\frac{\mathrm{d}\Omega}{\mathrm{d}t} < 0$ 时,即电机减速时,惯性力矩为试图维持电机转速的力矩。所以,过渡过程中电机的转矩平衡方程式为

$$M = M_r + M_J = M_r + J\frac{\mathrm{d}\Omega}{\mathrm{d}t}$$

2)转速及电流随时间变化的规律

当电枢两端加一阶跃电压 U_a 时,电枢电路的电势平衡方程式为

$$U_a = C_e n\phi + i_a R_a + L_a\frac{\mathrm{d}i_a}{\mathrm{d}t}$$

自动控制系统中的电机作为执行元件时,总是设计得使其额定力矩远大于稳定运行时的阻转力矩 M_r。如认为 $M_r = 0$,则转矩平衡方程式为

$$M = J\frac{\mathrm{d}\Omega}{\mathrm{d}t}$$

即

$$C_m\phi i_a = J\frac{2\pi}{60}\frac{\mathrm{d}n}{\mathrm{d}t}$$

故

$$i_a = \frac{2\pi J}{60 C_m\phi}\frac{\mathrm{d}n}{\mathrm{d}t}$$

将其代入电势平衡方程式中,得

$$U_a = C_e n\phi + \frac{2\pi J}{60 C_m\phi}R_a\frac{\mathrm{d}n}{\mathrm{d}t} + L_a\frac{2\pi J}{60 C_m\phi}\frac{\mathrm{d}^2 n}{\mathrm{d}t^2}$$

$$\frac{U_a}{C_e\phi} = n + \frac{2\pi J R_a}{60 C_m C_e\phi^2}\frac{\mathrm{d}n}{\mathrm{d}t} + \frac{2\pi J L_a}{60 C_m C_e\phi^2}\frac{\mathrm{d}^2 n}{\mathrm{d}t^2}$$

令

$$\tau_j = \frac{2\pi J R_a}{60 C_m C_e\phi^2}$$

$$\tau_d = \frac{L_a}{R_a}$$

并考虑到

$$\frac{U_a}{C_e\phi} = n_0$$

因而得

$$\tau_j\tau_d\frac{d^2n}{dt^2} + \tau_j\frac{dn}{dt} + n = n_0 \tag{5.2}$$

式中：τ_j 为电机的机电时间常数，即考虑电机组的机械惯性和电磁惯性的时间常数；τ_d 为电机的电磁时间常数；n_0 为理想空载转速。对已制成的电机组，它们都是常数。

设 $t = 0$ 时，$n = 0$，$\dfrac{dn}{dt} = 0$，求解式(5.2)所示的二阶微分方程，得

$$n = n_0\left[1 + \frac{1}{p_1 - p_2}(p_2e^{p_1t} - p_1e^{p_2t})\right]$$

$$i_a = \frac{1}{\sqrt{1 - \dfrac{4\tau_d}{\tau_j}}}\frac{U_a}{R_a}(e^{p_2t} - e^{p_1t})$$

式中，$p_{1,2} = -\dfrac{1}{2\tau_d}\left[1 \mp \sqrt{1 - \dfrac{4\tau_d}{\tau_j}}\right]$

由此可见：过渡过程中，电机的转速 n 及电流 i 都是随时间 t 变化的。

当 $4\tau_d > \tau_j$ 时，p_1、p_2 为两个共轭复根，这时，过渡过程中的转速和电流是振荡的，如图 5-5 所示。当电枢电路的电阻 R_a 及转动惯量 J 很小，而电枢电路的电感 L_a 很大时，就会产生这种情况。

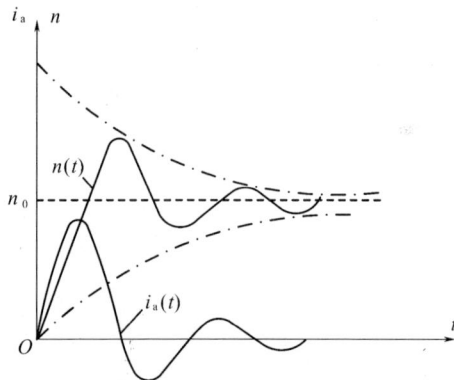

图 5-5 $4\tau_d > \tau_j$ 时的过渡过程

在一般情况下，$4\tau_d < \tau_j$，即电枢电路的电感 L_a 较小，而 R_a、J 较大。这时 p_1、p_2 为两个负实根。转速及电流的变化如图 5-6 所示。特别是当电枢电路与放大器

串联时,电枢电路的电阻 R_a(包括放大器的电阻)大,$\tau_j \gg \tau_d$,此时,τ_d 可以略去不计。当忽略电磁惯性时,有

$$\tau_j \frac{\mathrm{d}n}{\mathrm{d}t} + n = n_0$$

其解为

$$n = n_0 (1 - \mathrm{e}^{-\frac{t}{\tau_j}})$$

$$i_a = \frac{U_a}{R_a} \mathrm{e}^{-\frac{t}{\tau_j}}$$

转速及电流的变化如图 5-7 所示。

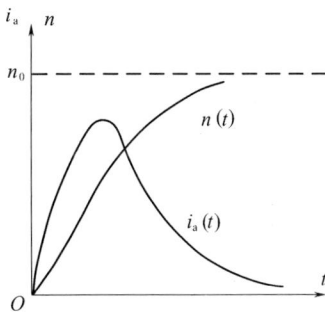

图 5-6 $4\tau_d < \tau_j$ 时的过渡过程   图 5-7 $\tau_j \gg \tau_d$ 时的过渡过程

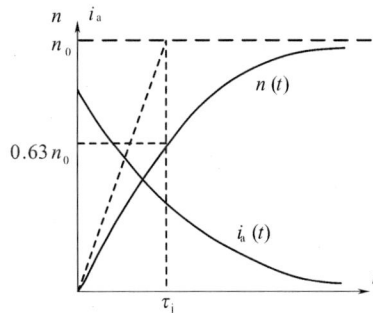

3) 机电时间常数 τ_j

由上所述,当忽略电磁时间常数 τ_d,即忽略电磁惯性时,电机的转速 n 及电枢电流 i_a 以时间常数 τ_j 随时间按指数规律变化。当 $t = \infty$ 时,转速及电流达到稳定值。

在 $n = n_0 (1 - \mathrm{e}^{-\frac{t}{\tau_j}})$ 中,当 $t = \tau_j$ 时,$n = 0.632n_0$。这就是说:经过时间 $t = \tau_j$ 后,电机的转速 n 已上升到理想空载转速 n_0 的 63.2%。而当 $t = 3\tau_j$ 时,$n \approx 0.95n_0$。此时,可以认为过渡过程已基本结束,并以 $t = 3\tau_j$ 作为过渡过程的时间。显然,τ_j 越小,转速上升越快,过渡过程所经历的时间越短。τ_j 的大小,可表征转速上升的快慢和过渡过程所经历时间的长短,称为电机的机电时间常数。通常,机电时间常数 τ_j 被定义如下:电机在空载情况下,加额定激磁电压时,加上阶跃的额定控制电压,转速从零上升到 63.2% 理想空载转速所需的时间。它是伺服电动机一项重要的性能指标。机组的转动惯量 J 及电枢电路的电阻 R_a 越大,机电时间常数 τ_j 越大。因

$$\tau_j = \frac{2\pi J R_a}{60 C_m C_e \phi^2} = \frac{2\pi J R_a I_q}{60 C_m C_e \phi^2 I_q}$$

式中:I_q 为起动时的电枢电流。

考虑到 $C_m \phi I_q = M_q$ 为起动时的力矩，$I_q R_a = U_a$ 为起动时的电枢压降，$\frac{U_a}{C_e \phi} = n_0$ 为理想空载转速，上式变为

$$\tau_j = \frac{2\pi J}{60} \frac{n_0}{M_q} = \frac{2\pi J}{60} K$$

式中：$\frac{n_0}{M_q} = K$ 为机械特性的斜率。

机械特性越硬，K 越小，τ_j 越小。

因理想空载角速度 $\Omega_0 = \frac{2\pi n_0}{60}$，$\tau_j$ 又可写为

$$\tau_j = \frac{J \Omega_0}{M_q} = \frac{J}{\dfrac{M_q}{\Omega_0}} = \frac{J}{D}$$

式中：$D = \dfrac{M_q}{\Omega_0}$ 为电机的阻尼系数。

阻尼系数 D 越大，τ_j 越小。$\dfrac{M_q}{J}$ 又称为力矩惯量比，力矩惯量比越大，τ_j 越小。

综上所述，电机的机电时间常数 τ_j 与电机电枢电路内的电阻 R_a 及整个电机组的转动惯量 J 成正比，与机械特性的硬度、阻尼系数 D 及力矩惯量比成反比。机电时间常数越小，转速上升越快，过渡过程所经历的时间越短。一般直流伺服电动机的 τ_j 大约在十几毫秒到几十毫秒之间。

2. 传递函数

当 $\tau_d = 0$，即不考虑电磁惯性时，有

$$\tau_j \frac{dn}{dt} + n = n_0 = \frac{U_a}{C_e \phi} = K_3 U_a$$

因而

$$\tau_j s n(s) + n(s) = K_3 U_a(s)$$

故电枢控制直流电动机的传递函数为

$$\frac{n(s)}{U_a(s)} = \frac{K_3}{\tau_j s + 1}$$

式中：K_3 为直流电动机的增益。

5.3 直流伺服电动机的型号和额定值

5.3.1 直流伺服电动机的型号

目前，我国生产的直流伺服电动机的型号主要有 S 系列、SZ 和 SY 系列等。S

系列为仿苏联产品,SZ 是自行设计的产品系列。SZ 系列产品的体积和重量较 S 系列大为减小,机体强度较 S 系列高。以 SZ 系列为例说明产品型号及技术数据。

SZ 系列产品型号的编排顺序和含义如下:

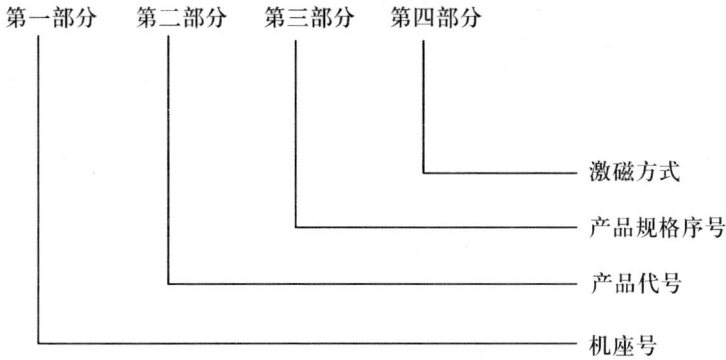

第一部分　第二部分　第三部分　第四部分

激磁方式

产品规格序号

产品代号

机座号

以 36SZ01 为例,第一部分数字 36 表示机座的外径尺寸为 36mm。SZ 系列一共有 36、45、55、70、90、110、130 等七个机座号。第二部分 SZ 是用字母表示的产品代号,S 表示伺服电动机,Z 表示直流电磁式。第三部分数字"01"表示产品的电气性能数据。第四部分是直流伺服电动机的激磁方式,用字母表示,C 表示串激(即激磁绕组和电枢绕组是串联的),若不注明就表示并激或它激。SZ 系列直流伺服电动机产品技术数据(部分型号)见表 5 – 1。

表 5 – 1　SZ 系列直流伺服电动机技术数据(部分型号)

型　号	转矩 /N·m	转速 /(r/min)	功率 /W	电压/V		电流/A		允许顺逆转 速差/(r/min)
				电枢	激磁	电枢	激磁	
130SZ01	225.4	1500	355	110		4.4	0.28	100
130SZ02	225.4	1500	355	220		5.2	0.18	100
130SZ03	191.1	3000	600	110		7.6	0.28	200
130SZ04	191.1	3000	600	220		3.8	0.18	200

航空用伺服电动机产品的型号命名方法可查阅航空标准《航空电机电器专业产品型号命名方法》。

5.3.2　直流伺服电动机的额定值

额定值表示直流电动机的主要性能数据和使用条件,是选用直流电动机的依据。这些额定值是电机制造厂根据标准,对各种型号的直流电动机的使用条件和运行状态所作的规定。凡符合使用条件,达到给定工作状态的称为额定运行。表示直流电动机额定运行状态时的电压、电流、功率、转速等量的数值称为额定值。

在选择和使用直流电动机前,有必要了解这些额定值的含义,根据负载的要

105

求,合理选择和使用直流电动机,既要充分利用直流电动机所提供的性能,又要按照厂家的使用规定和额定值要求,不能损坏电动机。额定值一般写在直流电动机的铭牌上,因此也称为铭牌值。直流电动机在铭牌上标明的额定值一般有四个:额定功率、额定电压、额定电流和额定转速。

但是额定值不限于铭牌上所标出的数据,如额定转矩和额定效率在铭牌上通常是不标明的,这些数据可以从产品手册或产品技术条件中查到。下面分别说明几个主要的额定值的含义:

(1) 额定功率 P_N。直流电动机在额定运行时,其轴上输出的机械功率,单位为 W。

(2) 额定电压 U_N。在额定运行情况下,直流电动机的激磁绕组和电枢绕组应加的电压值,其单位为 V。

(3) 额定电流 I_N。直流电动机在额定电压下,负载达到额定功率时的电枢电流和激磁电流值,单位为 A。对于连续运行的直流电动机,其额定电流就是直流电动机长期安全运行的最大电流。短期超过额定电流是允许的,但不能使电流长期超过额定电流,否则会使直流电动机绕组和换向器烧坏。

(4) 额定转速 n_N。直流电动机在额定电压和额定功率运行时每分钟的转数,单位为 r/min。额定转速不是直流电动机允许的最高转速。

(5) 定额。按直流电动机运行的持续时间,定额分为“连续”、“短时”和“断续”三种。“连续”表示该电机可以按各项额定值连续运行;“短时”表示按额定值只能在规定的工作时间内短时使用;“断续”表示断续运行,但可多周期继续使用。

(6) 额定转矩 M_{2N}。是额定电压和额定功率时的输出转矩,单位为 N·m。额定转矩一般在铭牌上并不标出,但它是选择直流电动机应考虑的一项重要指标,可以通过直流电动机的额定功率 P_N 和额定转速 n_N 计算得到,其计算公式为

$$M_{2N} = 9.74 \frac{P_N}{n_N}$$

5.4 低惯量直流伺服电动机

直流伺服电动机有许多优点,如起动转矩大,调速范围广,机械特性和调节特性线性度好,控制方便等,因此获得了广泛应用。但是由于普通直流伺服电动机转子是带铁芯的,加之铁芯有齿和槽,因而带来了性能上的一些缺陷。如转动惯量大、机电时间常数较大、灵敏度差、转矩波动较大、低速运转不平稳。直流电动机的电刷和换向器结构的存在也严重影响了直流电动机的性能,如换向火花对无线电设备的干扰大,直流电动机的可靠性较差、寿命短、维修困难,应用上受

到一定的限制。目前,国内、外已在普通直流伺服电动机的基础上发展了低惯量直流伺服电动机和永磁无刷直流电动机。低惯量直流伺服电动机具体是指杯形转子直流伺服电动机、印制绕组直流伺服电动机和无槽直流伺服电动机等,并已广泛应用于高灵敏度的伺服系统中。永磁无刷直流电动机的特点是用电子换向器代替传统的机械换向器,转子采用高性能的稀土永磁材料,结构简单,控制方便。

下面介绍低惯量直流伺服电动机的结构、工作原理及性能特点。永磁无刷直流电动机将在第6章中专门介绍。

5.4.1 杯形转子直流伺服电动机

杯形转子直流伺服电动机又称动圈式直流伺服电动机,其结构如图5-8所示。

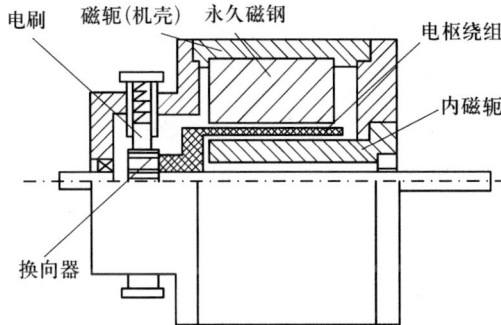

图5-8 杯形转子直流伺服电动机

这种电机的杯形电枢绕组是用导体绕在绕线模上做成的,或者先绕在绕线模上,然后用环氧树脂定形后取下。杯形转子的内外两侧有内、外定子构成的磁路。由于转子内、外侧都需要有足够的气隙,所以气隙大、磁阻大、磁势利用率低,通常内定子或外定子采用高性能永磁材料以缩小直径、减小体积,以发挥它的特点。

杯形转子直流伺服电动机的主要性能特点如下:

(1) 低惯量。由于转子无铁芯,且薄壁细长,惯量极低,有超低惯量电动机之称。

(2) 灵敏度高。因转子绕组散热条件好,绕组的电流密度可达到$30A/mm^2$,并且永久磁钢体积大,可提高气隙的磁通密度,所以力矩大。加上惯量又小,因此转矩/惯量比很大,时间常数很小(最小的在1ms以下),灵敏度高,快速性好,其始动电压在100mV以下,每秒可完成250个起停循环。

(3) 损耗小,效率高。因转子中无磁滞和涡流损耗,所以效率可达80%或更高。

(4) 力矩波动小,低速运行平稳,噪声很小。由于绕组在气隙中均匀分布,不存在齿槽效应,因此力矩传递均匀,波动小,运转时噪声小,低速运行平稳。

(5) 换向性能好,寿命长。由于杯形转子无铁芯,换向元件电感很小,几乎不产生火花。换向性能好,大大提高了电机的使用寿命。换向火花很小,又可大大减少对无线电的干扰。

杯形转子直流伺服电动机制造成本较高,多用于高精度的自动控制或测量系统中。

5.4.2 印制绕组直流伺服电动机

印制绕组直流伺服电动机的结构如图 5-9 所示。

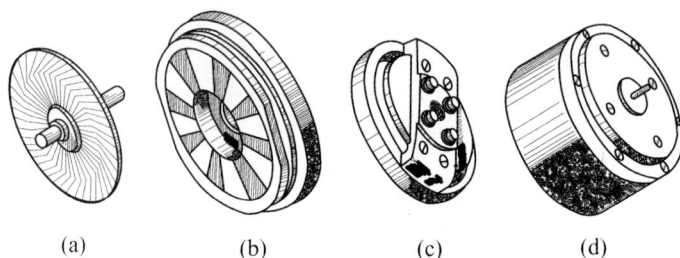

图 5-9 印制绕组直流伺服电动机

(a) 电枢;(b) 定子和磁极;(c) 电刷和端盖;(d) 整体外观。

这种电动机的端盖上装着呈辐射形的永久磁铁。永久磁铁产生的磁通,沿轴向经端盖及机壳而闭合。在端盖及机壳间,装着圆盘形的印制绕组电枢。印制绕组电枢是在绝缘材料做成的圆盘上,用印刷电路的方法制成电枢绕组,如图 5-9 (a)所示。电流经端盖上的电刷引入电枢绕组,电枢导体兼作换向片。因为电枢绕组是用印刷电路的方法形成的,电枢导体很细(宽 1mm,厚 0.05mm~0.4mm,截面 0.05mm^2~0.4mm^2)。

印制绕组直流伺服电动机的主要性能特点如下:

(1) 结构简单,制造成本低。

(2) 起动转矩大。由于电枢绕组全部在气隙中,散热良好,其绕组电流密度比普通直流伺服电动机高 10 倍以上,因此容许的起动电流大,起动转矩也大。

(3) 力矩波动小,低速运行稳定,调速范围广而平滑,能在 1:20 的速比范围内可靠平稳运行。

(4) 换向性能好。电枢由非磁性材料组成,换向元件电感小,所以换向火花小。

(5) 电枢转动惯量小,反应快,机电时间常数一般为 10ms~15ms。属于中等

108

低惯量伺服电动机。

印制绕组直流伺服电动机适用于低速和起动、反转频繁的系统中。目前,它的输出功率一般在几瓦到几千瓦,其中功率较大的印制绕组直流伺服电动机主要用于数控机床、雷达天线驱动和其它伺服系统。

印制绕组直流伺服电动机由于气隙大,主磁极漏磁大,磁势利用率不高,因而效率不高;而且电枢直径大,限制了机电时间常数的进一步降低。还有一种空心圆筒形的印制绕组直流电动机,它实际上是一种印制绕组杯形转子电动机,也有内、外定子。显然,它的性能比圆盘式印制绕组电动机好,尤其是时间常数可以显著降低,适用于高灵敏度伺服系统中。

5.4.3 无槽电枢直流伺服电动机

无槽电枢直流伺服电动机的结构和普通直流伺服电动机结构的差别在于电枢铁芯是光滑、无槽的圆柱体。电枢的制造是将敷设在光滑电枢铁芯表面的绕组,用环氧树脂固化成型并与铁芯粘结在一起,其气隙尺寸较大,比普通的直流伺服电动机大 10 倍以上。定子激磁一般采用高磁能的永久磁钢。

无槽电枢直流伺服电动机具有低惯量、起动转矩大、反应快、起动灵敏度高、转速平稳、低速运行均匀、换向性能良好等优点。目前,无槽电枢直流伺服电动机的输出功率在几十瓦到几十千瓦以内,机电时间常数为 5ms ~ 10ms,主要用于要求快速动作以及功率较大的系统。

5.5 交流伺服电动机的结构特点与工作特性

交流伺服电动机是一种两相异步电动机,在自动控制系统中常被用作执行元件。功率从几瓦到几十瓦的交流伺服电动机,在小功率随动系统中得到非常广泛的应用。因此交流伺服电动机又称两相执行电动机、两相随动电动机、两相伺服电动机或两相伺服马达。

图 5 – 10 是一个同位伺服系统示意图。在该系统中,交流伺服电动机一方面起动力作用,驱动同位器转子和负载转动;另一方面起一个执行元件的作用。它带动负载和同位器转子转动是受到控制的。当雷达主指令位置 α 改变时,由于负载位置 $\beta \neq \alpha$,同位器就有电压输出,通过放大器,伺服电动机接受到控制电信号 U_k,就带动负载和同位器转动,直到 $\alpha = \beta$。所以伺服电动机直接受电信号 U_k 的控制,间接受主令位置 α 的控制,伺服电动机的转动总是使 β 接近 α,直至 $\beta = \alpha$,使负载和主指令位置处于协调。

本节主要介绍交流伺服电动机的结构特点、控制方式以及两相异步电动机中的磁势和转矩,并简单分析其工作特性。

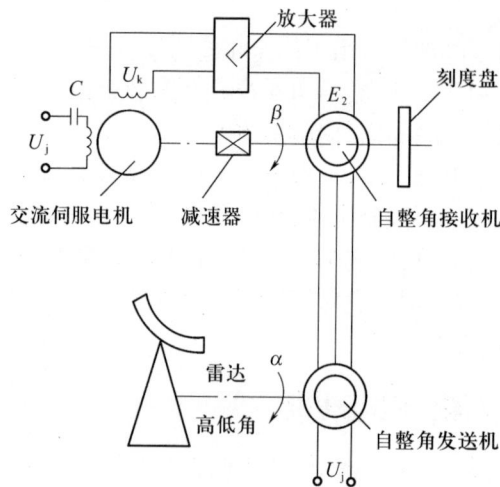

图 5 – 10　雷达高低角自动显示系统原理图

5.5.1　结构特点

交流伺服电动机分为定子和转子两大部分。根据转子结构的不同,将交流伺服电动机分为杯形转子两相异步电动机和鼠笼转子两相异步电动机两大类。

1. 杯形转子两相异步电动机的结构

杯形转子又分为非磁性空心杯转子和铁磁性空心杯转子,由于后者目前应用的较少,因此,主要介绍如图 5 – 11 所示的仪表设备中使用最多的非磁性空心杯转子交流伺服电动机。

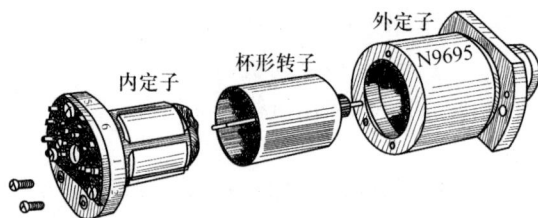

图 5 – 11　杯形转子两相异步电动机结构图

如图 5 – 11 所示,非磁性空心杯转子交流伺服电动机的内定子铁芯是由硅钢片冲制后叠成的,并在铁芯内圆上开有均匀齿槽。在定子铁芯槽中放置空间相距90°电角度的两相集中绕组。外定子铁芯也是由硅钢片叠成,一般不放绕组,仅作为磁路的一部分,以减小主磁通磁路的磁阻。在内定子铁芯的中心处有内孔,转轴从内孔中穿过。空心杯转子一般是由铝合金制成,它位于内、外定子铁芯之间的气隙中,并靠其底盘和转轴固定。非磁性空心杯转子两相伺服电动机装配结构如图 5 – 12 所示。

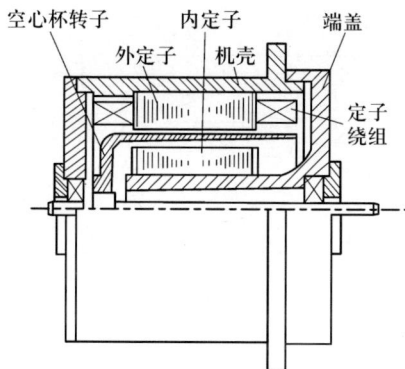

图 5 - 12　非磁性空心杯转子两相伺服电动机结构

当功率不大于 1W ~ 1.5W 时,因外定子铁芯的内径太小,不易嵌线,两相绕组嵌放在内定子铁芯的槽中。此时,内定子铁芯为了有足够的空间放置绕组,相应地要增大直径,这样又会使转子的转动惯量加大。为了克服这一缺点,也可将两相绕组分别放置在内、外定子铁芯上。

由于非磁性杯形转子的壁很薄,一般只有 0.2mm ~ 0.8mm,因而具有较大的转子电阻和很小的转动惯量。又因转子上无齿槽,运行平稳,噪声小。但是这种结构的电机,空气隙较大,激磁电流也较大,约占额定电流的 80% ~ 90%,致使电机的功率因数较低,效率也较低。它的体积和重量都要比同容量的鼠笼式交流伺服电动机大得多。在同样的体积下,杯形转子交流伺服电动机的堵转转矩要比鼠笼式的小得多,因此虽然采用杯形转子可以大大减小其转动惯量,但是它的快速响应性能并不一定优于鼠笼式交流伺服电动机。由于鼠笼式交流伺服电动机在低速运行时有抖动现象,所以非磁性空心杯转子交流伺服电动机主要用于要求低噪声平稳运行的某些系统中。目前,我国生产的空心杯转子两相伺服电动机型号为 SK。

2. 鼠笼转子两相异步电动机的结构

其转子结构如同普通鼠笼转子异步电动机一样,但是,为了减小转子的转动惯量,需要做成细而长的型式,如图 5 - 13 所示。鼠笼导条和端环可以采用高电阻率的导电材料(如黄铜、青铜等)制造,也可采用铸铝转子。目前我国生产的 SL 系列两相交流伺服电动机就采用这种结构型式。

杯形转子与鼠笼转子从外表形状来看是不一样的,但实际上,杯形转子可以看作是鼠笼条数目非常多的、条与条之间彼此紧靠在一起的鼠笼转子,杯形转子的两端也可看作由短路环相连接,这样,杯形转子只是鼠笼转子的一种特殊形式。从实质上看,二者没有什么差别,在电机中所起的作用也完全相同。因此在以后分析时,只以鼠笼转子为例,分析结果对杯形转子电动机也完全适用。

111

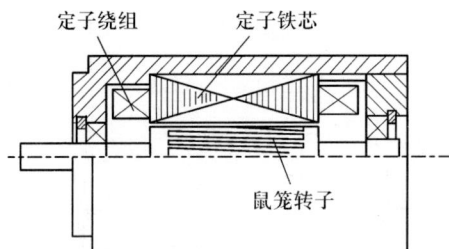

图 5 – 13　鼠笼形转子交流伺服电动机

5.5.2　控制方式

从《电机学》知识,可以知道,对于两相异步电动机,若在两相对称绕组施加两相对称电压,便可得到圆形的旋转磁场。反之,如果两相电压幅值不同,或相位差不是 90°电角度,则所得的便是椭圆形旋转磁场。

交流伺服电动机运行时,因控制绕组所加的控制电压 U_k 是变化的,一般说来,得到的是椭圆形旋转磁场,并由此产生电磁转矩而使电机旋转。若改变控制电压的大小或改变它与激磁电压之间的相位角,都能使电机气隙中旋转磁场的椭圆度发生变化,从而影响到电磁转矩的大小。当负载转矩一定时,可以通过调节控制电压的大小或相位来达到改变电机转速的目的。因此,交流伺服电动机的控制方式有三种。

1. 幅值控制

幅值控制方式是通过调节控制电压的大小来改变电机的转速,而控制电压 $\dot{U}_k$ 与激磁电压 $\dot{U}_j$ 之间的相位差角始终保持 90°电角度。当控制电压 $\dot{U}_k = 0$ 时,电机停转。其接线原理图如图 5 – 14(a)所示。

2. 相位控制

相位控制方式是通过调节控制电压的相位(即控制电压与激磁电压之间的相位角 β)来改变电机的转速,而控制电压的幅值保持不变。当 $\beta = 0$ 时,电机停转。其接线图仍如图 5 – 14(a)所示。这种控制方式一般很少采用。

3. 幅值—相位控制(或称电容控制)

这种控制方式是将激磁绕组串联电容 C 以后,接到稳压电源 $\dot{U}_1$ 上,其接线原理图如图 5 – 14(b)所示。这时,激磁绕组的电压 $\dot{U}_j = \dot{U}_1 - \dot{U}_{ca}$,而控制绕组仍外施控制电压 $\dot{U}_k$,$\dot{U}_k$ 的相位始终与 $\dot{U}_1$ 相同。当调节控制电压 $\dot{U}_k$ 的幅值来改变电动机的转速时,激磁电压 $\dot{U}_j$ 和控制电压 $\dot{U}_k$ 之间的相位移随转速的变化而变化。

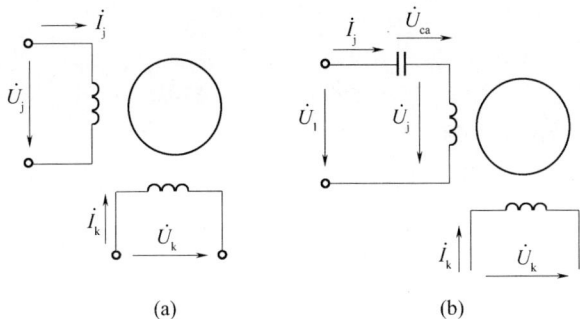

図 5 – 14　两相交流伺服电动机的不同控制方式接线图

5.5.3　两相异步电动机的接线方法

以 SF – 2 型两相异步电动机为例说明其接线方法。在两相异步电动机的定子铁芯上冲有六个槽,安放着两相定子绕组。两个较大的槽中安放着激磁绕组,以线圈1–4 代表。其余四个小槽中分别放置着两个控制绕组,以线圈 2 –6 及 3 –5 代表,如图 5 –15(a) 所示。两个控制绕组的绕向及匝数相同。控制绕组的轴线与激磁绕组的轴线彼此在空间相差 90°电角度。1、2、3 为绕组首端,4、5、6 为绕组的末端。绕组的端头在接线板上的连接如图 5 – 15(a) 所示,绕组的电路图 5 – 15(b) 所示。

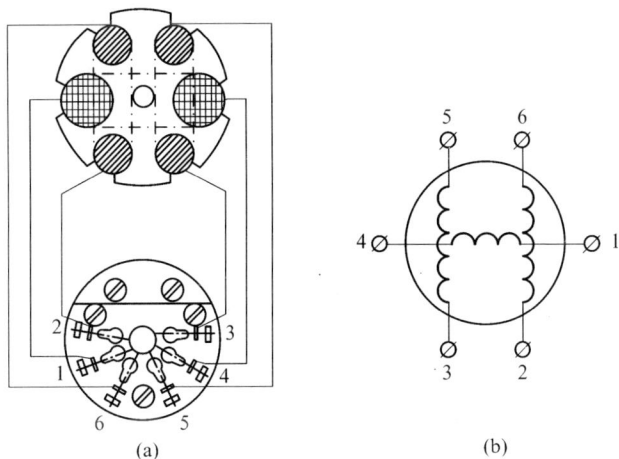

图 5 – 15　两相伺服电动机的绕组连接图

同时装有两个相同的控制绕组,其目的在于使电机能满足各种控制系统的多种需要,它可以有以下几种接线方式。

1) 两个控制绕组单独工作

当一个控制绕组通电时,电流由首端到末端,电机正转;当另一个控制绕组通

113

电时,电流由末端到首端,电机反转。图 5 - 16 所示为某型地平仪中两相异步电动机的接线。

2）两个控制绕组同时工作,两个控制绕组中的电流方向相反

这时,电机的转向由电流大的控制绕组决定。当两个控制绕组的电流相等时,电机不转。图 5 - 17 所示为某型陀螺继电器中的两相异步电动机的接线。

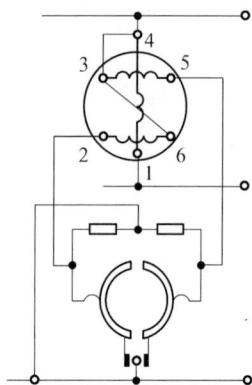

图 5 - 16　两相伺服
电动机的接线

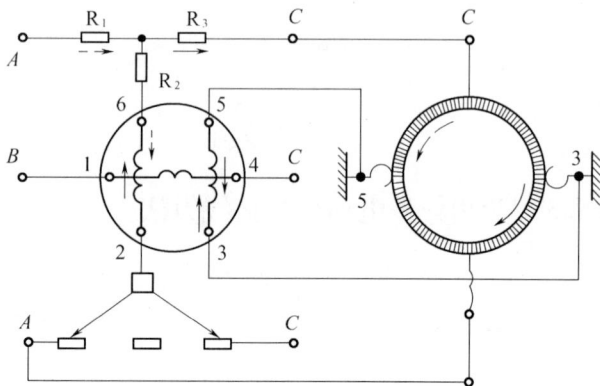

图 5 - 17　两相伺服电动机的接线

其工作情形简述如下:

如图 5 - 17 所示,伺服电动机的激磁绕组固定地接于 B 相及 C 相间,控制绕组固定地接于 A 相与 C 相间。设某瞬间 A 点电位为正,C 点电位为负,控制绕组中的电流由 A 点流向 C 点。

当转换电门处于中间位置时,控制绕组 2 - 6 不通电,而控制绕组 3 - 5 上的电压为零,电机不转动。而当转换电门处于左边位置时,控制绕组 2 - 6 通电,电流由首端 2 流向末端 6,到达 C 点,电机开始转动,并带动电位计沿顺时针方向转动。于是,加于控制绕组 3 - 5 的电压逐渐升高,控制绕组 3 - 5 中有电流流过,其方向由末端 5 流向首端 3,企图使电机沿反方向转动。在控制绕组 3 - 5 的作用下,电机的转速开始降低,但控制绕组 2 - 6 的电压,仍大于控制绕组 3 - 5 上的电压,电机仍继续沿原来的方向转动,电机继续带动电位计转动,控制绕组 3 - 5 的电压继续升高,直至控制绕组 3 - 5 上的电压等于控制绕组 2 - 6 上的电压时,两个控制绕组中的电流大小相等,但进入绕组的方向相反,其作用互相抵消,电机停转。此时如使转换电门回到中间位置,则控制绕组 2 - 6 断电,在控制绕组 3 - 5 中的电流的作用下,电机沿反时针方向转动,带动电位计沿反时针方向转动,使加于控制绕组 3 - 5 的电压逐渐降低至零,电机停转。电路中的各个元件恢复初始位置。如转换电门自中间位置转到右边位置则其工作过程与上述相反。

3）两个控制绕组串联

两个控制绕组的首、末端连接在一起,如图5-18所示。两个控制绕组中的电流大小相等,其方向都是从首端到末端。这样,在控制绕组的电源电压不变时,每个控制绕组中的电流较小。放大器输出的电流较小。电机产生的转矩和一个控制绕组工作时相同。

4）两个控制绕组同名端并联

如图5-19所示,两个控制绕组的首端与首端连在一起,末端与末端连在一起,两个控制绕组中的电流的大小和方向相同。

这样,当控制绕组的电源电压不变时,两个控制绕组中的电流较大,电机的转矩和放大器的输出电流均较串联时大。

5）两个控制绕组异名端并联

此时,如图5-20所示,在一个控制绕组中必须接有电容C。如果没有电容C,则当一个控制绕组中的电流由首端到末端时,另一个控制绕组中的电流从末端到首端,两个控制绕组中的电流大小相等,方向相反,电机不会转动。当一个控制绕组中接有电容C时,两个控制绕组中的电流在时间上有相位差。适当选择电容C的数值,可使两个控制绕组中的电流相位相差近于180°电角度,当一个控制绕组中的电流由首端到末端时,另一个控制绕组中的电流实际上仍然从首端到末端。由于两个控制绕组中的电流方向实际上仍然相同。故使电机的转矩增加,转速提高。

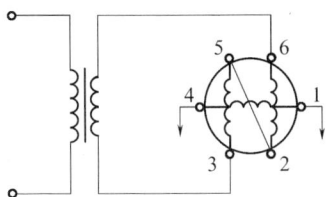

图5-18 两相伺服
电动机的接线

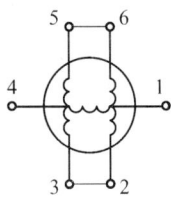

图5-19 两相伺服
电动机的接线

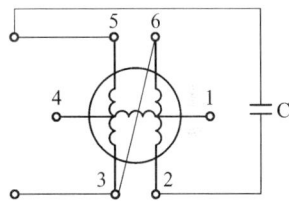

图5-20 两相伺服
电动机的接线

5.5.4 两相异步电动机的磁势和转矩

实际上,两相异步电动机的激磁绕组和控制绕组是不对称的。两相绕组所施加的电压以及所产生的电流、磁势都是不对称的。为了弄清楚磁势的大小和相位不对称对电机转矩和转速的影响,有必要分析两相异步电动机的磁势和电磁转矩。

1. 两相绕组的磁势

1）幅相接近时的磁势

先来分析最普遍的情况,即幅相控制时电机中的磁势。

幅相控制时,两相绕线中磁势的大小不相等,而且时间相位差不等于90°电角度,令

$$\frac{F_k}{F_j} = \alpha$$

式中:F_k 为控制绕组产生的磁势;F_j 为激磁绕组产生的磁势。

另外,将控制绕组的磁势 F_k 与激磁绕组的磁势 F_j 的时间相位差用 β 表示。

将 F_k 和 F_j 这两个脉振磁势,分别分解成两个幅值相等、转速相同、转向相反的正转磁势及逆转磁势,并用旋转的磁势的空间向量来表示,即

$$\boldsymbol{F}_j = \boldsymbol{F}_j^+ + \boldsymbol{F}_j^- \qquad\qquad \boldsymbol{F}_k = \boldsymbol{F}_k^+ + \boldsymbol{F}_k^-$$

$$F_j^+ = \frac{1}{2}F_j = \frac{1}{2}F_{ml} \qquad F_k^+ = \frac{1}{2}\alpha F_j = \frac{1}{2}\alpha F_{ml}$$

$$F_j^- = \frac{1}{2}F_j = \frac{1}{2}F_{ml} \qquad F_k^- = \frac{1}{2}\alpha F_j = \frac{1}{2}\alpha F_{ml}$$

如图 5-21,当 F_j 到达正的最大值的瞬间,F_j^+ 及 F_j^- 位于激磁绕组轴线上;F_k 到达正的最大值的时间,滞后于 F_j 到达正的最大值的时间一个 β 角,当 F_j 到达正的最大值时,F_k^+、F_k^- 分别位于距控制绕组的轴线 $-\beta$、$+\beta$ 角的地方,要待经过 β 时间电角度后,F_k^+、F_k^- 才转到控制绕组轴线上,F_k 才达到正的最大值。

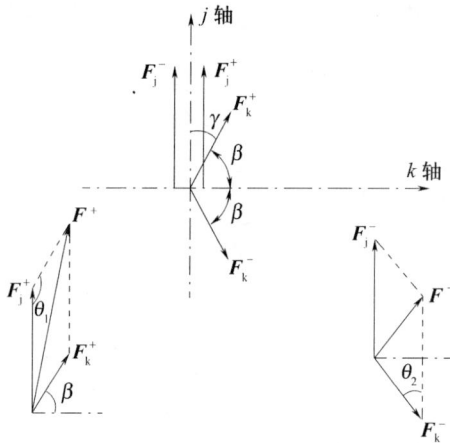

图 5-21 幅值控制时两相绕组的磁势的分解及合成

F_k^+ 及 F_j^+ 转速相等、转向相同,它们在空间相对静止。将它们相加后,得到电机中的合成的正转磁势 F^+,根据余弦定理,可得

$$(F^+)^2 = (F_j^+)^2 + (F_k^+)^2 - 2F_j^+ F_k^+ \cos(90° + \beta) =$$
$$(F_j^+)^2 + (F_k^+)^2 + 2F_j^+ F_k^+ \sin\beta =$$
$$\frac{1}{2}F_{ml}^2\left[\frac{1}{2}(1+\alpha)^2 + \alpha\sin\beta\right]$$

116

同样，F_k^- 及 F_j^- 转向相同，转速相等，即它们在空间也相对静止。它们相加后，得到电机中的合成逆转磁势 F^-。根据余弦定理，可得

$$(F^-)^2 = (F_j^-)^2 + (F_k^-)^2 - 2F_j^- F_k^- \sin\beta = \frac{1}{2}F_{ml}^2 \left[\frac{1}{2}(1 + \alpha^2) - \alpha\sin\beta \right]$$

因而，在一般情况下，即幅相控制时，两相异步电动机的磁势为

$$(F^+)^2 = \frac{1}{2}F_{ml}^2 \left[\frac{1}{2}(1 + \alpha^2) + \alpha\sin\beta \right]$$

$$(F^-)^2 = \frac{1}{2}F_{ml}^2 \left[\frac{1}{2}(1 + \alpha^2) - \alpha\sin\beta \right]$$

由此，很容易得到幅值控制及相位控制时的磁势。

2）幅值控制时的磁势

在上式中，令 $\beta = 90°$，$\sin\beta = 1$，得

$$(F^+)^2 = \frac{1}{4}F_{ml}^2 (1 + \alpha)^2$$

$$(F^-)^2 = \frac{1}{4}F_{ml}^2 (1 - \alpha)^2$$

3）相位控制时的磁势

令 $\alpha = 1$，得

$$(F^+)^2 = \frac{1}{2}F_{ml}^2 [(1 + \sin\beta)]$$

$$(F^-)^2 = \frac{1}{2}F_{ml}^2 [(1 - \sin\beta)]$$

显然，幅值控制及相位控制时的磁势，只不过是幅相控制时磁势的特殊情况。

可见：在不对称的情况下，不论哪一种控制方式，电机中都存在着正转磁场及逆转磁场。只有在对称（$\alpha = 1$，$\beta = 90°$）的情况下，逆转磁场为零，电机中只有正转磁场。

当电机中只有正转磁场时，电机中只有一个正转的磁势空间向量 F^+。F^+ 的大小等于 F_{ml}，不随时间变化。F^+ 以空间角速度 ω_θ 在空间旋转，其顶点轨迹是一个圆，如图 5 - 22（a）所示。同理，如果电机中只有逆转磁场存在（$\alpha = 1$，$\beta = -90°$）时，逆转磁势向量 F^- 顶点在空间的轨迹也是一个圆。

当电机中既有正转磁场又有逆转磁场存在时，由于 F^+ 及 F^- 以相同的转速沿相反方向转动，F^+ 或 F^- 的顶点在空间的轨迹仍然是一个圆。但是，F^+ 及 F^- 共同产生的合成磁势向量 $F = F^+ + F^-$ 的顶点在空间的轨迹却是一个椭圆，如图 5 - 22（b）所示。这样的磁场，称为椭圆形旋转磁场。由图可见：合成磁场向量 F 的大小是随时间变化的。合成磁势向量 F 的转向，由正转磁势向量 F^+ 和逆转磁势向量 F^- 中数值大的磁势向量的转向决定。

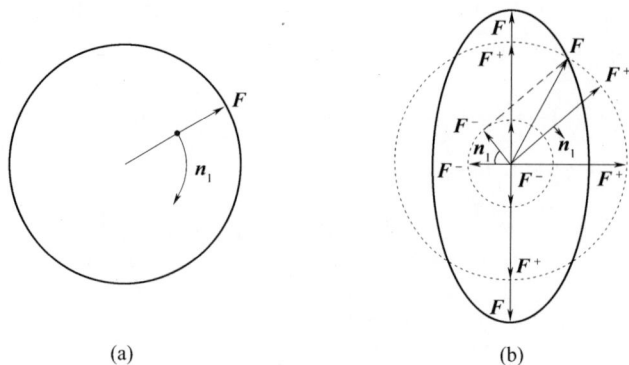

图 5 - 22 圆形旋转磁场及椭圆形旋转磁场

（a）圆形旋转磁场的磁势；（b）椭圆形旋转磁场的磁势。

2. 两相异步电动机的电磁转矩

在不对称的两相异步电动机中，正转磁势 F^+，在电机中产生正转的电磁转矩 M^+；逆转磁势 F^- 在电机中产生逆转的电磁转矩 M^-，电机中的合成电磁转矩 M 为 M^+ 及 M^- 之差，即

$$M = M^+ - M^-$$

可以把产生正转磁势的不对称两相异步电动机，看成一个产生相同正转磁势的对称两相异步电动机；同样，把产生逆转磁势 F^- 的不对称的两相异步电动机，看成一个产生相同逆转磁势的对称异步电动机。按照对称异步电动机电磁转矩的分析方法，并注意到讨论的是两相异步电动机，即 $m = 2$，就可以得到 F^+ 和 F^- 分别产生的电磁转矩 M^+ 及 M^- 为

$$M^+ = \frac{U_j^2 \left[\frac{1}{2}(1 + \alpha) + \alpha\sin\beta \right] \frac{r'_2}{s}}{\Omega_1 \left[\left(r_1 + \frac{r'_2}{s} \right)^2 + (X_1 + X'_2)^2 \right]}$$

$$M^- = \frac{U_j^2 \left[\frac{1}{2}(1 + \alpha) - \alpha\sin\beta \right] \frac{r'_2}{2 - s}}{\Omega_1 \left[\left(r_1 + \frac{r'_2}{2 - s} \right)^2 + (X_1 + X'_2)^2 \right]}$$

故电机中的合成电磁转矩为

$$M = M^+ + M^- = \frac{U_j^2 \left[\frac{1}{2}(1 + \alpha) + \alpha\sin\beta \right] \frac{r'_2}{s}}{\Omega_1 \left[\left(r_1 + \frac{r'_2}{s} \right)^2 + (X_1 + X'_2)^2 \right]} -$$

$$\frac{U_{\mathrm{j}}^2\left[\dfrac{1}{2}(1+\alpha)-\alpha\sin\beta\right]\dfrac{r_2'}{2-s}}{\Omega_1\left[\left(r_1+\dfrac{r_2'}{2-s}\right)^2+(X_1+X_2')^2\right]}$$

这便是幅相控制时两相异步电动机的电磁转矩公式。式中各物理量的意义除 U_{j}、α，β 外，其余与一般异步电动机的定义方法相同。

如在上式中，令 $\sin\beta=1$，便可得到幅值控制时两相异步电动机的转矩公式；令 $\alpha=1$，便可得到相位控制时两相异步电动机的电磁转矩公式。

5.5.5 两相异步电动机的特性

交流伺服电动机的电磁转矩 M 与转差率 s 的关系曲线，即 $M=f(s)$ 曲线称为机械特性。根据异步电动机运行理论，转子电阻不同时机械特性的形状有很大差异，如图 5-23 所示。

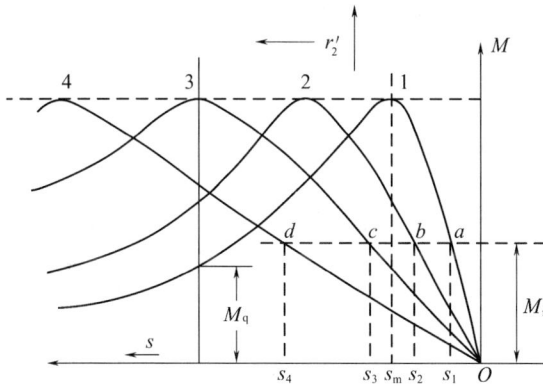

图 5-23　转子电阻对异步电动机机械特性的影响

使用中往往要求伺服电动机必须具有宽广的调速范围和线性的机械特性，为此，应使两相异步电动机具有大的转子电阻，如图 5-23 曲线 3 所示。但是转子电阻不能过分增加，比较图 5-23 中曲线 3 和曲线 4 可以看出，当 $s_{\mathrm{m}}>1$ 以后，倘若继续增大转子电阻 r_2'，起动转矩 M_{q} 将随 r_2' 增加而减小，这将使电机的时间常数增大，影响电机的快速响应性能。同时由于机械特性斜率值 $\dfrac{\mathrm{d}M}{\mathrm{d}s}$ 随之减小，即转矩的变化对转速的影响增大，电机运行的稳定性变差。此外，转子电阻取得过大，电机的转矩会显著减小，效率和材料利用率将大大降低。

由于两相异步电动机通常在椭圆形旋转磁场的作用下运用，下面分析椭圆形旋转磁场作用下的机械特性。

1. 脉振磁场下的机械特性和单相自转

当两相异步电动机的控制绕组电压 $U_k = 0$ 时,在电机中的磁场完全是单相定子绕组产生的脉振磁场。将其分解为大小相等、转速相同、转向相反的两个圆形旋转磁场,由这两个圆形旋转磁场所产生的电磁转矩合成电机中的电磁转矩,即

$$M = M^+ - M^-$$

它们的机械特性以圆点为中心对称,如图 5-24 所示。

两相异步电动机的机械特性与普通单相电动机一样。单相脉振磁场下的机械特性的形状也与转子电阻大小有关,当转子电阻较小时,机械特性如图 5-25 所示,从图中可以看出,在电机工作的转差率范围内,即 $0 < s < 1$ 时,合成转矩 M 绝大部分都为正值,因此,当伺服电动机在控制电压 U_k 作用下工作,突然切去控制信号,即 $U_k = 0$ 时,只要阻转矩小于单相运行时的最大转矩,电动机仍将在转矩 M 的作用下旋转。这样就产生了自转现象,造成失控,这对控制系统的正常工作是十分不利的。为了消除自转现象,交流伺服电动机单相供电时的机械特性必须如图 5-24 所示。显然这也要求有相当大的转子电阻。

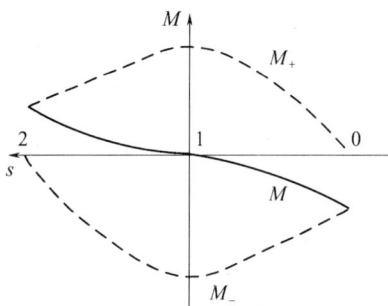

图 5-24 脉振磁场作用下伺服
电动机的机械特性

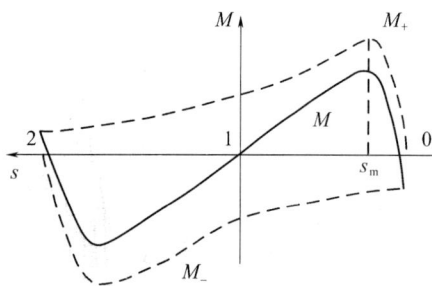

图 5-25 转子电阻较小时引起
单相自转的分析

2. 椭圆形旋转磁场下的机械特性

脉振磁场只是椭圆磁场的椭圆度大到极端情况,分解成正向和反向旋转磁场大小相等的一种特例。而一般的椭圆形磁场,正向磁场总是大于反向磁场,转子转向与正向磁场一致,而反向磁场起着制动作用。

仿照图 5-24 可作出椭圆形磁场下的机械特性如图 5-26 所示。两图的差别仅在于图 5-26 中 M^- 与 M^+ 曲线的形状不同。从图 5-26 中可以看出,由于反向旋转磁场的存在,产生了附加的制动转矩 M^-,从而使电机的输出转矩减小。同时,在电磁转矩 $M = 0$ 时的理想空载情况下,转子转速已不能达到同步转速 n_s(即 $s = 0$),只能达到小于 n_s 的 n'_0(即 $s = s'_0$),在转子转速 $n = n'_0$ 时,正向转矩与反向转矩正好相等,合成转矩 $M = 0$。转速 n'_0 为椭圆形磁场的理想空载转速。显然,

磁场椭圆度越大, M^- 就越大,理想空载转速就越低,只有在圆形磁场情况下,理想空载转速才与同步转速相等。

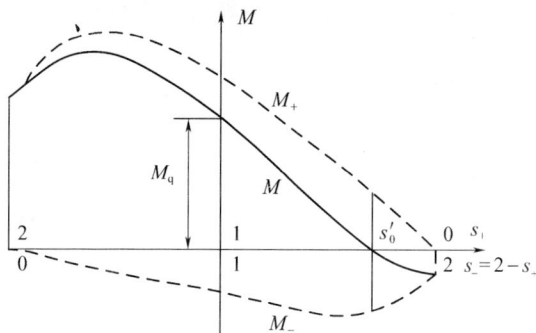

图 5 - 26　椭圆磁场的机械特性曲线

下面给出同一台伺服电动机分别采用幅值控制和幅相控制时的机械特性以及与直流伺服电动机机械特性的比较。

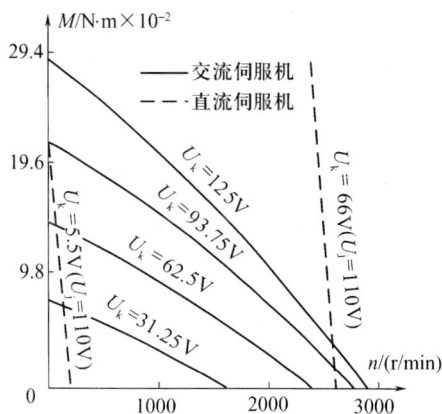

图 5 -27　幅值控制伺服电动机的机械特性　　图 5 - 28　幅相控制伺服电动机的机械特性

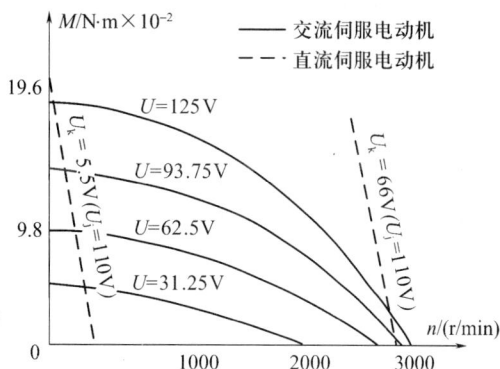

两者比较后可以看出,幅相控制时的特性比幅值控制时特性的非线性更为严重,特别是幅相控制在低速段出现的鼓包现象,会使电机在低速段的阻尼系数下降,因而影响电机运行的稳定性,对控制系统的工作是很不利的。

3. 调节特性

调节特性表示当输出转矩一定的情况下,转速与控制电压 U_k 的关系。调节特性曲线可以根据机械特性曲线得到。在机械特性曲线上作许多平行于横轴的转矩线,每一转矩线与机械特性相交很多点,将这些交点与对应的转速及控制电压 U_k 画成关系曲线,就可得到该输出转矩下的调节特性曲线,通过不同的转矩线,就可得到调节特性曲线族,如图 5 -29 所示。

121

4. 堵转特性

堵转特性是指伺服电动机堵转转矩与控制电压的关系曲线,即 $M_d = f(U_k)$ 曲线。理论和实验都证明,堵转特性曲线近似地是一条直线,如图 5 – 30 所示。

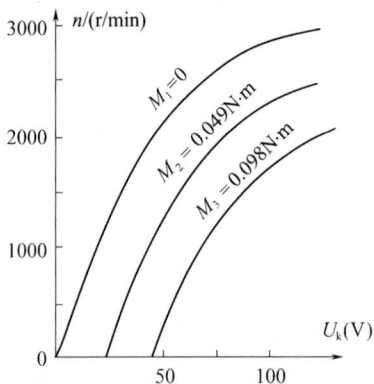

图 5 – 29 伺服电动机的调节特性

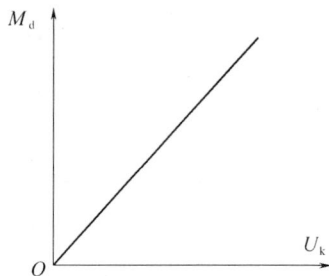

图 5 – 30 堵转特性

5. 两相异步电动机的动态特性

在自动控制系统中,不仅要求两相异步电动机在控制绕组通电时立即转动,而且要求两相异步电动机能够很快达到规定的转速。电机的时间常数受电机电磁惯性和机械惯性的影响,但主要受后者的影响。

下面先给出两相异步电动机的运动方程式,再讨论电机的时间常数。

在电机的起动过程中,电机的转速是逐渐上升的。电机的电磁转矩 M 大于阻转力矩 M_r,二者之差构成电机的加速力矩,电机的加速力矩与电机的惯性力矩相平衡,即

$$M - M_r = J \frac{\mathrm{d}\Omega}{\mathrm{d}t}$$

式中:Ω 为电机的机械角速度,$\Omega = \frac{2\pi n}{60}$;$J$ 为电机转动部分的转动惯量。

当电机"理论空载",即 $M_r = 0$ 时,有

$$M = J \frac{\mathrm{d}\Omega}{\mathrm{d}t}$$

从图 5 – 31 所示的机械特性 $M = f(\Omega)$ 关系曲线(将机械特性曲线看成理想的两相异步电动机的机械特性曲线,即近似为一条直线),从三角形 $OM_q\Omega_x$ 和三角形 $\Omega A\Omega_x$ 相似,可以推导出

$$M = M_q - M_q \frac{\Omega}{\Omega_x}$$

式中:Ω_x 为电机理想空载转动角速度。

122

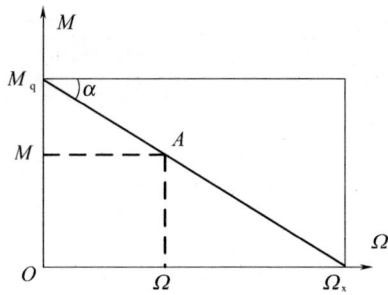

图 5 – 31　两相异步电动机的机械特性

所以

$$M_q - M_q \frac{\Omega}{\Omega_x} = J \frac{\mathrm{d}\Omega}{\mathrm{d}t}$$

即

$$\frac{\mathrm{d}\Omega}{\mathrm{d}t} + \frac{M_q}{J\Omega_x}\Omega - \frac{M_q}{J} = 0$$

这就是两相异步电动机的运动方程式。

令

$$\tau_j = \frac{J\Omega_x}{M_q}$$

式中:τ_j 为电机的机电时间常数。

$$\frac{\mathrm{d}\Omega}{\mathrm{d}t} + \frac{1}{\tau_j}\Omega - \frac{1}{\tau_j}\Omega_x = 0$$

解此微分方程,并注意初始条件 $t = 0$ 时 $\Omega = 0$,得

$$\Omega = \Omega_1 (1 - \mathrm{e}^{-\frac{t}{\tau_j}})$$

可见,电机的转速是随时间 t 的增加而按指数规律上升的,电机的旋转角速度 Ω 随时间 t 变化的关系曲线 $\Omega = f(t)$,如图 5 – 32 所示。

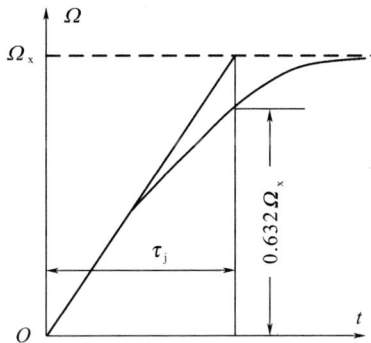

图 5 – 32　两相异步电动机的时间常数

123

当 $t = \tau_j$ 时,有

$$\Omega(t - \tau_j) = 0.632\Omega_x$$

因此,τ_j 就是电机的转速由零上升至理论空载转速的 63.2% 所需要的时间。又因为

$$\tau_j = J\frac{\Omega_x}{M_q} = J\frac{1}{K_m}$$

式中:$K_m = \dfrac{M_q}{\Omega_x}$ 为两相异步电动机机械特性的斜率。

所以,τ_j 实际上决定于机械特性的斜率,K_m 越大,机械特性越硬,τ_j 越小。由于实际两相异步电动机的非线性,在低转速时,斜率小,时间常数大;高转速时,斜率大,时间常数小。不同转速下,斜率不同,时间常数可能相差数倍,这给应用上带来不利的影响。

5.6 交流伺服电动机的主要性能指标和技术数据

5.6.1 两相交流伺服电动机主要性能指标

1. 空载始动电压 U_{s0}

在额定激磁电压和空载的情况下,使电机转子开始连续转动所需的最小控制电压,定义为空载始动电压 U_{s0},通常以额定控制电压的百分比来表示。U_{s0} 越小,表示伺服电动机的灵敏度越高,一般 U_{s0} 要求不大于额定控制电压的 3% ~ 4%,使用于精密仪器仪表中的两相伺服电动机,有时要求不大于额定控制电压的 1%。

2. 机械特性非线性度 k_m

在额定激磁电压下,任意控制电压时的实际机械特性与线性机械特性,在转矩 $M = M_q/2$ 时的转速偏差 Δn 与空载转速 n_0(对称状态时)之比的百分数,定义为机械特性非线性度,即

$$k_m = \frac{\Delta n}{n_0} \times 100\%$$

如图 5 - 33 所示。

3. 调节特性非线性度 k_v

在额定激磁电压和空载情况下,取 $\alpha_e = \dfrac{U_k}{U_{kN}}$ 为有效信号系数,U_k 为实际控制电压,U_{kN} 为额定控制电压,当 $\alpha_e = 0.7$ 时,实际调节特性与线性调节特性的转速偏差 Δn,与 $\alpha_e = 1$ 时的空载转速 n_0 之比的百分数,定义为调节特性非线性度,即

$$k_v = \frac{\Delta n}{n_0} \times 100\%$$

如图 5 – 34 所示。

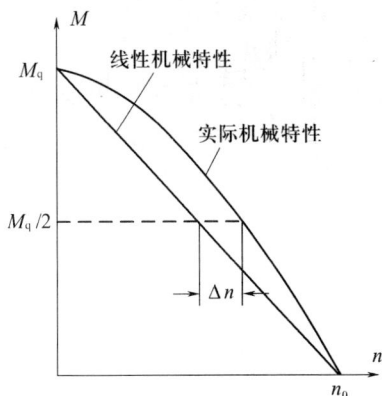

图 5 – 33 机械特性的非线性度

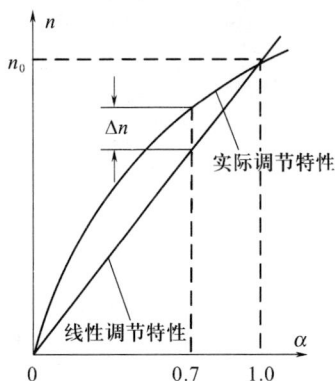

图 5 – 34 调节特性的非线性度

4. 堵转特性非线性度 k_d

在额定激磁电压下,实际堵转特性与线性堵转特性的最大转矩偏差 $(\Delta M_{qn})_{max}$,与 $\alpha_e = 1$ 时的堵转转矩 M_{q0} 之比值的百分数,定义为堵转特性非线性度,即

$$k_d = \frac{(\Delta M_{qn})_{max}}{M_{q0}} \times 100\%$$

如图 5 – 35 所示。

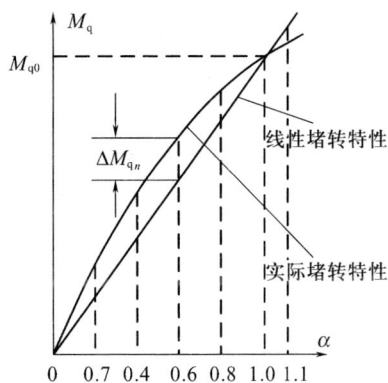

图 5 – 35 堵转特性的非线性度

以上这几种特性的非线性度越小,特性曲线越接近直线,系统的动态误差就越小,工作就越准确,一般要求 $k_m \leq 10\% \sim 20\%$,$k_v \leq 20\% \sim 25\%$,$k_d \leq \pm 5\%$。

5. 机电时间常数 τ_j

反应的快速灵敏是控制系统对伺服电动机提出的一项重要指标,也就是说要求伺服电动机的转速能很快地跟上控制电压的变化。与直流伺服电动机一样,通常以机电时间常数 τ_j 来衡量交流伺服电动机的反应快速性。τ_j 越小,反应越快。

当转子电阻相当大时,交流伺服电动机的机械特性接近于直线。如果把 $\alpha_e = 1$ 时的机械特性近似地用一条直线来代替,如图 5-36 中虚线所示,那么,与这条机械特性相对应的机电时间常数,就与直流伺服电动机机电时间常数表达式相同,即

$$\tau_j = 0.105 \frac{Jn_0}{M_{q0}}$$

式中:J 为转子惯量($N \cdot m \cdot s^2$);n_0 为对称状态下的空载转速(r/min);M_{q0} 为对称状态下的堵转转矩。

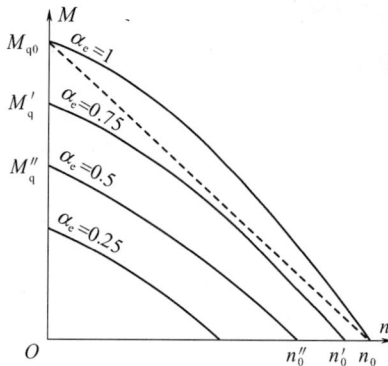

图 5-36 不同信号系数 α_e 时的机械特性

但是,伺服电动机经常工作于非对称状态,即 $\alpha_e \neq 1$。由图 5-36 可以看出,随着 α_e 的减小,机械特性上的空载转速与堵转转矩的比值随之增大,即

$$\frac{n_0}{M_{q0}} < \frac{n'_0}{M'_q} < \frac{n''_0}{M''_q}$$

因而,随着 α_e 的减小,相应的时间常数随之增大,即 $\tau_j < \tau'_j < \tau''_j$。因此,使用中,应根据实际情况,考虑 α_e 的大致变化范围来选取机电常数值。

机电时间常数 τ_j 与转子惯量 J 成正比,并与堵转转矩 M_q 成反比。为了减小转子惯量,交流伺服电动机的转子做的细而长。在幅相控制伺服电动机中,为了提高堵转转矩,往往选择移相电容值,使电机在起动时控制电压与激磁电压成 90° 相位角,这些都是从缩短时间常数,提高电机的快速性方面考虑的。一般交流伺服电动机的机电时间常数 $\tau_j < 0.03s$。

126

5.6.2 交流伺服电动机的主要技术数据

我国目前设计和制造的都是鼠笼转子的两相交流伺服电动机,其部分产品的主要技术数据见表 5-2,下面说明电机型号及某些技术数据的含义。

表 5-2　SL 系列两相交流伺服电动机主要技术数据表(部分型号)

型号	极数	频率/Hz	电压/V		堵转转矩/N·m×10⁻⁵ (不小于)	堵转电流/A (不大于)		每相输入功率/W (不大于)	额定输出功率/W	空载转速/(r/min)	电机时间常数/ms
			激磁	控制		激磁	控制				
12LS01	4	400	26	26	58.8	0.11	0.11	2	0.16	9000	20
20LS01	6	同上	同上	同上	147	0.15	0.15	5.5	0.25	6000	15
20LS02	6	同上	36	36	同上	0.11	0.11	同上	同上	同上	同上
20LS03	6	同上	同上	26	同上	同上	0.15	同上	同上	同上	同上
20LS04	4	同上	26	同上	117.6	0.15	同上	同上	0.32	9000	20
20LS05	4	同上	36	36	同上	0.11	0.11	同上	同上	同上	同上
20LS06	4	同上	同上	26	同上	同上	0.15	同上	同上	同上	同上

1. 型号说明

例如：　36　SL　0　4

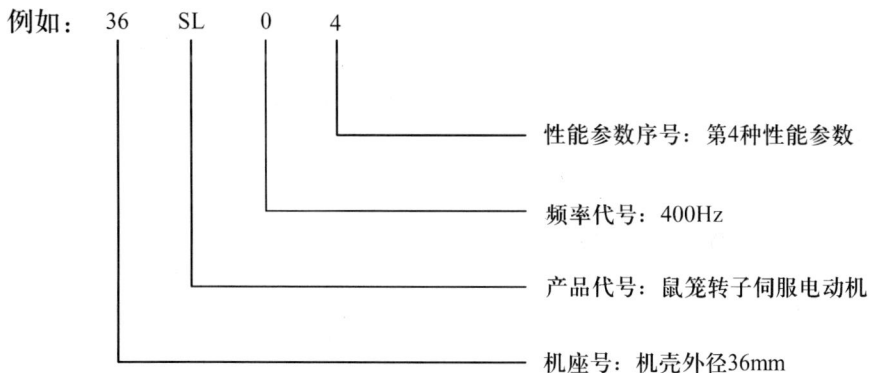

性能参数序号：第4种性能参数

频率代号：400Hz

产品代号：鼠笼转子伺服电动机

机座号：机壳外径36mm

2. 电压

激磁绕组的额定电压一般允许变动范围为 ±5% 左右。电压太高,电机会发热;电压太低,电机的性能将变坏,如堵转转矩和输出功率会明显下降、加速时间增长等。

当电机作为电容伺服电动机使用时,应注意到激磁绕组两端电压可能会高于电源电压,而且随转速升高而增大,其值如果超过额定值太多,会使电机过热。

控制绕组的额定电压有时也称为最大控制电压,在幅值控制时,加上这个电压就能得到圆形旋转磁场。

3. 频率

目前,控制电机常用的频率分低频和中频两大类,低频为 50Hz,中频为 400Hz。因为频率越高,涡流损耗越大,所以中频电机的铁芯用较薄的(0.2mm 以下)硅钢片叠成,以减少涡流损耗,低频电机则用 0.35mm ~ 0.5mm 的硅钢片。低频电机不应该用中频电源,中频电机不能用低频电源,否则电机性能会变差。

4. 堵转转矩与堵转电流

定子两相绕组加上额定电压,转速等于零时的输出转矩,称为堵转转矩。这时流经激磁绕组和控制绕组的电流分别称为堵转激磁电流和堵转控制电流。堵转电流通常是电流的最大值,可作为设计电源和放大器的依据。

5. 空载转速

定子两相绕组加上额定电压,电机不带任何负载时的转速称为空载转速 n_0。空载转速与电机的极数有关,由于电机本身阻转转矩的影响,空载转速略低于同步转速。

6. 额定输出功率

当电机处于对称状态时,输出功率 P_2 随转速 n 变化的情况如图 5-37 所示。当转速接近空载转速 n_0 的 1/2 时,输出功率最大,通常就把这点规定为交流伺服电动机的额定状态。电机可以在这个状态下长期连续运转而不过热,这个最大的输出功率就是电机的额定功率 P_{2N},对应这个状态下的转矩和转速称为额定转矩 M_N 和额定转速 n_N。

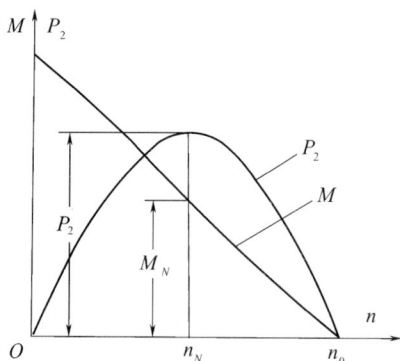

图 5-37　伺服电动机的额定状态

5.7　力矩电动机

5.7.1　概述

力矩电动机是一种由伺服电动机和驱动电动机相结合发展而成的特殊电机。它不经过齿轮等减速机构,而直接驱动负载,并由输入的控制电压信号直接调节负载的转速。在位置伺服系统中,它可以工作在堵转状态,而在速度伺服系统中,又可以工作在低转速状态,且输出较大的转矩,所以力矩电动机是一种直接驱动负载的执行元件。

与其它执行元件相比,力矩电动机具有以下的优点:

(1)快速响应。图5-38(a)表示了采用高速电动机,经过减速器带动负载的间接驱动方式。图5-38(b)表示了采用力矩电动机,不经过减速器的直接驱动方式。选用力矩电动机直接驱动的系统,动态响应迅速,其动态频率可达50Hz,比通过齿轮减速的间接驱动系统提高了一个数量级。

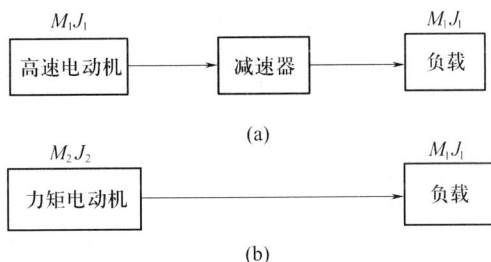

图5-38 两种驱动方案示意图
(a)间接驱动方式;(b)直接驱动方式。

(2)提高了速度和位置的精度。系统速度和位置的精度亦即系统速度和位置的分辨力。力矩电动机直接驱动的伺服系统,可以消除因采用齿轮传动时带来的齿隙"死区"和材料弹性变形所引起的误差,因此可使系统的放大倍数做得很高,又能保持系统的稳定,相应地使系统速度和位置精度有较大提高。

(3)特性的线性度好。力矩电动机的转矩特性具有很高的线性度。同时,由于省去了齿轮等传动装置,消除了齿隙"死区",又使摩擦力矩减小,这些都为系统的灵活控制和平稳运行创造了条件。

(4)采用力矩电动机的直接驱动系统,还具有运行可靠、维护简便、振动小、机械噪声小和结构紧凑等优点。

由于采用力矩电动机直接驱动的伺服系统具有上述特点,因此它能获得很好的静态和动态性能,在无爬行的平稳低速运行方面成就显著,这是齿轮传动或液压传动系统所无法比拟的。采用力矩电动机与高精度的检测元件、放大部件及其校正环节等所组成的闭环伺服系统,平稳运行的转速可达到地球的转速,即每小时15°,甚至可以更低。调速范围可达几万甚至数十万,位置精度可为角秒级。

力矩电动机可分为直流力矩电动机、交流力矩电动机和无刷直流力矩电动机等。无刷直流力矩电动机的工作原理与无刷直流电动机一样。

5.7.2　直流力矩电动机

1. 结构特点

直流力矩电动机是一种永磁式低速直流伺服电动机,它的外形和普通直流伺服电动机完全两样,通常做成扁平式结构,电枢长度与直径之比一般仅为 0.2 左右,并且选取较多的极对数。选用扁平式结构是为了使力矩电动机在一定的电枢体积和电枢电压下,能产生较大的转矩和较低的转速。

力矩电动机的总体结构型式又有分装式和内装式两种。分装式结构包括定子、转子和电刷架三大部件,转子直接套在负载轴上,机壳由用户根据需要自行选配。内装式与一般电机相同,机壳和轴由制造厂在出厂时装配好。

图 5 - 39 为永磁式直流力矩电动机的结构示意图。定子是用 10 号钢制成的带槽的圆环,槽中镶嵌永久磁铁,组成环形桥式磁路。为了固定磁铁,在其外圆又热套上一个厚约 2mm 的铜环,磁通在气隙中近似地呈正弦分布。

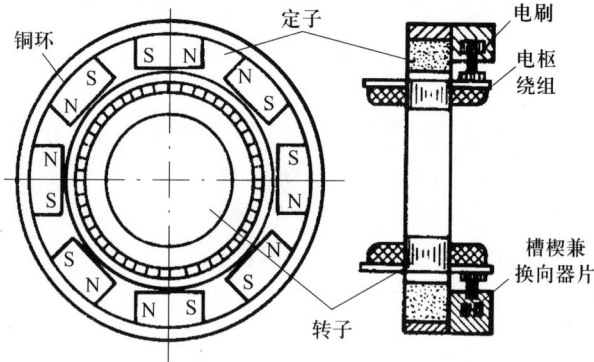

图 5 - 39　永磁式直流力矩电动机示意图

直流力矩电动机的转子通常是用冷轧钢片叠成,并压入非导磁材料的金属支架。电枢绕组采用单波绕组。为了减小轴向尺寸,使结构紧凑,常把槽楔和换向片做成一体。紫铜棒的一端做成略长于电枢铁芯的半圆形,插入槽内兼作槽楔(槽楔部分包有绝缘);紫铜棒的另一端做成梯形,排列成环形换向器,然后,将转子的全部结构都用高温环氧树脂浇铸成整体。

2. 运行性能的分析

直流力矩电动机的工作原理与普通直流伺服电动机基本相同。但是,因力矩电动机工作在低速直接驱动系统中,所以力矩波动、调节特性的线性度、电气时间常数等问题就显得更为重要。

1)力矩波动分析

力矩波动是指输出转矩的峰值与平均值之差,如图 5 - 40 所示。力矩波动的大小是表征力矩电动机性能优劣的一个重要的性能指标,也是影响力矩电动机用于直接驱动系统低速平稳运行的重要因素之一。引起力矩电动机力矩波动的原因,主要有以下几点:

(1) 换向引起的力矩波动。在理想情况下,换向发生在零磁密处,所以元件中电流的切换不会引起力矩的波动。但实际上,由于电枢反应使气隙的磁密分布发生畸变以及绕组采用短距等原因,使换向不是在零磁密处发生。又因电机的元件数和换向片数不可能无限多,总是有限的,所以支路元件数和支路电势也都是波动的。此外,还由于换向器的表面不平,使电刷与换向器之间的滑动摩擦力矩也有所变化。所有这些,都会使直流力矩电动机的输出转矩发生波动。为了尽量减小因换向所引起的力矩波动,应在结构上采取相应措施。直流力矩电动机选用了扁平式结构,更便于在电枢铁芯上冲制较多的槽数,相应地使元件数和换向片数增多;同时适当减小电刷的宽度,相应地使换向区变小。直流力矩电动机通常采用多极结构,一般为 6 极或 8 极,也有的为 12 极。电枢绕组都采用单波绕组。这一方面可以消除多极磁场不对称性对电枢绕组电势所带来的影响,保证支路电势相互平衡;另一方面又可以使电枢绕组每支路的元件数增多,使电机的转速降低,并能获得较大的转矩常数。此外,单波绕组还可以减少电刷对数,使摩擦力矩有所降低,也有利于解决因摩擦而带来的力矩波动。虽然,从理论上讲,单波绕组可以只用一对电刷,但实际上为了减小每个电刷的尺寸,又有利于改善换向,一般直流力矩电动机大多采用两对电刷。

(2) 电枢齿槽引起的力矩波动。因电枢存在齿槽,也会引起磁场的纵向和横向脉动,并使电机力矩波动。为了减小因电枢齿槽所引起的力矩波动,可以采取相应的措施,如尽可能地增多电枢的槽数;适当加大电机的气隙;采用磁性槽楔、斜槽以及磁极桥等。此外,正确地选择电枢的槽数,可以削弱电枢转动时电机磁场的波动,从而减小力矩波动,所以在力矩电动机中一般选取电枢的槽数为奇数,而极对数为偶数。

2) 调节特性的线性度

为了使力矩电动机的转矩正比于输入电流,而与电机的转速、转角位置无关,除了采用上述相应的措施以外,还应尽量减小电枢反应的去磁作用。通常,力矩电动机的磁路设计成高饱和状态,选用磁导率小、矫顽力 H_c 大、剩磁磁密 B_r 小的永磁材料,而且选取较大的气隙 δ。这样,就可以使电枢反应的影响显著减小。

图 5 – 41 所示为永久磁铁的 $B—H$ 特性曲线,图中直线 b 为回复线,其斜率取决于磁铁材料的性质。假定回复线上的 B 点是电机磁铁的空载工作点,它是由电机磁路的磁阻线所决定的。力矩电动机负载运行时,因电枢反应对磁铁的去磁作用,使磁铁的工作点由 B 沿回复线向 A 点移动。负载越大,电枢反应的去磁作用

也越强,工作点便向 A 点靠近。若选用的永磁材料回复线较平,尽管电枢反应使工作点由 B 点向 A 点移动,但磁铁中的磁密却变化甚微,气隙中的磁通基本不变,从而保证了力矩电动机具有良好的线性调节特性。

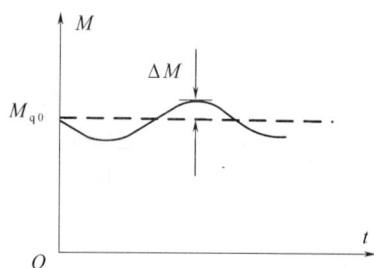

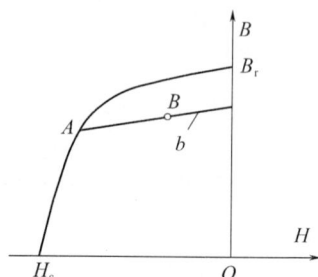

图 5-40 力矩的波形   图 5-41 永久磁铁的 B—H 特性

3）电气时间常数

采用力矩电动机直接驱动的伺服系统,尽管力矩电动机的电枢直径较普通直流伺服电动机大,但由于它运行在低速状态,且理论加速度较大,系统的机电时间常数 τ_j 将显著减小。此时,电气时间常数 τ_d 的影响相对较大,有时已不能忽略。为了进一步提高系统的动态性能,有必要考虑如何减小电气时间常数。

由 $\tau_d = \dfrac{L_a}{R_a}$ 可知,电枢绕组电感 L_a 的大小,直接反映了电气时间常数的大小。电枢电感 L_a 又取决于电枢绕组的磁链。而磁链又可分为电枢反应磁链和漏磁链两部分。可以证明,电枢反应磁链与电机的极对数有密切关系,极对数越多,电枢反应磁链就越小,它所对应的电感也越小。所以,采用较多的极对数就可以减小电气时间常数。

此外,适当地加大电机的气隙,也有利于减小电枢反应磁链,相应地使电机的电气时间常数减小。

提高电枢铁芯的饱和程度,可以使槽漏磁回路的磁阻增加,减小漏磁链。在力矩电动机中,由于采用了多极结构又考虑到机械强度的要求,电枢轭部的磁密往往比较低。所以提高铁芯的饱和度主要是靠增大齿部的磁密来解决。电枢绕组的漏磁链减小,也使电机的电气时间常数降低。

3. 电机的连续堵转转矩和峰值堵转转矩

力矩电动机经常使用在低速和堵转状态,同时,伺服系统又要求在一定的转速范围内进行转速调节,对力矩电动机的机械特性线性度和调节特性线性度的要求都很高,因此,力矩电动机的额定指标,常常给出对应电压和温度时的空载转速及堵转转矩。

电机的连续堵转转矩是指它在长期堵转下,稳定温升不超过允许值时所能输

132

出的最大堵转转矩。对应于这种情况下的电枢电压称为连续堵转电压；相应的电枢电流称为连续堵转电流。

因电机的温升与散热情况有关，所以，在不同的使用条件下，力矩电动机可以输出不同的连续堵转转矩值。为此，在电机铭牌上，往往根据出厂测试情况，给出不带散热面或带有规定散热面时的连续堵转转矩。

力矩电动机在运行时，会产生一个正比于电枢电流的去磁磁势。为此，电机在出厂前，必须经受规定电流的正、反两个方向的磁性稳定处理，使电机工作在预定的回复线上。该稳定磁化电流称为峰值电流，在这种情况下，力矩电动机所能输出的堵转转矩就是峰值堵转转矩。所以力矩电动机的峰值堵转转矩是受电机磁铁去磁条件所限制的最大堵转转矩。

在系统中，为了使力矩电动机快速动作，往往在短时间内输入一个较大的电流，使其输出较大的转矩。该电流值应该是允许超过连续堵转电流的；但是，决不能超过峰值电流。否则，就会使电机磁铁失磁、转矩下降，并使电机性能产生不可逆的变化。如果电机磁铁一旦失磁，必须重新充磁，才能恢复正常工作。

SYL 系列直流力矩电动机技术指标见表 5-3。

表 5-3　SYL 系列直流力矩电动机技术指标

指标 型号	峰值堵转转矩 /N·m ×10⁻²	峰值堵转电流/A	控制电压/V	空载转速/(r/min)	静摩擦转矩 /N·m ×10⁻² （≤）	堵转转矩时输入功率/W	换向火花等级（级）（≤）	动态堵转转矩下力矩波动	机械特性 $T=f(n)$ 调节特性 $T=f(I_n)$ （≤）	质量/kg
SYL-20	196	5.43	24	272	2.94	58.4	1	一级 6% 二级 8%	1%	1.24
SYL-15	14.7	5.45	23	349	2.94	56.4	1	一级 6% 二级 8%	1%	0.97
SYL-10	9.8	5.32	24	23.5	5	54.5	1	一级 6% 二级 8%	1%	0.72
SYL-5	4.9	1.8	20	500	1.96	38	1	一级 7% 二级 10%	1%	1.1
SYL-5.5	53.9	1.6	20	700	1.96	36	1	一级 7% 二级 10%	1%	0.85
SYL-1.5	4.9	0.9	20	800	1.47	20	1	一级 7% 二级 10%	1%	0.6
SYL-0.5	4.9	0.65	20	1600	0.98	15	1	一级 7% 二级 10%	1%	0.35

5.7.3 交流力矩电动机

交流力矩电动机是一种用交流电压信号控制的力矩电动机,它有同步型和异步型两种。异步型中又可按其转子结构不同分为鼠笼转子、非磁性空心杯转子和磁性空心杯转子三类。由于鼠笼转子能提供较大的堵转转矩,并易于设计成分装式结构,便于安装,因此应用得较多。

从作用原理来看,鼠笼转子交流力矩电动机与两相伺服电动机相同。仅由于力矩电动机要求经常运行在低速,甚至堵转状态,所以电机中旋转磁场的同步转速也应随之降低。当电源频率为 f 时,电机的同步转速为

$$n = \frac{60f}{p}$$

为了获得较低的同步转速,交流力矩电动机必须选取较多的极对数。相应地,电机定子铁芯上要有较多的槽数。但是,由于磁路的要求和工艺的原因,最小齿宽有一定的限制,因此定子槽数就不可能无限增多。通常交流力矩电动机只能选取每极每相槽数 $q = 1$;甚至有时只能采用 $q < 1$ 的分数槽绕组。

交流力矩电动机的外形也同直流力矩电动机一样,为扁平式结构,如图 5 – 42 所示。

图 5 – 42　交流力矩电动机的基本结构

这种力矩电动机的鼠笼部分套在定子绕组的外面,仍按一般习惯将其称为转子。在陀螺仪表中,由于各种原因引起的陀螺自转轴的偏离误差都要对其进行修正,就是用这种交流力矩电动机产生力矩来修正的,所以,交流力矩电动机又称为力矩马达、修正电动机。修正电动机在各种陀螺仪表中有着十分广泛的应用。

5.8　交、直流伺服电动机的性能比较及应用

5.8.1　交、直流伺服电动机的性能比较

两相交流伺服电动机和直流伺服电动机在自动控制系统中都被广泛使用。下面对这两类电机进行简单的比较,分别说明其优、缺点,以便选用时参考。

1. 机械特性和调节特性

直流伺服电动机的机械特性和调节特性均为线性关系,且在不同的控制电压下,机械特性曲线相互平行,斜率不变。两相交流伺服电动机的机械特性和调节特性均为非线性关系,且在不同的控制电压下,理想线性机械特性也不是相互平行的。机械特性和调节特性的非线性都将直接影响到系统的动态精度。一般来说,特性的非线性度越大,系统的动态精度越低。此外,当控制电压不同时,电机的理想线性机械特性斜率的变化也会给系统的稳定和校正带来麻烦。

图 5-43 中,用实线表示了一台空心杯转子两相交流伺服电动机的机械特性,同时用虚线表示了一台直流伺服电动机的机械特性。这两台电机在体积、重量和额定转速等方面都很相近。

从图 5-43 可以看出,直流伺服电动机的机械特性为硬特性,而交流伺服电动机的机械特性与之相比为软特性,特别是当它经常运行在低速时,机械特性就更软,这会使系统的品质降低。

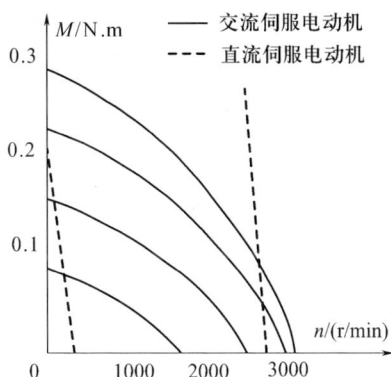

图 5-43　交、直流伺服电动机械特性的比较

2. 体积、重量和效率

为了满足控制系统对电机性能的要求,交流电机转子电阻应该相当大。而且电机经常运行在椭圆形旋转磁场下,由于负序磁场的存在要产生制动转矩,因此电机的损耗增大,电磁转矩减小。当输出功率相同时,两相交流伺服电动机要比直流伺服电动机的体积大、重量重、效率低。所以两相交流伺服电动机只适用于小功率系统,而对于功率较大的控制系统,则普遍采用直流伺服电动机。

3. 动态响应

电机的动态响应的快速性常常以机电时间常数来衡量。直流伺服电动机的转子上带有电枢绕组和换向器,因此它的转动惯量要比两相交流伺服电动机大些。若两种电机的空载转速相同,则直流伺服电动机的堵转转矩要比两相交流伺服电动机大得多。这样,综合比较来看,它们的机电时间常数就较为接近。在负载时,若电机所带负载的转动惯量较大,这时两种电机系统的总转动惯量就相差不太多,可能出现直流电机系统的机电时间常数反而比交流电机系统的机电时间常数为小的情况。

4. "自转"现象

对于两相交流伺服电动机,若参数选择不适当,或制造工艺上带来缺陷,都会使电机在单相状态下产生"自转"现象,而直流伺服电动机无"自转"现象。

5. 电刷和换向器的滑动接触

直流伺服电动机由于存在电刷和换向器,因而结构复杂、制造麻烦,因电刷与换向器之间存在滑动接触,电刷的接触电阻也不稳定,这些都会影响到电机运行的稳定性。另外,直流伺服电动机还存在因换向器所引起的无线电通信干扰,又容易出现火花,给运行和维护带来困难。

两相交流伺服电动机结构简单,运行可靠,维护方便,适宜在不易检修的场合使用。

6. 放大器装置

直流伺服电动机的控制绕组通常是由直流放大器供电,而直流放大器有零点漂移现象,这将影响到系统的工作精度和稳定性。另外直流放大器的体积和重量都要比交流放大器大得多。这些都是直流伺服系统存在的缺点。

5.8.2 伺服电动机的应用举例

伺服电动机在自动控制系统中作为执行元件,即在输入控制电压后,电机能按照控制电压信号的要求驱动工作机械。它通常作为随动系统、遥测和遥控系统及各种增量运动系统的主传动元件。

由伺服电动机组成的伺服系统,按被控制对象的不同可分为以下几种方式:

(1)速度控制方式。电机的速度是被控制的对象。

(2)位置控制方式。电机的转角位置是被控制的对象。

(3)转矩控制方式。电机的转矩是被控制的对象。

(4)混合控制方式。此种系统可采用上述的多种控制方式,并能从一种控制方式切换到另一种控制方式。

在伺服系统中,通常采用前面两种控制方式,它们的原理框图分别如图 5 - 44 所示。

在一些设备中使用的数字锁相环伺服系统就是一个典型的速度控制系统。图 5 - 45 中给出了伺服电动机速度控制的基本锁相环。

在此系统中,速度的给定量和反馈量都是以脉冲信号形式出现的。当电动机的转速低于所要求的转速时,由光电编码器发出的脉冲频率就低于参考频率,这时,由频率相位比较器输出控制信号,使电源以全压向电动机供电,电动机立即加速;反之,若电动机的转速高于所要求的转速时,光电编码器发出的脉冲频率则高于参考频率,这时由频率相位比较器发出控制信号,电源停止向电动机供电,使电

(a)

(b)

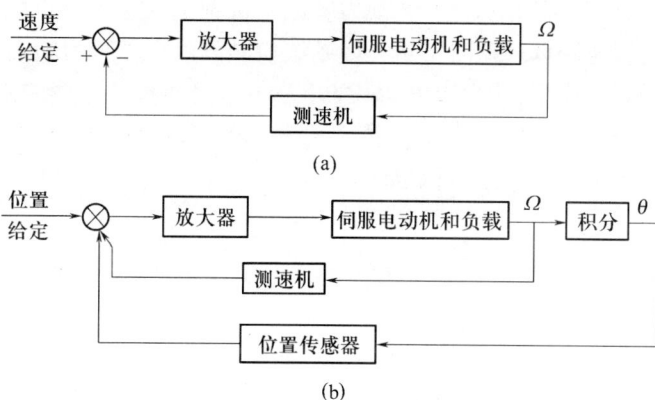

图 5 - 44 速度控制和位置控制时的方框图

(a) 速度控制方式；(b) 位置控制方式。

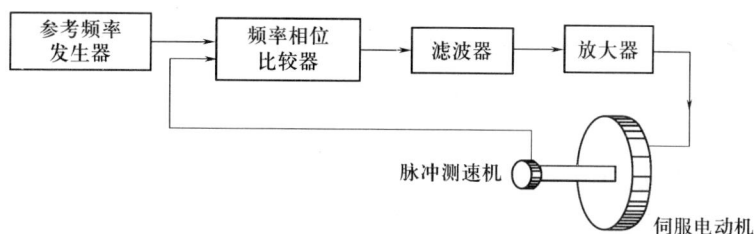

图 5 - 45 伺服电动机速度控制的基本锁相环

动机减速。只有当电动机的转速等于所需要的转速时,光电编码器发出的脉冲频率才等于参考频率,这时频率相位比较器发出连续的脉冲信号,该脉冲的频率即为参考频率,而脉冲波形的占空比就反映了电动机稳定运行时的电压,使电动机的转速严格地跟踪所要求的转速。

雷达天线系统中由直流力矩电动机组成的主传动系统,就是一个典型的位置控制方式的随动系统,其原理图如图 5 - 46 所示。

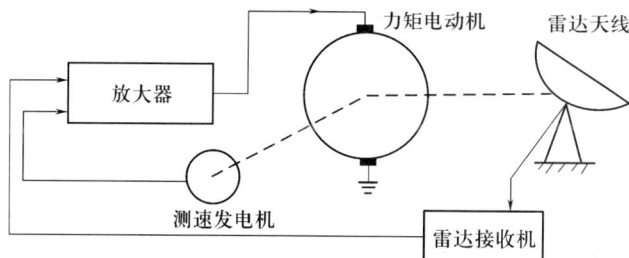

图 5 - 46 雷达天线系统原理图

被跟踪目标的位置经雷达天线系统检测并发出误差信号,该信号经过放大后就作为力矩电动机的控制信号,并使力矩电动机驱动天线跟踪目标。若天线上受

137

到的阻力发生改变,例如阻力增大,则力矩电动机轴上的阻力矩也随之增大,导致力矩电动机的转速降低。这时雷达天线系统检测到的误差信号也就增大,通过自动控制系统的调节作用,使力矩电动机的电枢电压立即增高,力矩电动机的电磁转矩也随之增大,转速上升,天线又能重新跟踪目标。该系统中使用的测速发电机反馈回路是为了提高系统的运行稳定性。

小　结

本章主要介绍了交、直流伺服电动机的结构特点、控制方法、主要性能指标和技术数据,对两类伺服电动机的性能进行比较,并介绍了它们在航空自动控制系统中的应用。

按控制方法不同直流伺服电动机可分为电枢控制和磁场控制两种。电枢控制时,直流电动机具有线性的特性,主要用于线性调节系统中。磁场控制时的机械特性是非线性的,其调节特性也是非线性的,较少采用。

直流电动机稳定运行时的特性,称为稳态特性。直流电动机在过渡过程中的特性,称为动态特性。

直流伺服电动机的机电时间常数 τ_j 可表征转速上升的快慢和过渡过程所经历的时间的长短。τ_j 与直流伺服电动机的电枢电路内的电阻 R_a 及整个机组的转动惯量 J 成正比,与机械特性的硬度、阻尼系数 D 及力矩惯量比成反比。τ_j 越小,转速上升越快,过渡过程所经历的时间越短。一般直流伺服电动机的 τ_j 大约在十几毫秒到几十毫秒之间。

交流伺服电动机是一个两相异步电动机,在自动控制系统中常被用作执行元件。交流伺服电动机分为两大类,即杯形转子两相异步电动机和鼠笼转子两相异步电动机。

交流伺服电动机的控制方式有三种:幅值控制、相位控制和幅值—相位控制。一般在交流伺服电动机中装有两个相同的控制绕组,其目的在于使交流伺服电动机能满足各种控制系统的多种需要,它可以有多种接线方式。在不对称的情况下,不论哪一种控制方式,交流伺服电动机中都存在着正转磁场及逆转磁场,气隙中的合成磁场为椭圆形旋转磁场。只有在对称($\alpha = 1, \beta = 90°$)的情况下,逆转磁场为零,交流伺服电动机中只有正转磁场。

同一台伺服电动机幅相控制时的特性比幅值控制时特性的非线性更为严重,特别是幅相控制在低速段出现的鼓包现象,会使伺服电动机在低速段的阻尼系数下降,因而影响伺服电动机运行的稳定性,对控制系统的工作是很不利的。

交流伺服电动机的机电时间常数 τ_j 与转子惯量 J 成正比,并与堵转转矩 M_q 成反比。为了减小转子惯量,交流伺服电动机的转子做的细而长。一般交流伺服电动机的机电时间常数 $\tau_j < 0.03s$。

力矩电动机是一种由伺服电动机和驱动电动机结合发展而成的特殊电机。它不经过齿轮等减速机构而直接驱动负载,并由输入的控制电压信号直接调节负载的转速。

在选择和使用电机时,要根据负载的要求,合理选择和使用电机,既要充分利用电机所提供的性能,又要按照厂家的使用规定和额定值要求,不能损坏电机。

思 考 题

(1) 当直流伺服电动机电枢电压、激磁电压不变时,如将负载转矩减少,试问此时电机的电枢电流、电磁转矩、转速将怎样变化? 并说明由原来的稳态到达新的稳态的物理过程。

(2) 请用电压平衡方程式解释直流电动机的机械特性为什么是一条下倾的曲线? 为什么放大器的内阻越大,机械特性越软?

(3) 若直流伺服电动机的激磁电压下降,这对电动机的机械特性和调节特性将会产生哪些影响?

(4) 为了适应自动控制系统对伺服电动机的要求,直流伺服电动机在结构上与普通直流电动机有什么不同?

(5) 采用电枢控制的直流伺服电动机的机械特性与采用磁场控制的直流伺服电动机的机械特性有什么不同?

(6) 两相伺服电动机的两相绕组匝数不同时,若在它们上面外施两相对称电压,电动机中能否得到圆形旋转磁场? 如果要想得到圆形旋转磁场,则两相绕组的外施电压应满足什么条件?

(7) 两相伺服电动机在幅值控制时,当有效信号系数 a_e 由 0 变化到 1 过程中,电动机中正序、负序旋转磁势的大小将怎样变化?

(8) 幅值控制的两相伺服电动机,当有效信号系数 $\alpha_e \neq 1$ 时,理想空载转速为何低于同步转速? 当控制电压变化时,电动机的理想空载转速为什么会发生变化?

(9) 两相伺服电动机的转子电阻为何选得相当大? 如果转子电阻选得过大又会产生什么影响?

(10) 什么叫"自转"现象? 对两相伺服电动机,应采取哪些措施来克服"自转"现象?

(11) 在直流伺服电动机电枢上分别加以 50V 的阶跃电压和 110V 的阶跃电压,测得电机的机电时间常数 τ_j 是否相同,为什么?

(12) 若已知一台直流伺服电动机的转动惯量 J,如何从电机的机械特性上估算出电机的机电时间常数 τ_j?

(13) 与其它执行电机相比,力矩电动机有哪些优点?

(14) 交、直流伺服电动机的机械特性与调节特性的区别在哪里?

第6章 永磁无刷电动机

近年来,随着永磁材料、计算机技术、电力电子技术、电机理论与技术和控制理论的进步,永磁无刷直流电动机得到了很大的发展,已广泛应用于数控加工、汽车、机器人、视听、计算机、医疗、家电等领域,尤其在兵器、航海、航空、航天等高科技领域,永磁无刷直流电动机将成为伺服驱动系统的核心部件。

本章所述的永磁无刷电动机是指由直流电源(或由交流电源经过整流后的直流电源)供电的,具有传统直流电动机运行性能的永磁无刷直流电动机(BLD-CM)和自控式永磁同步电动机(PMSM)。因为两者都是用永久磁铁的转子形成励磁磁场,电枢绕组安放在定子上,又都是大多数用于伺服系统中,因此从应用的角度,又将两者分为方波电流永磁交流伺服电动机和正弦波电流永磁交流伺服电动机。但它们与传统的交流伺服电动机相比已有很大的区别。它们的电枢线圈是经由电子"换向器"接到直流电源上的,因此把它归为直流电动机的一种。

永磁无刷直流电动机是在有刷直流电动机的基础上发展起来的,两者运行机理基本相同,运行性能有一定的差异,主要是因为永磁无刷直流电动机的磁极磁场和电枢磁场没有始终处于正交状态,在其它条件相同的情况下,永磁无刷直流电动机与有刷直流电动机相比,在运行过程中电磁力矩要小且脉动较大。

永磁无刷直流电动机与自控式永磁同步电动机就电机本体而言,结构基本相同:对称的三相电枢绕组放置在定子上,永磁体磁极设置在转子上。一般情况下,把驱动电压为矩形波直流电压,运行时三相电枢绕组依次接通或两相一组依次接通,在气隙中产生"跳跃式"旋转磁场的永磁电动机称为永磁无刷直流电动机,简称无刷直流电动机;把借助正弦调制或空间矢量调制技术,产生PWM(脉冲宽度调制)交流驱动电压,运行时三相绕组同时流过接近于正弦交流电,在气隙中产生"连续式"旋转磁场的永磁电动机称为自控式永磁同步电动机。在永磁无刷直流电动机中,希望能够获得近似于梯形波的气隙磁场,以便减小电机运行时出现的力矩脉动;在自控式永磁同步电动机中,希望能够获得近似于正弦波的气隙磁场,以便减小电机运行时出现的力矩脉动。

本章重点介绍永磁无刷直流电动机,简要介绍永磁同步电动机的结构特点和控制方式。

6.1 无刷直流电动机的工作原理和结构

6.1.1 基本工作原理

无刷直流电动机具备以下两个特点：

（1）具有直流电动机的优良特性；

（2）由直流电源供电,没有电刷和换向器,电枢绕组中电流的通、断和方向的变化,是通过电子换向电路实现的。

像普通直流电动机一样,无刷直流电动机转矩的获得也是通过改变相应电枢绕组中电流在不同磁极下时的方向,从而使转矩总是沿着一个固定的方向。为了实现这一点,必须有转子位置信号。可以由转子位置传感器来提供磁极与绕组之间的相对位置,也可以采用其它的解算方法得到转子位置。随着转子的转动,磁极与绕组的相对位置不断发生变化,根据转子位置使绕组按照一定的顺序依次通电,不断地改变绕组通电状态,就可以保证在一定磁极下的绕组导体中的电流方向不变。这就是无刷直流电动机"无刷"的关键,实质是实现了无接触式电子换向。

图 6－1 是三相非桥式星形连接的无刷直流电动机的原理示意图,包含了无刷直流电动机工作所需的各个环节。

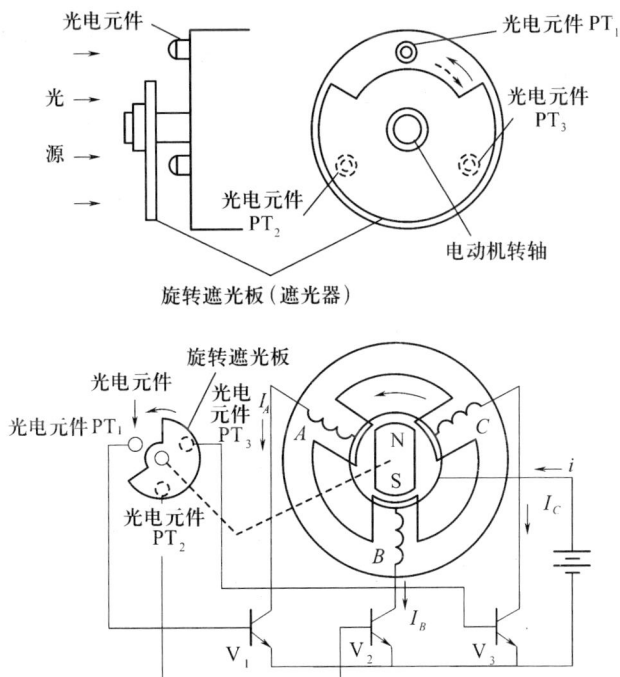

图 6－1 无刷直流电动机原理示意图

图中给出了无刷直流电动机本体,转子为一对极的磁铁,定子为三相星形联结的绕组。以光电器件作为位置传感器,遮光板的透光部分占120°。三个光电器件相差120°放置,因而其导通角也是120°,并且彼此相差120°。当转子处于图示位置时,使 A 相绕组导通,产生转矩。转子应逆时针方向旋转,当转子转过120°时,使 A 相绕组电流截止,B 相绕组通电,并维持导通120°,然后 B 相绕组电流截止,C 相绕组通电,并维持导通120°,这样完成了完整的一转,重复以上过程,使得电动机旋转下去。

　　图 6 - 2 给出不同的转子转角时,位置信号、绕组电动势、功率晶体管导通和截止状态、电流与转矩、转子转动位置。绕组电流的导通和截止,通过与绕组相连的功率晶体管的导通和截止来实现。功率晶体管的导通和截止是通过位置信号控制的,因此位置传感器的位置信号和三相绕组的位置之间必须有严格的对应关系,使得功率晶体管在正确的转子位置时导通和截止。其中"0"表示导通,"1"表示截止。在电动势、电流波形图中,电动势阴影部分为该绕组流过电流的时刻。电动势的波形表示了气隙磁场的波形,为了得到最大的转矩,绕组通电的时刻必须在气隙

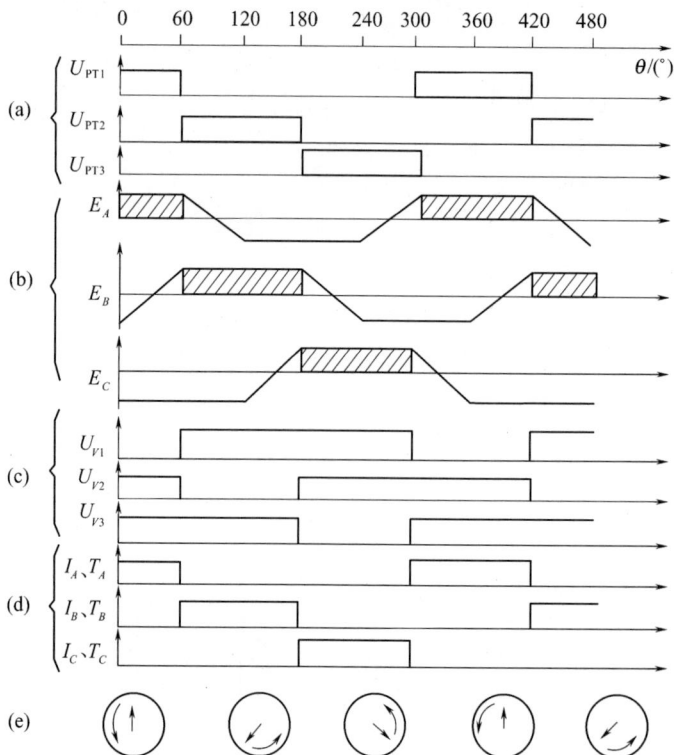

图 6 - 2　位置信号、电动势、功率管状态、电流、转矩及转子位置示意图

(a)位置传感器信号;(b)绕组反电动势;

(c)功率晶体管电压;(d)电流与转矩;(e)转子位置。

142

磁密最大时。这就需要达到以下要求：

（1）无刷直流电动机中气隙磁场波形中间最大磁密部分应该宽于120°，并且平直，使得绕组导通时可以产生较大的转矩，而转矩脉动要小。

（2）位置传感器输出的信号必须和绕组各位置之间有严格的对应关系，从而恰当地给出开关功率晶体管的信号，对应于绕组电动势最大、气隙磁密最大的位置。

通过上面的分析可以看出，无刷直流电动机本身是一个闭环系统，图6-3是系统框图。若只作驱动电动机，则不必加控制信号，就可像一般有刷直流电动机一样工作。

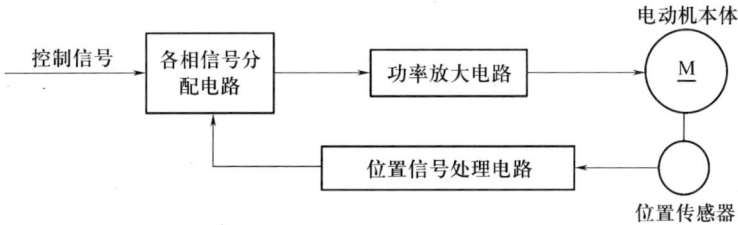

图6-3　无刷直流电动机系统框图

6.1.2　基本结构

无刷直流电动机的本体，一通常将永磁磁极安放在转子上，电枢绕组安放在定子上。转子在定子里面的称为内转子式，转子在定子外面的称为外转子式。内转子式和外转子式结构分别如图6-4(a)和图6-4(b)所示。

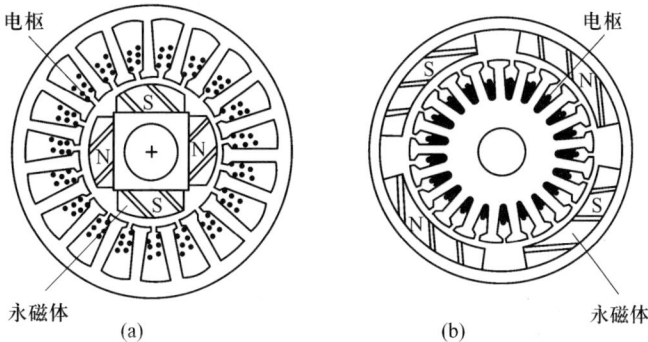

图6-4　内转子式和外转子式结构
(a) 外定子式；(b) 内定子式。

一般的无刷直流电动机除电动机本体外，还必须具备位置传感器。位置传感器也有相应的两部分，转动部分和电动机本体中转子同轴连接，固定部分和定子相连。

无刷直流电动机和有刷直流电动机一样，定子及绕组也具有多种型式，如普通型、无槽式、盘式。另外，还有和有刷力矩电动机相对应的无刷直流力矩电动机。目前大量应用的是普通型的有槽无刷直流电动机。因为无刷直流电动机的转子总是永磁的磁极,其它形式的绕组无法显示出其优越性,只是在某些场合下,为了降低齿槽效应产生的磁拉力、减少转矩脉动时,定子才采用无槽杯形的特殊结构,这时的定子绕组固定在无槽的定子铁芯上。需要降低时间常数、提高反应灵敏度时,可以采用低惯量的无刷直流电动机。这种无刷直流电动机设计成细长形式,定子内径与外径比值小,以实现低惯量的要求。

和有刷直流电动机不同,无刷直流电动机的绕组按相数划分,其参数和控制电路有很大关系,这些问题将在后面叙述,本节只介绍一般的结构。

图6-5给出无刷直流电动机结构示意图。永久磁铁固定在转子上,磁极的形式可做成两种:一种是转子铁芯外表面粘贴瓦片形永久磁钢,称为凸极式;另一种是永久磁钢插入转子铁芯的沟槽中,称为内嵌式或隐极式,如图6-6所示。定子电枢铁芯也是由电工钢片叠成,钢片上冲有齿和槽。槽数与极数和相数有关,应是它们的整数倍。一般无刷直流电动机往往采用整距集中绕组,在两对极、三相时,槽数应是 $Z = 12$。绕组的相数可为二相、三相、四相、五相,但用得最多的是三相,其次是四相,在小型电动机里也有用二相,五相用得较少。

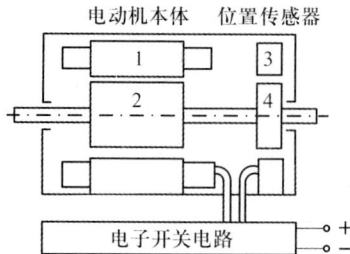

图6-5 无刷直流电动机的结构示意图

1—电动机定子; 2—电动机转子; 3—传感器定子; 4—传感器转子。

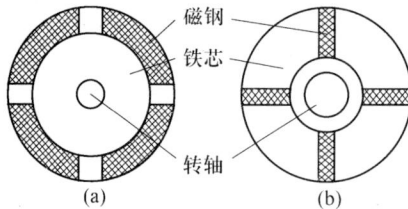

图6-6 永磁转子结构型式

(a)凸极式; (b)内嵌式。

6.2 无刷直流电动机的绕组

6.2.1 绕组联结方式

无刷直流电动机的绕组是多相的,与有刷直流电动机不同,工作过程中应该是

"换相",而不是"换向"。其绕组为星形联结和封闭式联结两种。在星形联结中,各相绕组的尾端接在一起。与它们配合的换相电路可以是桥式的,也可以是半桥式的。在封闭式联结中,各相绕组是首尾相接的,一相绕组的尾端和另一相绕组的首端相连,然后延续下去,最后一相的尾端和第一相的首端相连,直至形成封闭或多角形联结。和封闭式联结绕组相配的只能是桥式换相电路,图6-7给出了绕组及换相驱动电路的例子。

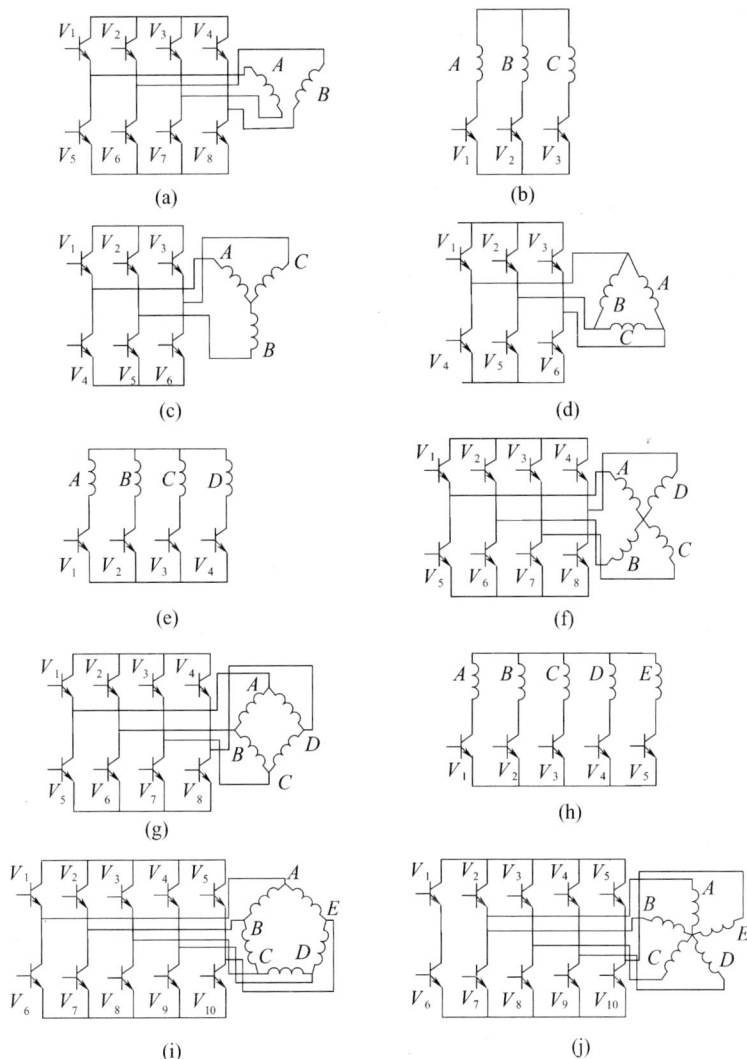

图6-7　无刷直流电动机绕组联结方式

(a) 两相全桥;(b) 三相星形半桥;(c) 三相星形全桥;(d) 三相角形全桥;(e) 四相星形半桥;

(f) 四相星形全桥;(g) 四相角形全桥;(h) 五相星形半桥;(i) 五相角形全桥;(j) 五相星形全桥。

各种联结方式中,绕组通电的时间,即导通角和同时通电的相数不同。

1. 两相绕组

实际上,两相和四相的情况是一样的。在图6-7(a)中,导通角为90°电角度,正转时导通顺序是:0°~90°时,V_1、V_7导通,A相正向通电;90°~180°时,V_2、V_8导通,B相正向通电;180°~270°时V_3、V_5导通,A相反向通电;270°~360°时V_4、V_6导通,B相反向通电。

2. 三相绕组

图6-7(b)所示的情况是半桥式驱动电路。在一个周期内,三个绕组各导通120°电角度。对于图6-7(c)的情况,两相绕组同时通电,通电顺序见表6-1。为了分析方便,这里的0°位置定在转子N极处于和A相绕组轴线相重合的位置,图6-7(d)是三相联结,通电的顺序和图6-7(c)一样,但此时是三相通电,其中两相和另一相并联。

表6-1 三相星形联结全桥驱动通电顺序

通电顺序	正转(逆时针)						反转(顺时针)					
导通角/(°)(电角度)	0~60	60~120	120~180	180~240	240~300	300~360	360~300	300~240	240~180	180~120	120~60	60~0
导通晶体管V	1,6	2,6	2,4	3,4	3,5	1,5	2,4	2,6	1,6	1,5	3,5	3,4
A相	+	−	−		+		−		+	+		−
B相		+	+		−	+	+		−	−		
C相	−			+	+		−	−			+	+

注:"+"表示绕组正向通电,"−"表示绕组反向通电

3. 四相绕组

图6-7(e)为四相星形联结,半桥式驱动,一个周期内,每相各导通1/4周期(90°电角度)。图6-7(f)为四相星形全桥式驱动,实际上和图6-7(a)的通电方式完全一样,仅仅是绕组多了一个中间连接点。图6-7(g)为四相封闭式联结,全桥驱动,通电顺序和图6-7(f)一样,仅是此时四相分成两个并联的通路。

4. 五相绕组

图6-7(h)为五相星形联结的半桥式驱动,导通角为72°电角度。图6-7(i)为五相星形联结的全桥式驱动,每36°电角度转换一次,同时有两相通电,一相为

146

正向通电,另一相反向通电。表6-2列出了通电顺序,这里给出的是正向的顺序。图6-7(i)所示的五相封闭式联结全桥驱动,通电顺序和星形全桥一样,但是此时五个绕组同时通电,分成并联的两路。

表6-2 五相星形联结全桥驱动通电顺序

导通角/(°)(电角度)	0~36	36~72	72~108	108~144	144~180	180~216	216~252	252~288	288~324	324~360
导通晶体管 V	1,8	1,9	2,9	2,10	3,10	3,6	4,6	4,7	5,7	5,8
A 相	+	+				-	-			
B 相			+	+					-	-
C 相	-				+	+				-
D 相			-	-			+	+		
E 相					-	-			+	+

6.2.2 各种绕组联结方式的比较

绕组的相数、联结方式及驱动电路形式和无刷直流电动机的性能、价格有很大关系,因此必须正确选择。

1. 电动机绕组的利用程度

在有刷直流电动机里,任何时刻,绕组所有导体里都通电,都在产生转矩(除换向元件外)。而在无刷直流电动机里,绕组是依次一相一相通电,产生转矩。从这个角度来看,三相的优于四相的,四相又优于五相的;而全桥式的优于半桥式。同时通电导体比例大,使得电阻下降,可以大大提高效率。

2. 转矩脉动

相比而言,无刷直流电动机的转矩脉动要比有刷直流电动机的大,这和齿槽数以及气隙磁场波形有关。为了减小转矩脉动,希望相数选得多一些,但相数不可能很多。这就要求气隙磁场波形的中间部分平直,而且尽可能宽。其宽度足可以包括绕组通电的导电角,如三相时应大于120°电角度,四相时应大于90°电角度,五相时应大于72°电角度。这样,在相数多时,每相导通角度小,就容易实现工作在气隙磁场平直部分。所以相数越多,转矩脉动就越小。

3. 电子电路复杂程度

在相数多时,所用晶体管增多,电路变得复杂,成本也高。另外,桥式电路功率晶体管数量是半桥式的两倍。

4. 星形联结和封闭式联结

封闭式联结时,绕组所有导体通电,看起来好像绕组利用率很高。但是,实际上存在两个以下问题:

（1）同时通电的绕组不是所有的都产生正向转矩,但通电时都产生损耗。

（2）当电动势不平衡时,会产生环流。因此,目前很少采用封闭式联结。

早期无刷直流电动机中,三相、四相并重,五相产品仅是个别的。但是由于设计技术的改进,齿、槽、磁场造成的转矩脉动已经大大减小,因而目前三相绕组星形联结应用得最多。

6.3　无刷直流电动机的位置传感器

位置传感器是无刷直流电动机关键部分,在无刷直流永磁电动机中,主要起两个作用,一是通过它检测出转子永磁体磁极相对定子电枢绕组所处的位置,以便确定电子换相驱动电路中功率晶体管的导通顺序;二是确定驱动电路中开关管的导电角,从而确定电枢磁场的磁状态。为了实现这两个目的,工程上可以采用无接触式旋转变压器、光电式传感器、高频耦合式传感器、磁阻元件传感器和霍耳磁敏位置传感器等。不同的传感器,有不同的特点和不同的应用场合,它们各自的优缺点列于表6-3,供选用时参考。

表6-3　不同类型的转子位置传感器的比较

项目 形式	结构	体积	安装 定位	输出 信号	精度	功耗	可靠性	环境 要求	温度 范围
旋转变压器	复杂	大	方便	大	高	小	高	不严	宽
光电式	较复杂	较大	较方便	较大	较高	较小	较差	较严	一般
磁阻元件	简单	小	难	小	低	小	较差	较严	较窄
霍耳元件	简单	小	难	小	低	大	差	严	窄
高频耦合式	简单	较小	方便	小	较低	小	高	不严	宽

无接触式旋转变压器和霍耳磁敏位置传感器是目前被广泛采用的两种转子位置传感器。无接触式旋转变压器除了结构复杂、体积较大和制造成本较高等缺点外,它具有安装定位方便、输出信号大、精度高、对环境条件要求不严、温度适应范围宽、工作稳定可靠,以及容易与电子换向电路的输入阻抗实现阻抗匹配等一系列优点。因此,旋转变压器被广泛地用于精密数控机床、军事装备和宇航技术领域之中。霍耳磁敏位置传感器具有重量轻、尺寸小、制造成本低和便于大规模生产等优点,但存在着对环境条件要求严、温度适应范围窄和可靠性差等缺点。因此,霍耳磁敏位置传感器被广泛地用于计算机的软硬盘驱动器、激光打印机、视听设备和家用电器等民用电动机产品中。

旋转变压器已在第4章中作过介绍,本节主要介绍光电式位置传感器和霍耳磁敏位置传感器。

6.3.1　光电式位置传感器

光电式位置传感器也称光电变换开关元件,一般由发光二极管(光源)、光敏晶体管、光隔板等组成,如图6-1所示。发光二极管作为光源,固定在一块不动的板上,当光敏晶体管接收到光线时,晶体管导通,没有接收到光线时,晶体管截止。光隔板做成一定比例的形状,在发光二极管和光敏晶体管之间转动,或者遮住发光二极管的光线或者让光线通过,使得光敏晶体管或者导通,或者截止。

6.3.2　霍耳磁敏位置传感器

霍耳元件实用化的历史几乎和晶体管相同,最早开始采用的材料是锗,然后是硅,目前使用的是锑化铟(InSb)和砷化镓(GaAs)。

1. 霍耳元件

霍耳元件是一种半导体器件,它是利用霍耳效应制成的。霍耳效应的原理如图6-8所示。若某一薄片半导体中,电流 I_c 沿某一方向流动,在垂直薄片的方向上有一个磁密 B 穿过,则在与电流 I_c 和磁密 B 构成的平面相垂直的方向上会产生一个电动势 E_h,这种效应就叫做霍耳效应。霍耳电动势的极性取决于半导体材料为 P 型还是 N 型,其大小为

$$E_h = \frac{1}{d}R_\mu B I_c$$

式中: R_μ 为霍耳系数(cm^3/C); I_c 为控制电流(A); B 为磁密(T); d 为半导体材料厚度(cm)。

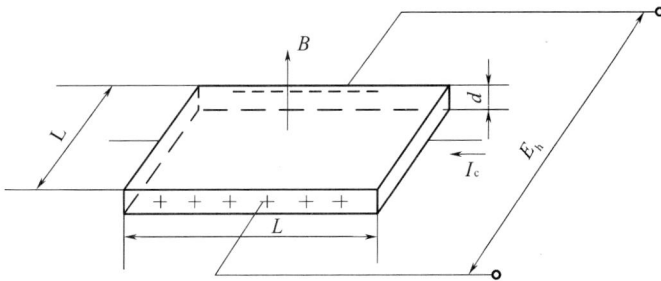

图6-8　霍耳效应原理图

当磁密 B 和霍耳元件的平面不垂直而有一定角度 θ 时,霍耳电动势的公式应变为

$$E_h = \frac{1}{d}R_\mu B I_c \cos\theta$$

由上式可知,当霍耳元件在磁场中位置变化时,霍耳电动势的大小和方向相应变化,这样就可起到传感位置的作用。

149

2. 霍耳集成电路

霍耳元件输出的电动势信号不够大,因此必须有外加电路使信号放大。将电子电路和霍耳元件制作在同一芯片上,这样就构成了霍耳集成电路。图6-9所示为霍耳集成电路,图6-9(a)为其外形图,它和小型的片式晶体管相似。霍耳集成电路有线性和开关型两种。在无刷直流电动机位置信号检测中应该选用开关型。图6-9(b)为开关型集成电路,它由电源稳压、霍耳元件、差分放大器、施密特触发器和集电极开路输出级组成。图6-9(c)为它的输出特性。可以看出,磁滞环特性中 B_{H-L} 是从截止到导通所需的最小磁密,B_{L-H} 是从导通到截止翻转点的磁密,两者之差 B_H 称为回差。希望 B_{H-L}、B_{L-H} 及 B_H 值都小,这样可对磁钢降低要求,同时在工作中高低电平可以更趋对称,提高了电动机性能。一般 B_{H-L} 在 0.02T ~ 0.01T 之内,B_H 在 0.002T 以下,配套的磁钢磁密一般应该在 0.15T 以上。

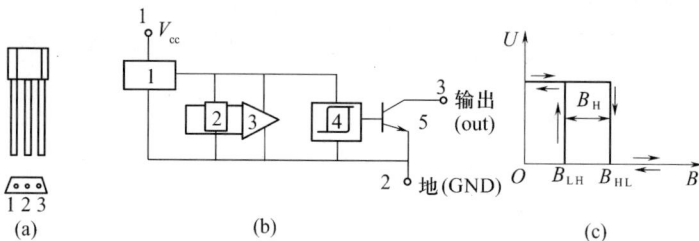

图6-9 霍耳集成电路

(a) 外形电路;(b) 原理;(c) 输出特性。

1—电源电路;2—霍耳元件;3—差分放大;4—整形;5—OC门输出。

6.3.3 霍耳磁敏位置传感器的选择与使用

霍耳器件是一种对磁场敏感的器件,它除了对磁场外,对静电应力、热应力和机械应力也有不同程度的敏感;同时,霍耳器件的机械强度与电动机的其它零部件相比较是最脆弱的一个。

用户应根据永磁无刷直流电动机的本体结构、技术性能、控制逻辑和成本价格等具体情况,合理地选用霍耳器件。

(1) 主要技术规格。电压等级和磁灵敏度范围是霍耳器件的主要性能指标。对于线性型霍耳器件而言,还有输出信号对输入信号的线性工作区的最大磁场范围。使用者应根据所设计产品的技术要求合理选用。

(2) 温度范围。霍耳器件是一种对温度敏感的器件,它的磁灵敏度在高低温度下有一定的漂移。制造商生产的霍耳器件有不同的温度等级:商用级为(-40℃ ~ +85℃),工业级为(-40℃ ~ +125℃),军用级为(-40℃ ~ +150℃)。使用者可根据所设计产品的工作环境合理选用。

(3) 静电灵敏度。根据静电理论,任何半导体电子器件都有自身的静电灵敏度。不同类型的霍耳器件因采用的半导体材料不同和制造工艺不同,因此其静电灵敏度也不同。使用者在设计和制造产品时,一方面要选用静电灵敏度低的霍耳器件;另一方面在设计和使用过程中应采取防静电措施。

(4)通电后的输出状态。为了统一,制造商借助变换电路把锁存型霍耳器件设计成在没有外加磁场的情况下,锁存型霍耳器件通电后处于开的状态,输出低电平。目前,许多大的半导体公司已经制造出符合这种设计规律的开关型和锁存型霍耳器件。

(5)通电后的输出信号上升时间。通电后,霍耳器件输出信号的上升时间取决于器件的设计参数。对于具有斩波设计的霍耳器件而言,达到稳定后的数字信号的上升时间小于 1.5μs。

(6)功率损耗。霍耳器件的损耗功率由两部分所组成,一是器件集成电路本身所消耗的功率;二是器件输出级晶体管中的功率损耗。霍耳器件损耗功率的大小将直接影响到它在电动机中的安装位置、安装方式和最大允许的工作温度等。

6.4 无刷直流电动机的基本方程和主要参数

6.4.1 基本方程

在讨论无刷直流电动机的基本方程之前,必须说明三点:

(1)无刷直流电动机所遵循的基本电磁原理和有刷的永磁直流电动机是相同的,因此有刷直流电动机中的许多结论都可以应用在无刷直流电动机中。

(2)由于无刷直流电动机的绕组采取分相的形式及不同的联结(星形和封闭式),因此,在基本方程中必须考虑这些变化。

(3)无刷直流电动机在原理结构上和永磁同步电动机又有些相似,因此绕组电动势、电流和转矩与永久磁铁产生的气隙磁场波形又有很大关系。不过起作用的仅是各相绕组导通时所处位置的气隙磁场波形。

对于两相和四相绕组,仅考虑气隙磁场中 ±45°电角度的情况,三相时为 ±60°电角度,五相时为 ±36°电角度。气隙磁场的波形一般并没有严格的形状,但总的来看可划分为梯形和正弦形,在电动势、电流及转矩的分析上,两者略有不同。

在本节的分析中,以三相星形联结为例,并分两种情况:半桥及全桥驱动。

1. 三相星形联结半桥驱动

无刷直流电动机的电压方程式具有和有刷直流电动机相似的形式,即

$$U = R_a i_a + L_a \frac{di_a}{dt} + e_a + \Delta U_T \tag{6.1}$$

式中:R_a、L_a、i_a、e_a 分别为一相绕组的电阻、电感、电流和反电动势;ΔU_T 为功率管

的压降。

这个公式适用于各个绕组导通区域。分析中可以将 ΔU_T 看作一个固定值,因此式(6.1)可以写成式(6.2)的形式,这样就可以和直流电动机的电压方程式更加一致。

$$U' = U - \Delta U_T = R_a i_a + L_C \frac{\mathrm{d}i_a}{\mathrm{d}t} + e_a \qquad (6.2)$$

转矩方程为

$$M_a = J \frac{\mathrm{d}\Omega}{\mathrm{d}t} + K_D \Omega \qquad (6.3)$$

$$M_a = K_T i_a \qquad (6.4)$$

$$E_a = K_e \Omega \qquad (6.5)$$

式中:K_T 为转矩系数,$K_T = B_{\delta m} N_a lR$;$B_{\delta m}$ 为梯形波磁密的最大值;K_D 为转动部分的阻尼系数,K_e 为反电动势系数。

但是由于气隙磁场波形不同,反电动势、电流及转矩波形不同。以往人们在分析无刷直流电动机的反电动势、电流及转矩变化规律时,都是以正弦气隙磁场为基础,这是一般传统的分析方法,容易公式化,并且有相当的精确度。但是,近年来随着材料的进步、设计方法的改进,新的无刷直流电动机中的气隙磁场波形更接近于梯形,而且梯顶也有足够的宽度。因此,主要分析梯形气隙磁场的情况。

绕组各相通电时应该处于相对于梯形磁场梯顶的位置。通电绕组产生的电磁转矩可表示为

$$M_a = B_x N_a lR i_a \qquad (6.6)$$

式中:N_a 为通电绕组导体总数;R 为旋转半径;l 为导体有效长度;i_a 为导体中的电流;B_x 为通电导体处的磁密。

如果梯形气隙磁场梯顶具有足够宽度,则式(6.6)可以表示为

$$M_a = B_{\delta m} N_a lR i_a = K_T i_a$$

同样反电动势的表达式可以用式(6.5)表示。静态下,忽略电感影响,则静态工作电流为

$$I_a = (U - \Delta U_T - E_a)/R_a$$

在三相星形联结、半桥驱动的情况下,三相绕组轮流通电 120° 电角度;0° 至 30° 范围内 C 相通电,30° 至 150° 范围内 A 相通电,150° 至 270° 范围内 B 相通电,270° 至 360° 范围内 C 相通电。反电动势、电流和转矩波形如图 6 – 10 所示。

无刷直流电动机的机械特性、调节特性和直流电动机的基本一样,如图 6 – 10 (c)和图 6 – 10(d)所示。

图 6 – 10 所示的机械特性曲线产生弯曲现象是由于当转矩较大、转速较低时,流过晶体管和电枢绕组的电流很大,这时,晶体管管压降 ΔU_T 随着电流增大而增

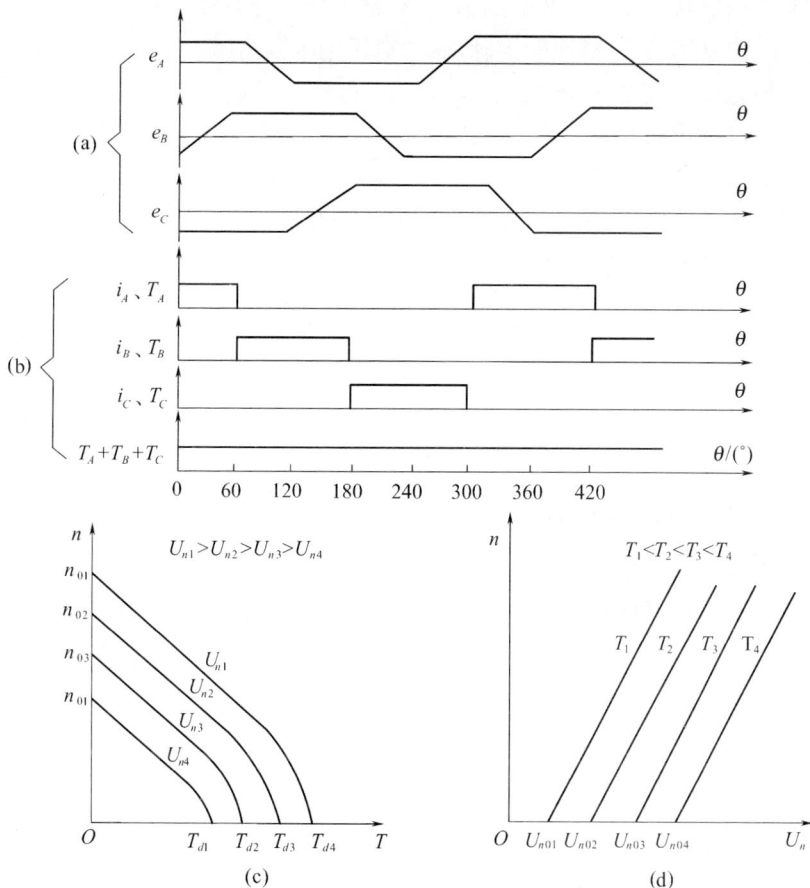

图 6 - 10 梯形磁场电动势、电流、转矩波形及特性

(a) 反电动势；(b) 电流和转矩；(c) 机械特性；(d) 调节特性。

加较快,使加在电枢绕组上的电压不恒定而有所减小,因而特性曲线偏离直线变化,向下弯曲。

无刷直流电动机的动态特性,也可按照永磁直流电动机那样分析。将式(6.2)~式(6.5)作拉氏变换,求解相应的拉氏方程,最后的结果都是一样的,因此不再重复。

实际上,梯形气隙磁场波形的波顶不可能完全平直,肯定会有些波动。造成不平直的原因有以下几点:

(1) 波形梯顶不够宽,即极弧角不够大,因此通电相绕组在导通开始阶段和结束阶段,由于气隙磁密变小,而使转矩变化。

(2) 由于齿、槽结构的存在,造成和齿槽有关的气隙磁密波动。

(3) 由于磁性材料性能的不均匀性,各个位置的磁密有变化。

153

（4）结构形状及充磁工艺上的不完善，都可造成气隙磁密不同。

为了改善磁场波形，减小转矩脉动，一般采用下列措施：

（1）加宽极靴宽度。

（2）改进结构和充磁工艺及设备。

（3）采用斜槽或斜极。

采用这样一些措施之后，可以大大降低转矩脉动。

2. 三相星形联结全桥驱动

在全桥驱动时，有两相绕组同时通电。虽然每相绕组仍是120°电角度通电，但是相与相的换相是在每隔60°电角度时进行。而在一个周期内，每相绕组两次通电，正、反向各一次，这样，绕组电压方程应为

$$U' = U - 2\Delta U_{\text{T}} = 2R_a i_a + 2L_a \frac{\mathrm{d}i_a}{\mathrm{d}t} + \sum E$$

式中：$\sum E$ 为反电动势之和。

对于梯形磁场情况，由于在通电期间，绕组都是处在梯形磁场的梯顶范围，因此总的反电动势可以简单地看作是两相反电动势值的代数相加，则有

$$U' = 2R_a i_a + 2L_a \frac{\mathrm{d}i_a}{\mathrm{d}t} + 2E_{\text{m}}$$

它的静态工作电流为

$$I_a = \frac{U' - 2E_{\text{m}}}{2R_a}$$

转矩为

$$M_a = K_{\text{T}} \frac{U' - 2E_{\text{m}}}{2R_a} = K_{\text{T}} I_a$$

这种情况下的反电动势、电流和转矩的分析和半桥时一样，其转矩脉动情况主要取决于梯形磁场波形梯顶的情况。还应说明一点的是，每相通电时间是两个120°电角度，只是在第二个120°通电时间内，电流是反向的，绕组在相对的另一个极下。这样，产生的转矩方向不变。反电动势、电流及转矩波形如图6-11所示。

从上面的分析可以看出，全桥驱动时，转矩的脉动小于半桥驱动时的脉动。

在现代的设计中，都力求采用梯形磁场，并将梯形的顶部尽可能保持平直和具有足够的宽度，这样才能得到小的转矩脉动、好的特性。尤其是，对于要求高性能的电动机，用于伺服系统中的无刷直流电动机都是这样的。为了达到这一点，除了在设计方法上采取措施（如利用计算机进行大量精确的磁场计算，设计专门的磁路结构、磁极形状等），另外，还必须对加工工艺、充磁方法进行研究，这样才能得到满意的效果。

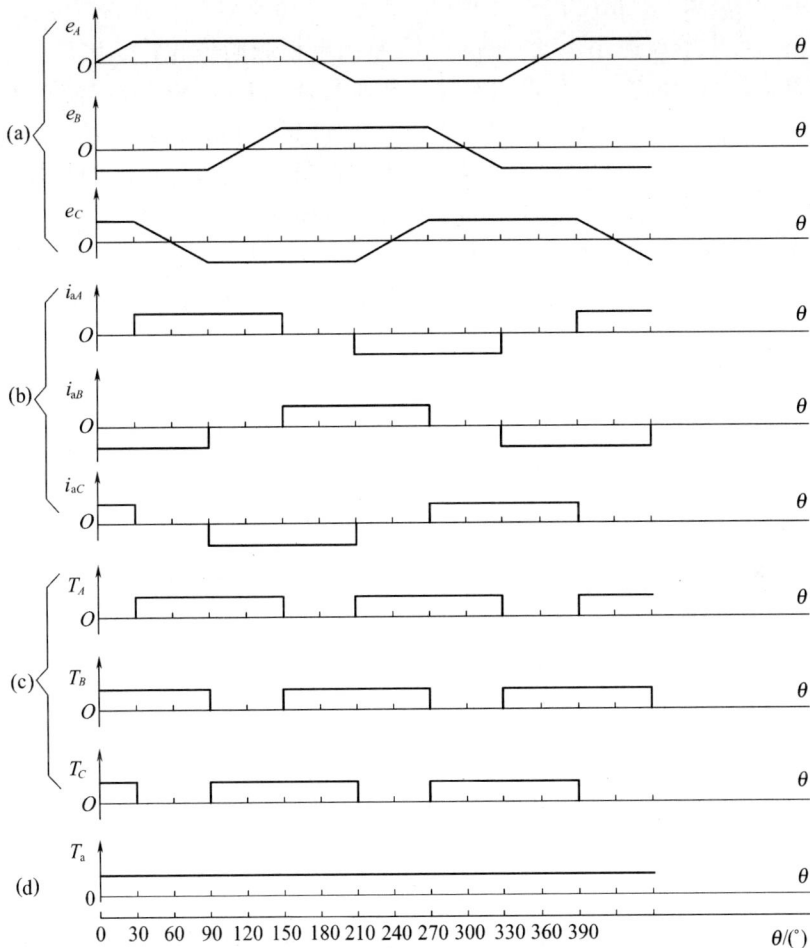

图 6-11　三相星形联结全桥驱动梯形磁场时,电动势、电流和转矩波形
(a) 电动势;(b) 电流;(c) 转矩;(d) 合成转矩。

6.4.2　主要参数

无刷直流电动机的参数也和有刷直流电动机的一样,具有相同的意义,但是其中一些参数所表征的量略有不同。

电流 I_a 为相绕组中电流有效值;反电动势系数 K_e 为相绕组反电动势系数;电阻 R_a、电感 L_a 分别为相绕组的电阻和电感。

6.4.3　无刷直流电动机的电枢反应

无刷直流电动机中,电枢反应不再像有刷直流电动机那样仅在交轴方向。它的情况比较复杂,不但和磁路的饱和情况有关,而且还和电枢绕组的联结方式、导通顺序以及运行时电流变化情况有关,下面以三相星形半桥驱动为例,作一些分析。

假设运行中电流大小不变。图 6 - 12 给出电枢磁动势和转子磁场关系。在图 6 - 12(a)所示的位置,在 ±60°角度内,A 相通电,A 相电流产生磁动势的方向始终是不变的。当转子位于 -60°的位置,A 相电流产生的磁动势和转子磁场的夹角是 150°,这时产生最大的退磁作用。当转子继续逆时针转动,电枢反应的直轴分量减小,到了 0°时,由于两者互相垂直,因此只有交轴电枢反应,过了 0°位置以后,电枢反应成为增磁,到了 +60°角时,达到最大增磁。再向前转动时,A 相断电,B 相导通,开始了与刚才分析相同的退磁、增磁作用。可以看出,退磁与增磁的最大值为 $F_a/2$。

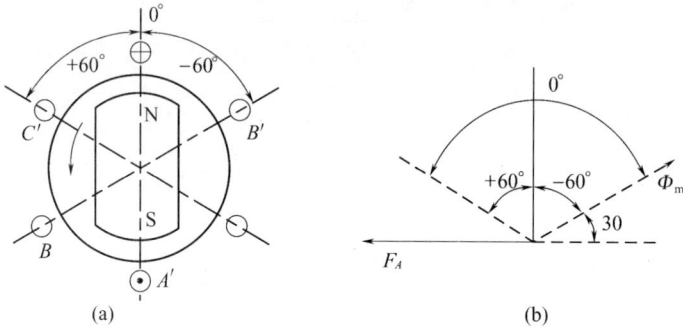

图 6 - 12　电枢磁动势与转子磁场关系

(a) 相互位置;(b) 矢量关系。

对于转子磁场来说,电枢反应是跳跃式的变化。它要比有刷直流电动机的电枢反应严重,因此在选用矫顽力小的磁铁及电流过大的情况下,可能造成永久性退磁。另外,这个跳跃变化的磁动势也会产生铁耗。

6.5　无刷直流电动机的驱动电路

在无刷直流电动机系统中,除了电动机本体、位置传感器外,还有三个环节:位置信号处理电路、各相信号分配电路和功率电路。

信号处理电路将传感器拾取的低电平弱信号,经过放大整形变成方波的开关信号,波形应该对称。另外,波形的上升和下降速度应该快,最好在纳秒级。目前,传感器元件都是带有信号处理电路的,因此这个问题不必多加考虑,但必须考虑与之相配的磁场和隔挡板的情况。下面首先介绍正、反转方法,然后介绍具体电路。

6.5.1　正、反转方法

前面已给出一个四相和三相全桥的各相信号分配电路例子。当需要正、反转时,必须给出相应的逻辑。无刷直流电动机不像有刷直流电动机实现正、反转那样方便。但其原理是一样的,都是改变电枢电流的方向,这样,相应的转矩方向也改变了。下面以三相星形半桥驱动为例进行说明。

三相星形半桥驱动绕组与功率管的连接如图6-7(b)所示,相应的各相信号分配电路如图6-13所示。在方向信号为正时,74LSl38-1工作,电动机正向旋转;当方向信号为负时,74LSl38-2工作,电动机反向旋转。

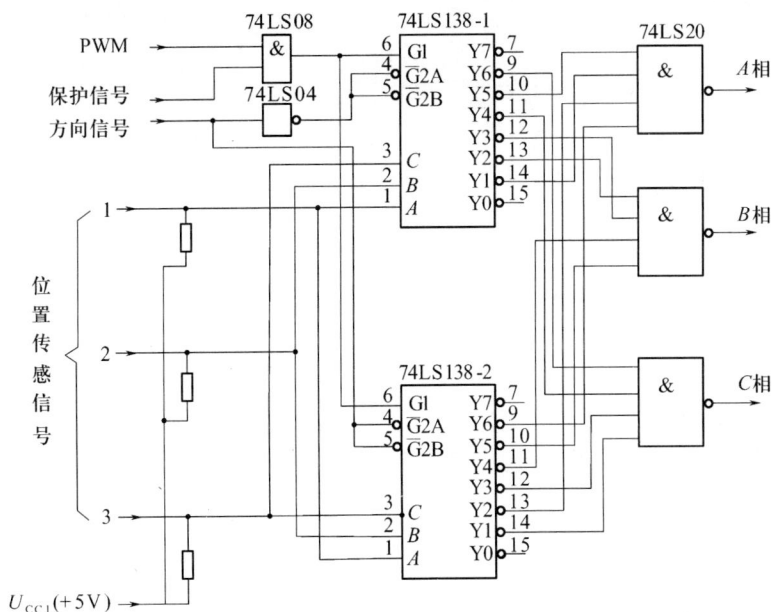

图6-13 三相星形半桥驱动各相信号分配电路

6.5.2 由分立元件组成的三相全桥驱动电路

由分立元件组成的电路,元件数目多,但电路设计自由度大,而且如果选用一些通用的IC组合,会更为灵活。图6-14给出一个三相星形联结全桥驱动电路,这种电路一般适用于几十瓦输出的情况。图中电阻 R_c 为直流反馈电阻,起功率管保护作用。这种电路只能朝一个方向运转。

6.5.3 专用集成电路的驱动电路

目前,专用的无刷电动机驱动控制电路很多,这些集成电路在国内也逐渐得到推广应用。本节介绍一种MOTOROLA公司生产的MC33035电路。其内部结构如图6-15所示。这种芯片功能很全,可以构成性能很全的开环三相或四相电动机控制系统。它包括位置检测,以提供相应的换相逻辑;输出带有温度补偿的参考电源;产生脉宽调制所需的锯齿波、误差检测放大器、三个集电极开路上桥臂驱动器、三个电流较大的下桥臂驱动器。特别适合于驱动功率MOSFET。MC33035还可提

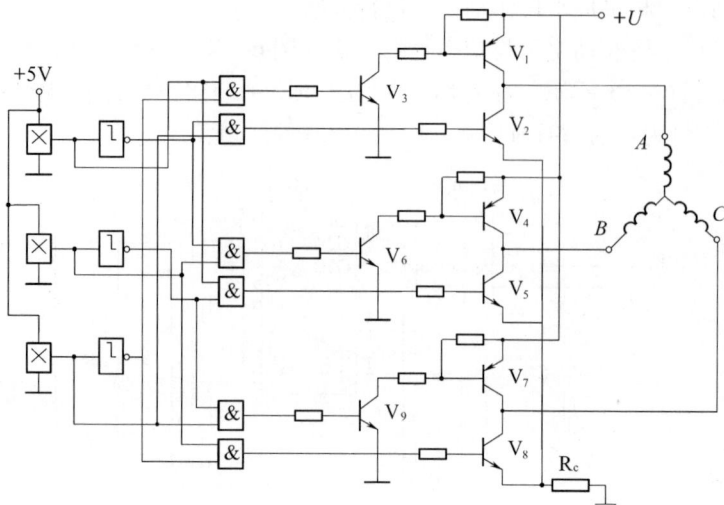

图 6-14 由分立元件组成的三相全桥驱动电路

供低电压保护、瞬时限流保护、内部过热保护,还有一个故障输出信号。它可提供的电动机运行控制包括开环速度控制,正、反转控制,运行性能以及动态制动。

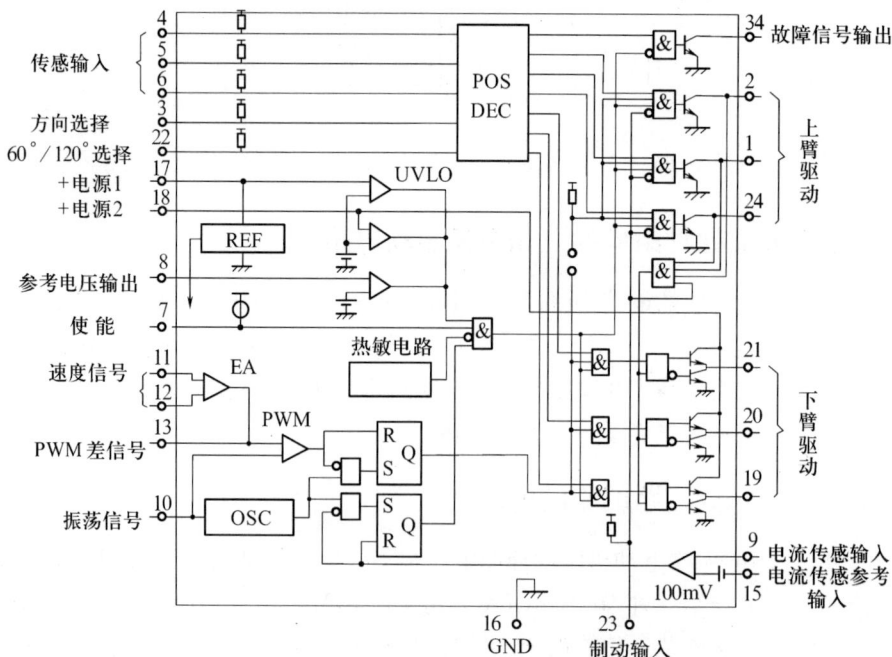

图 6-15 MC33035 无刷直流电动机控制器内部结构图

图 6-16 为一个三相星形联结无刷直流电动机全桥驱动控制。电路中采用三个霍耳开关电路,功率桥上臂采用双极性功率晶体管,下桥臂采用功率 MOSFET,

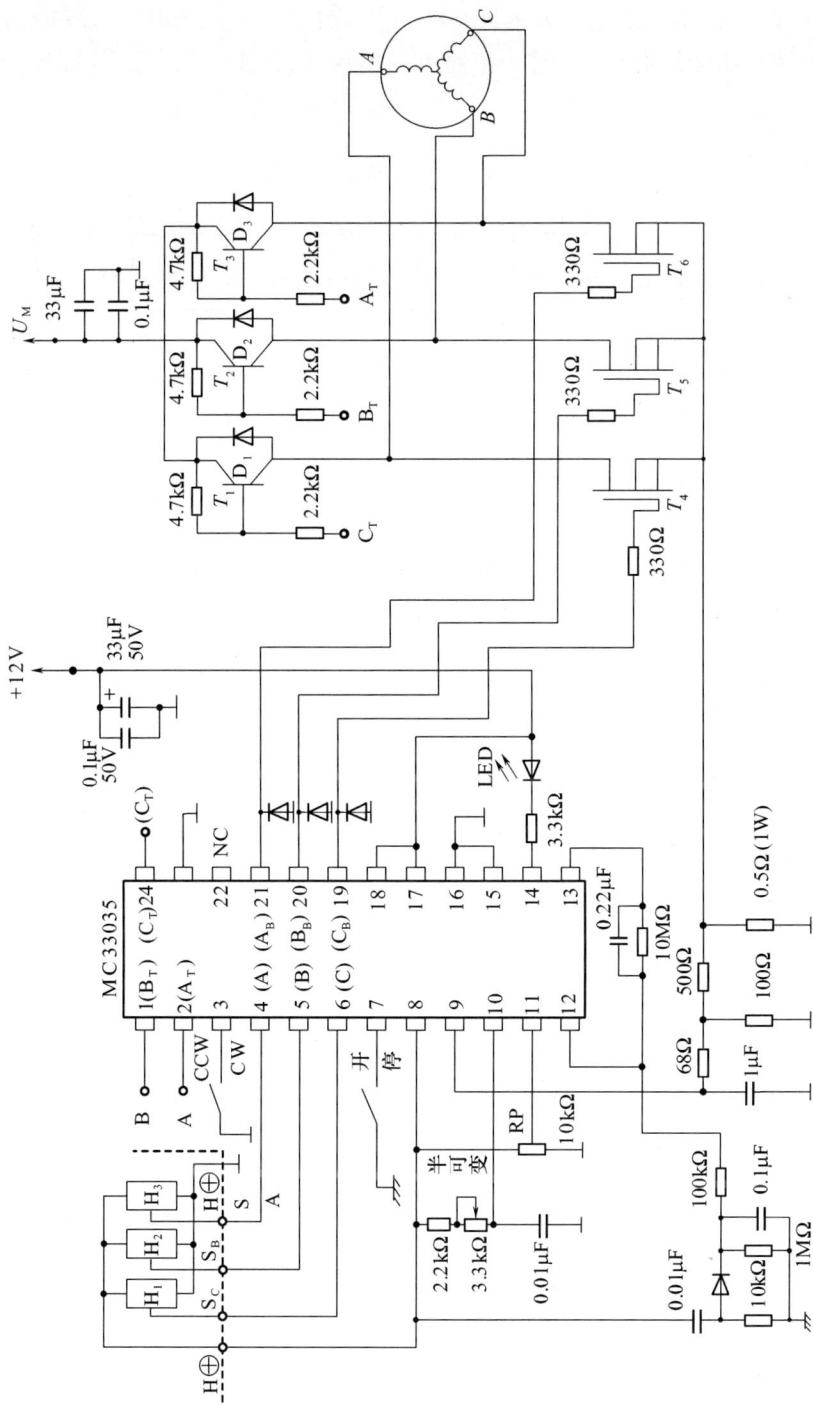

图 6-16 MC33035 三相星形全桥驱动电路

159

功率晶体管并联续流二极管(功率 MOSFET 内部装有续流二极管)。上面介绍的 MC33035 所有功能都用上了。这个电路可输出 50W,其驱动电流波形如图 6 - 17 所示。

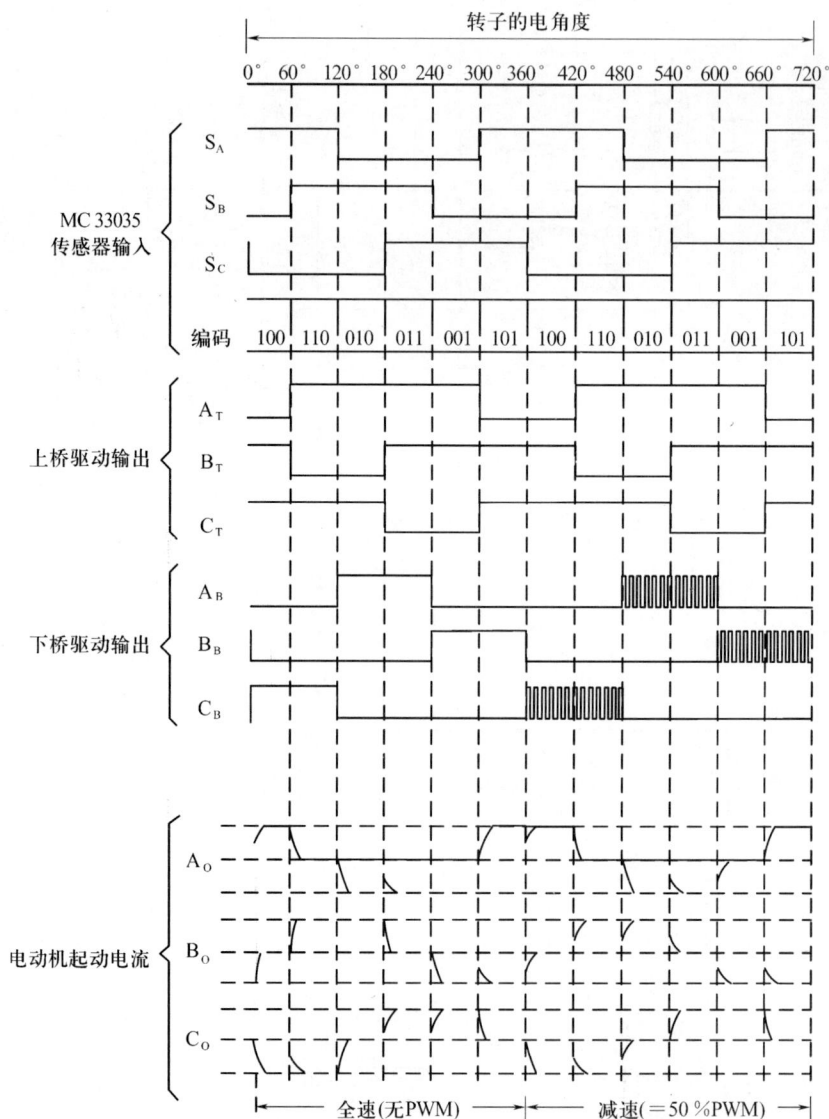

图 6 - 17 电路驱动波形

MC33035 是一个控制电路,它的功率输出应由外部电路组成,加上适当电路可组成大功率电路,还能方便地构成闭环。

6.6 无位置传感器的无刷直流电机控制

在传统的无刷直流电机中,常用的位置传感器有电磁式位置传感器、光电式位置传感器及磁敏式位置传感器等。电磁式位置传感器有开口变压器、铁磁谐振电路、接近开关等多种类型,但其体积大、抗干扰能力差,因此目前已不多用;光电式位置传感器体积也比较大,尤其是正弦型位置传感器价格昂贵、结构可靠性差;霍耳磁敏式位置传感器体积小、使用方便,但是往往存在一定程度的磁不敏感区,从而造成转子位置误差。同时,这种位置传感器也会因恶劣的应用环境,如高温、低温、高湿或污浊空气等而产生转子位置误差。因此,在实际应用中,使用位置传感器有一定的缺点,表现在以下几个方面:

(1) 位置传感器难于安装在电机内部很有限的空间里,且维修困难。

(2) 显著增加小容量设备的硬件投资。

(3) 使电机设计复杂化,且增加电机尺寸。

(4) 难于适应恶劣的环境,在某些工业应用场合甚至不允许使用。

(5) 位置传感器有碍机械传动,使得系统机械鲁棒性降低。

(6) 传感器连接线多,容易引入干扰。

位置传感器造成的应用局限性,有违人们使用无刷直流电动机的初衷,为此,无刷直流电动机的无位置传感器控制方法便提到日程上来。

在无刷直流电动机控制中如果不用位置传感器,就必须借助于对与电机转子位置有关量的检测和计算以获得电机转子的位置。无位置传感器无刷直流电动机转子位置检测方法有两种类型:一种是连续型位置检测;另一种是只检测与换相有关的特殊点,如电机反电动势过零点或换相点检测,称做离散型位置检测。

1. 连续型位置检测

一种方法是利用电机相电感的大小来推算转子位置,但是这种方法需要很高的 PWM 斩波频率,这样才能近似认为相电感在每一个开关周期内保持不变。另一种连续位置估算方法是建立复杂的电机动态模型后,利用状态观测器来估算电机转子的位置。连续型位置检测方法相对来说比较精确,但是控制复杂,且电机模型依赖于电机参数,系统的鲁棒性较差。

2. 离散型位置检测

这种转子位置检测类型中,控制器只需位置检测电路提供与换相有关的特殊位置的离散信号,这为无位置传感器的控制方法提供了便利条件。例如,当系统采用120°导通类型时,在每一时刻只有两相导通,而未导通的一相可以用作位置传感器。典型的方法是检测未导通相绕组中的反电动势,称为反电动势法。根据检测点不同,又可分为两类:一类是直接检测换相点;另一类是检测电机反电动势过零点,再滞后 30°电角度,即为换相点,这种方法灵活、便利,但需要很高的开关频率,限制了其应用范围。利用电机反电动势直接检测转子换相点的方法虽然不如检测过零点灵活,但是这种方法检测电路的滤波程度深,因此所需开关频率比较低,便于产品开发,但是在这种方法中,检测电路的相移,在不同转速时会出现超前或滞后于电机转子换相点的现象,给控制带来了一定的难度。

6.7　永磁同步电动机

无刷直流电动机的出现是电动机技术的巨大进步,它是电机、电子及控制等技术的结合,属于机电一体化的产品。无刷直流电动机本身无法单独工作,必须和相应的驱动、控制电路一起才能运行。无刷直流电动机取消了电刷和换向器,消除了故障及不可靠的主要根源。随着科学技术的发展,无刷直流电动机的性能也在不断提高和完善。但是仍然有两个问题,影响了无刷直流电动机的性能,限制了它的使用。

（1）由于相与相之间的切换不会有像有刷直流电动机那样多的次数,这样会在切换时产生较大的转矩脉动。

（2）在相与相之间的切换中,电流在相绕组中产生跃变,使 di/dt 过大,产生了过电压,同时加大了转矩脉动。

正弦波电流驱动的永磁同步电动机,克服了上述两个缺点,又可同样具有像直流电动机一样的特性。

这种永磁同步电动机及其构成的伺服系统是在这样两个条件下出现的:

（1）控制理论的突破。产生了交流电动机的电压空间矢量控制技术和直接转矩控制技术。

（2）电子技术的发展。脉宽调制技术（PWM）包括正弦脉宽调制技术（SP-WM）;高性能、高集成度的电子元器件、微处理器以及专用集成电路的出现和应用;大功率、大电流、高反压、高开关速度的功率电子器件的出现。

6.7.1　同步电动机工作原理

永磁同步电动机在结构上和三相无刷直流电动机相似,定子是三相绕组,转子是永久磁铁构成的磁极,而轴连接着转子位置传感器,检测转子磁极相对于定子各相绕组的相对位置。位置传感器的角度分辨率不能像无刷直流电动机那样,仅仅是 60°电角度,而应更细。因为它要和角度的正弦函数关系联系在一起。位置传感器和电子电路结合,使得三相绕组中流过的电流和转子位置转角成正弦函数关系,彼此相差 120°电角度。三相电流合成的旋转磁势在空间的方向总是和转子磁场成 90°电角度。旋转磁场与转子磁极相互作用,产生电磁转矩。作用在转子上的电磁转矩,使转子沿旋转磁场旋转的方向转动。转子的转速,永远等于旋转磁场的转速,故称这种电动机为同步电动机。

同步电动机在对称稳定运行状态时,电机中的电磁关系和同步发电机对称稳定运行状态基本上是相同的。

如图 6-18 所示,如果按照电动机惯例,取电势 $\dot{E}_0$ 反方向,即电压的方向作为电流的正方向,把认为电流 I 是由端电压 U 驱动的,而把电势 $\dot{E}_0$ 看作是反电势,那么,由于电流方向与前述相反,则电势平衡方程式为

$$\dot{U} = -\dot{E}_0 + j\dot{I}X_a + j\dot{I}X_{\sigma a} + \dot{I}r_a = -\dot{E}_0 + \dot{I}(r_a + jX_S)$$

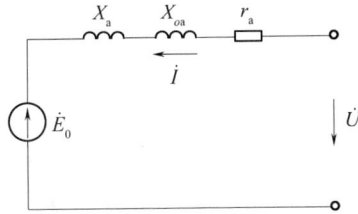

图 6-18 按电动机惯例的同步电动机的等值电路

根据电势平衡方程式,当忽略电枢电阻及漏抗时,则有

$$\dot{U} = -\dot{E}_0 + j\dot{I}X_a$$

在一般情况下,$0 < \varphi < 90°$,根据电势平衡方程式,可作出隐极同步电动机的电势相量图,如图 6-19(a) 所示。在图 6-19 中,同时作出了与电势相量图相联系的磁势的空间向量图。

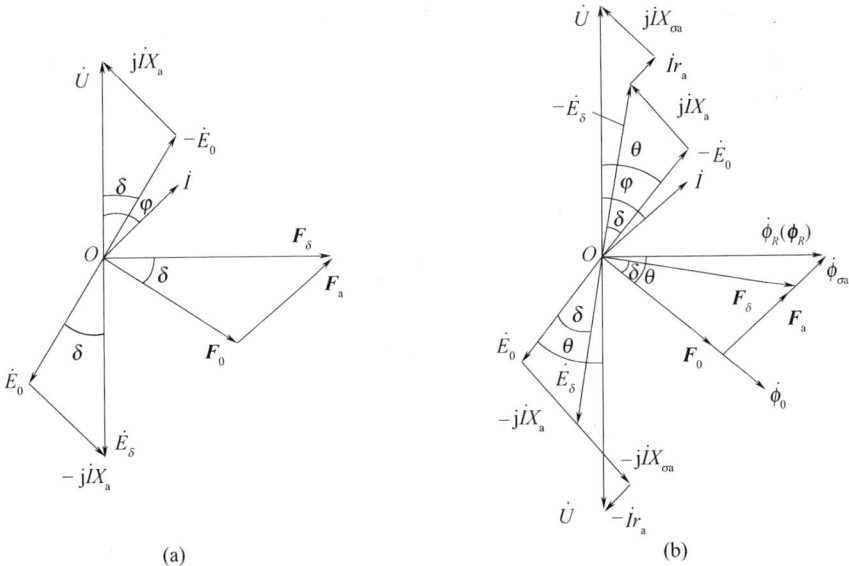

(a)

(b)

图 6-19 隐极同步电动机的相量图和向量图

163

由图 6-19(a)可见,当忽略电枢电阻及漏抗时,激磁电势 $-\dot{E}_0$ 与端电压 $\dot{U}$ 之间的时间相位差角 δ,也就等于激磁磁势 $\boldsymbol{F}_0$ 与合成磁势 $\boldsymbol{F}_\delta$ 在空间的夹角 δ。注意:在空间,$\boldsymbol{F}_0$ 滞后于 $\boldsymbol{F}_\delta$ 一个 δ 角,这是同步电动机与同步发电机最本质的区别。与同步发电机相比,$\delta < 0$,说明同步电动机自电网吸收电功率。

当考虑电枢漏抗及电枢电阻 r_a 时,可作出隐极同步电动机的时空向量图,如图 6-19(b)所示。由图可见,$-\dot{E}_0$ 滞后于 $\dot{U}$ 的时间电角度为 θ,等于激磁磁通 $\boldsymbol{\phi}_0$ 滞后于合成磁通 $\boldsymbol{\phi}_R$ 的空间电角度 θ。

和发电机状态相似,当忽略电枢电阻时,由向量图可得隐极同步电动机的电磁转矩及电磁功率为

$$M = \frac{m_1}{\Omega_1}\frac{E_0 U}{X_S}\sin\theta$$

$$P_{\mathrm{m}} = \frac{m_1 E_0 U}{X_S}\sin\theta$$

如果规定 $\dot{E}_0$ 超前于 $\dot{U}$ 时的功角 θ 为正,而 $\dot{E}_0$ 滞后于 $\dot{U}$ 时的功角 θ 为负,则同步电动机的电磁转矩的方向与同步发电机的电磁转矩的方向相反,为转动转矩,而同步电动机的电磁功率为自电网吸取的有功功率。

同样,隐极同步电动机的无功功率为

$$Q = \frac{m_1 E_0 U}{X_S}\cos\theta - \frac{m_1 U^2}{X_S}$$

仿照隐极同步电动机及凸极同步发电机做向量图的方法,不难做出凸极同步电动机的向量图。可以求出凸极同步电动机电磁转矩及功率为

$$M = \frac{m_1}{\Omega_1}\frac{E_0 U}{X_d}\sin\theta + \frac{m_1 U^2}{2\Omega_1}\left(\frac{1}{X_q} - \frac{1}{X_d}\right)\sin 2\theta$$

$$P_{\mathrm{m}} = P = \frac{m_1 E_0 U}{X_d}\sin\theta + \frac{m_1 U^2}{2}\left(\frac{1}{X_q} - \frac{1}{X_d}\right)\sin 2\theta$$

$$Q = \frac{m_1 E_0 U}{X_d}\cos\theta + \frac{m_1 U^2}{2}\left(\frac{1}{X_q} - \frac{1}{X_d}\right)\cos 2\theta - \frac{m_1 U^2}{2}\left(\frac{1}{X_q} + \frac{1}{X_d}\right)$$

可见,凸极机的电磁转矩较隐极机大 $\frac{m_1 U^2}{2\Omega_1}\left(\frac{1}{X_q} - \frac{1}{X_d}\right)\sin 2\theta$。这是由于凸极机沿纵轴及横轴磁阻不等而产生的,故称磁阻转矩,如图 6-20 所示。由转矩公式可见:当 $E_0 = 0$、$U \neq 0$ 时,也就是说,即使电机不激磁,但接于电网时,这部分转矩也会存在。磁阻转矩产生的原因,很容易由图 6-20 得到解释。

利用沿纵轴及横轴磁阻不等而产生转矩的原理,可以制成磁阻电动机。磁阻转矩又称反应转矩,磁阻电动机又称反应式电动机。

同步电动机的主要缺点,是不能像异步电动机那样一通电就自己转起来。当

164

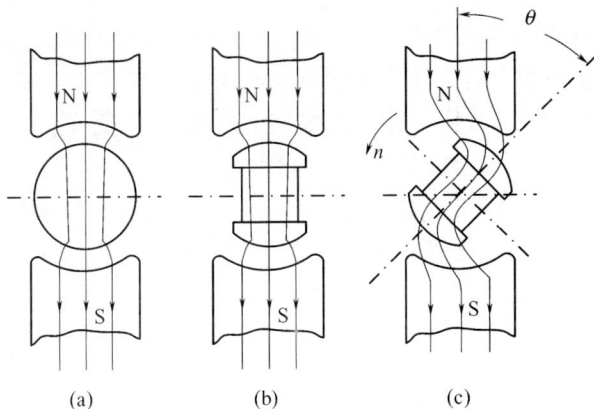

图 6 - 20　磁阻转矩产生的原因

定子旋转磁场快速地旋转时,由于转子有惯性而不能立即跟着旋转磁场一起旋转,这样,转子始终处于失步状态而不能转动。

但同步电动机有一个主要的优点,就是转子的转速与旋转磁场的转速相同。当电源频率不变时,转子的转速也保持不变。所以,它可以应用于需要恒速传动的装置中。为了解决起动问题,可以在转子上装上像异步电动机那样的鼠笼转子,它产生异步的起动转矩,或在转子上再装上磁滞转子,产生磁滞转矩及异步转矩,在这些转矩的作用下,把转子带动到接近于旋转磁场的转速,然后加上激磁,靠转子磁极与旋转磁场间产生的同步转矩,把转子拉入同步。

在控制理论和电力电子技术没有应用到同步电动机的控制和驱动时,由于同步电动机起动很困难,需要加装这样或那样的起动装置,在飞机上除少数场合(如转速表指示器中)外,很少用它来作为电动机拖动机械负载。

6.7.2　永磁同步电动机的结构

1. 永磁材料

永磁材料有马氏体钢、铸造型铝镍和铝镍钴系列永磁合金、可塑性变形(可加工的)永磁合金、粉末冶金永磁合金、单畴粉末永磁材料、铁氧体永磁材料、稀土钴永磁材料等许多种。目前,电机中用得最多的是铸造型铝镍和铝镍钴系列永磁合金和稀土钴永磁材料两种。

1)铸造型铝镍和铝镍钴系列永磁合金

这类材料是以铁、镍、铝为基础,采用浇铸法制造的合金。这种合金磁性能较好,又很稳定。这种合金的成分主要是铁、镍、铝,分别加入钴、铜、硅、钴钛,则形成不同的合金种类。

合金的成分对磁性能的影响很大。例如,在低镍合金中加入铜,可使矫顽磁力

165

H_c 升高,最大磁能积 BH_{max} 增大;在高镍合金中加入铜后,也可使 H_c 增大,但剩磁感应 B_r 降低,磁能积无明显变化,在高镍合金中加入少量的硅后,可使临界冷却速度大大降低;合金中加入钴后,可以提高 H_c、B_r 和 B_s 饱和磁感应强度,同时也能降低合金的临界冷却速度;含钛合金可以提高 H_c,但 B_r 较低,虽然磁能积无明显变化,但可以细化晶粒,使合金表面光洁,棱角不致剥落。

如果合金在分解反应过程中施加外磁场,则可使凸度系数明显增大,这称为磁场热处理。经过磁场热处理的合金,其磁性带有方向性,顺磁场方向磁性最大,垂直于磁场方向磁性最小。

除采用磁场热处理外,还可以采用晶体定向化的方法来提高磁性能。采用定向结晶的方法,使磁钢在磁化方向上长成平行排列的粗大晶体,使磁钢的磁能积增加。由于结晶状态不同,磁钢的磁性能有很大的差异。

这种合金的特点是 H_c 和 B_r 都比较高(H_c 为 2000Oe ~ 9000Oe,B_r 为 4000G ~ 13500G),最大磁能积可达 13.5×10^6 G·Oe。其主要缺点是材料硬而脆,除了磨加工和电加工外,不能进行其它机械加工。

这种合金的典型的去磁曲线如图 6 - 21 所示。图中表示出了两种不同型号的铝镍钴磁钢的去磁曲线。

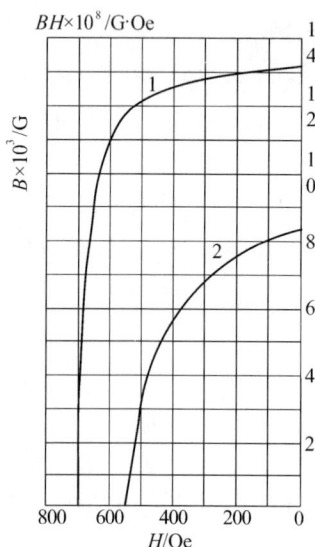

图 6 - 21　铸造型铅镍钴系永磁合金的去磁曲线
1—AlNiCo5 - 3;2—AlNiCo - 4。

2) 稀土钴永磁材料

稀土钴永磁合金简称稀土永磁合金,它们是不同的稀土族元素和钴组成的金属间的化合物,是近几十年来得到迅速发展的一种新的永磁材料。

166

稀土元素一般是指化学元素周期表中原子系数为 57~71 的 15 个元素。稀土元素和过渡金属(如 Fe、Co、Ni 等)可以形成多种金属化合物。其中,稀土金属与钴形成的 RCo(R 代表稀土元素)型化合物,具有很高的晶体各向异性和饱和磁化强度,并有很高的居里点。符合制成性能优异的永磁材料的条件,是目前永磁材料中综合磁性能最为理想的一种永磁材料。

稀土永磁合金具有以下主要优点:

(1)去磁曲线基本上是一条直线。如图 6-22 所示,其斜率接近于可逆磁导率,回复直线近似与去磁曲线重合。因而,去磁曲线上的任何一点都是稳定工作点,不需进行特别的稳定处理。电机工作时,工作点将沿去磁曲线变化。

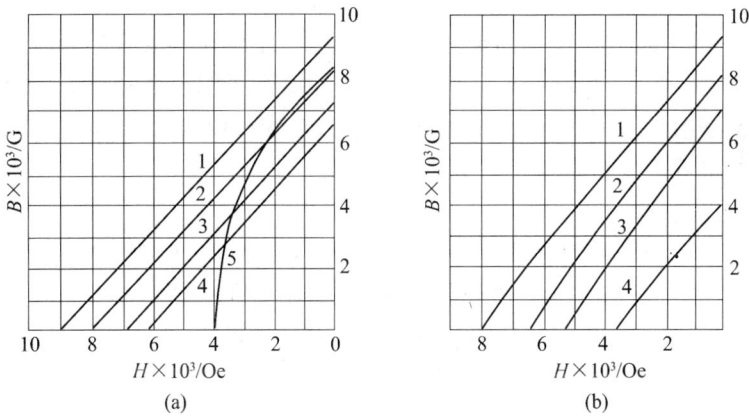

图 6-22 稀土永磁合金的去磁曲线

(2)具有极大的矫顽磁力。H_c 高达 5000Oe~10000Oe,有的甚至可以超过10000Oe。因而它有很强的抗去磁能力。

(3)最大磁能积 BH_{max} 很大。其实验值可达 $60 \times 10^6 G \cdot Oe$。

(4)温度稳定性较好。

对于永磁电机来说,采用稀土钴合金后,可以大大提高磁铁的抗去磁能力。尤其对于突然短路、堵转和突然反转等运行条件,采用稀土钴是有利的。由于其去磁曲线是线性的,并且近似与回复直线重合,磁铁可不进行工作稳定性处理,大大提高了磁铁的利用程度,此外,由于其矫顽力特别高,磁铁长度可以缩到最短。这样不但减小了电机的体积和重量,还将对传统的磁路尺寸比例来一次变革。

目前,发展稀土钴永磁合金的主要问题是原材料价格贵、制造工艺复杂,因而成本高。目前只用于磁铁用量不大的小型电机中。如能在原料、工艺、成本等方面有所突破,则稀土永磁合金前途无量。

2. 永磁同步电动机的结构特点

永磁同步电动机的结构和无刷直流电动机的一样,转子由永久磁铁构成,采用多相的交流绕组,带有位置传感器,其结构如图6-4所示。作为交流的伺服电动机,在结构上有一些特殊地方。

1)转子

永磁同步电动机转子励磁磁场是由永久磁铁产生的。但它的磁场波形应尽可能是正弦形,而不是像无刷直流电动机那样,为尽可能地中间有足够宽度的平直的梯形磁场,根据交流电机理论,这样才能消除电动势、电流中的高次谐波,以得到平稳的由基波磁场与基波电流产生的转矩。为了达到这个目的,通常将磁极的表面做成某种特殊形状,构成不均匀气隙,以产生正弦形磁场。与普通的同步电动机不同,永磁交流同步电动机不需要起动绕组,因为它的起动是不成问题的。

2)绕组

永磁交流同步伺服电动机的电枢是在定子上,绕组为典型的交流绕组,一般都是做成三相的。为了得到好的电枢磁势波形,也必须采取一系列措施。例如,一般不采用整距绕组和集中绕组,而采用分布绕组,这样可以提高消除谐波的能力,使得电枢磁势接近于正弦形。

3)位置传感器

永磁同步电动机位置传感器的作用和无刷直流电动机中的位置传感器是一样的,就是要检测出转子磁场相对于定子绕组的位置。但是因为永磁同步电动机中电流是正弦形的,因此位置传感器的分辨率及精度比较高,通常采用光电编码器或旋转变压器。

6.7.3 永磁同步电动机驱动系统的速度控制方法介绍

与其它交流电机的驱动方法相同,PMSM 的主要控制策略有三类:变压变频控制(VVVF))、磁场定向矢量控制(VC)和直接转矩控制(DTC)。下面将对各控制方法的实现和特点进行简单说明。

1. VVVF 控制

VVVF 控制策略的控制变量为电机的外部变量,即电压和频率。控制系统将参考电压和频率输入到实现 VVVF 的变频器中,最后由变频器产生一个交变的正弦电压施加在电机的定子绕组上,使之运行在指定的电压和参考频率下。变频器所用的 PWM 调制方式可以有多种不同的实现方式,常用的是空间矢量调制(SVPWM)。

VVVF 控制方法无需从电机端部引入任何速度、位置或电压、电流反馈信号,属于开环控制。这种控制系统易于实现且价格低廉。由于系统中不引入速度、位置或其它任何反馈信号,因此即时捕捉电机状态,致使无法精确控制电磁转矩。又由于仅使用一个调节器实现对输入电压和磁链的调制,使电机的响应变慢。这种驱动系统仅适用于风机、水泵之类无需精确控制的场合。

2. 磁场定向矢量控制

目前,这种控制方法已经全面发展并在工业上被认为是较成熟的技术,且已有一些公司生产出采用不同控制方式和具有不同性能的 PMSM 矢量控制驱动系统投入市场进行工业应用。PMSM 矢量控制的基本思想是模仿直流电机的控制方式,即模仿其磁场定向过程。在 PMSM 系统中电机的电磁转矩与由永磁体产生的磁链和电流成正比,因此可通过控制电机在交轴上的电流来控制电机的电磁转矩,进而实现对速度的控制。为了模仿直流电机的磁场定向过程,矢量控制需要 PMSM 内部的转子磁链矢量空间角位置,并使用调制器合成一个电压空间矢量,进一步产生一个系统需要的磁链矢量。在 PMSM 矢量控制中,磁场定向是通过电子方式而不是通过类似于直流电机中的换相器或电刷得到的。

在矢量控制系统中,PMSM 转子空间位置信息通过编码器得到,矢量控制器产生如电压、电流以及频率的各种控制变量,并通过一个调制器反馈到 PMSM 中。因此,电磁转矩不是直接控制的,而是通过电流的控制而得到间接控制的。

矢量控制系统的优点是具有良好的转矩响应、精确的速度控制,零速时可实现全负载,进而可获得类似于直流电机的工作特性。为得到高性能的转矩和速度控制,转子空间位置反馈装置是必须的,这会提高系统造价,同时使简单的交流电机结构变复杂。同时调制器的使用也降低了系统响应速度。因此与直流电机驱动比较,这种控制方式虽电机结构简单但会使控制系统复杂。

3. 直接转矩控制

继高性能矢量控制之后,20 世纪 80 年代有学者提出直接转矩控制(DTC)。其想法是提出一个不通过定子电流的控制,而直接控制定子磁链和转矩的控制系统。这种控制方法的具体实现是根据转矩和磁链滞环控制器的输出信号以及定子磁链矢量的位置信号,从一个离线的最优开关表中选择合适电压空间矢量来控制逆变器中的电子开关的状态来完成。

在 PMSM DTC 系统中,控制变量是定子磁链和转矩,采用了定子磁场定向,因而无需转子位置的信息。但对 PMSM 来说,转子初始位置必须预知。DTC 驱动系统中,电机的转矩无需通过电流控制即可直接得到控制,因而系统的转矩响应非常快。

目前,越来越多的学者同时进行了矢量控制和 DTC 的研究,因此对于两者中哪个是更高性能的控制策略提出疑问。不同于矢量控制,DTC 无需任何电流的调节。定、转子坐标之间的变换和调节,DTC 是基于转矩和定子磁链给定值与实际值间的误差和定子磁链位置信号,通过选取合适的电压空间矢量实现的。在滞环控制器设置的滞环范围内,通过直接控制逆变器开关状态以减小电机转矩和磁链的误差是可能的,因此尽管 DTC 结构简单,同样有可能获得高的动、静态性能。此外,与矢量控制比较,DTC 对电机参数变化具有更好的鲁棒性。

6.8　基于DSP的永磁无刷电机控制

永磁无刷电机具有节能、低噪声、体积小和调速性能好等优点,但控制算法复杂、监控软件编写困难、硬件成本偏高等实际问题限制了其发展。为了解决这一矛盾,近几年国外一些大公司纷纷推出性能优越的DSP(数字信号处理器)单片电机控制器,如ADI公司的ADMC3xx系列、TI公司的MS320C24xx系列及Motorola公司的DSP56F8xx系列。它们都是将一个将DSP内核配以电机控制所需的外围功能电路集成在单一芯片内,使设计的硬件成本大大降低且体积缩小、使用便捷。DSP具有强大的运算能力,和普通的CPU相比,运算及处理能力增强了10倍～50倍,因此,在其控制策略中可以使用先进的实时算法,如卡尔曼滤波、自适应控制、模糊控制和神经元控制等,从而可以进一步提高系统的控制精度和实时性。DSP构成的永磁无刷电动机控制系统可满足多种场合的需求,将是永磁无刷电动机控制系统实现技术的发展方向。特别在电冰箱、洗衣机、空调等家用电器领域及工业变频控制领域,DSP控制器以其结构紧凑、使用便捷、可靠性高、功能强和成本低等优势而被广泛使用。

小　结

无刷直流电动机具有一般直流电动机的控制特性。它用电子开关电路及位置传感器代替了传统直流电动机中的电刷和换向器装置,是一种电子、电机一体化的现代高新技术产品。

位置传感器是无利直流电动机的重要部件。应了解它的结构特点及其作用,以及它对电机特性产生何种影响。无刷直流电动机具有与一般直流电动机类似的特性,但它的各种特性及电势、转矩系数计算式都与电枢绕组连接方式有关。使用时应根据实际要求,合理地选择电枢连接方式。

无刷直流电动机可以通过改变电源电压实现无级调速,但制动和反转的方法有其自身的特点。

永磁同步电机的结构简单、工作可靠,采用新型的永磁材料,可以使电机的体积和重量大为减小,转子不会过热,可以采用液体冷却。

思　考　题

(1) 将无刷直流电动机与永磁式同步电动机及直流电动机作比较,分析它们之间有哪些相同点和不同点。

（2）无刷直流电动机的实质是什么？

（4）转子位置传感器的作用如何？常用的转子位置传感器有哪些？各有什么特点？

（5）无刷直流电动机是多对极时,转子位置传感器应怎样设计？

（6）无刷直流电动机能否采用一个电枢绕组,为什么？

（7）无刷直流电动机能否用交流电源供电？

（8）如何使无刷直流电动机制动、反转和调速？

（9）无刷直流电动机的驱动和控制电路有哪些？各有什么优缺点？

（10）无位置传感器技术的基本思想是什么？

（11）如何判断一台同步电机是运行在发电机状态还是运行在电动机状态？

（12）同步电动机与异步电动机相比有什么特点？

第7章 磁滞电动机

在航空电机学范畴中讨论的异步电动机,通常都忽略了铁磁材料的磁滞现象所引起的转矩。实际上,对于用普通电工钢做铁芯的异步电动机,其磁滞转矩很小,约为异步转矩的 1%~2%,大部分情况下是可以忽略不计的。

如果制作转子的材料在定子磁场作用下,有着较宽的磁滞回线,那么磁滞转矩便不可忽略,而且可以成为电动机的运行转矩,这种电动机便称为磁滞电动机。

磁滞电动机从运行原理上可以归属于同步电动机一类,因而又叫磁滞式同步电动机。

磁滞电动机既可以工作于异步状态,也可以工作于同步状态。它的起动性能、调速性能、恒速性能好,可以用作伺服电动机,也可以用作陀螺马达。

7.1 磁滞电动机的结构和基本工作原理

7.1.1 磁滞电动机的结构

按照磁滞回线形状的不同,铁磁材料可分为软磁材料和硬磁材料两大类,磁滞回线窄、剩磁和矫顽力小的材料称为软磁材料,如铸铁、铸钢、硅钢片等,软磁材料的磁导率较高,可用来制造变压器及电机的铁芯;磁滞回线宽、剩磁和矫顽力大的材料称为硬磁材料,如铝镍钴铁的合金和稀土合金等。硬磁材料按实际应用不同,可分为永磁材料和磁滞材料两类。

磁滞电动机结构上的主要特点在于它的转子铁芯不是用软磁材料,而是用硬磁材料做成的,外表呈光滑圆柱形或圆片形。转子所用的硬磁材料一般有铁钴钒(Fe-Co-V)、铁钴钼(Fe-Co-Mo)合金等。这种硬磁材料具有比较宽的磁滞回环,也就是说,它的剩磁感应强度 B_r 及矫顽磁力 H_c 要比软磁材料大,如图 7-1 所示。图中,在下降支上,H 为 0 时对应的磁感应强度称为剩磁 B_r,使得材料的磁感应强度降为 0 所需的反向磁场强度称为矫顽磁力 H_c。

磁滞电动机所用的硬磁材料在加工时不进行磁化,而只在生产时进行材料磁滞回线的调整。在材料淬硬后加以适当回火,进行在磁性检验下的严格热处理,不能进行硬度试验。因而磁滞电动机的转子严禁受到强烈撞击。

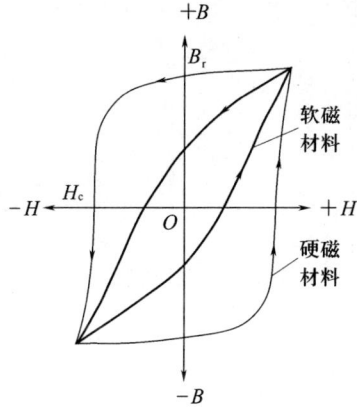

图7-1 铁磁材料的磁滞回环

磁滞电动机按定子、转子内外结构的不同,可分为内定子和外定子两种结构形式。

在自动驾驶仪中常使用外定子结构的磁滞电动机,其典型结构如图7-2所示。磁滞电动机的定子结构和绕组形式与一般的同步电动机和异步电动机相似,安置有三相绕组,供电后建立旋转磁场。为了使电机的气隙均匀,减少齿槽效应及齿谐波磁势的影响,同时也为了便于嵌放绕组,将定子槽口设置成向外的形式,绕组安放完成后在定子外面套上钢筒作为电机外壳,也作为磁轭,将定子槽口封闭起来,采用闭口槽结构;定子内腔光滑无槽,转子材料均匀,表面光滑,这种结构使电机气隙中的磁场分布特性较好。

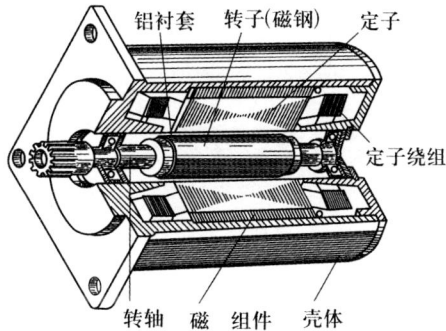

图7-2 磁滞电动机的结构

外定子结构磁滞电动机转子的典型结构如图7-3所示,由磁滞环、铝衬套、压圈、转轴等组成。为了节约硬磁材料,转子磁滞环做成一个空心圆筒,它是产生电磁力矩的部分,故又称为转子有效层。筒形磁钢的两端,压入螺环(又称铝衬套),与转轴一起压装成一个整体。由于转子结构简单,可以做得细而长,从而可以做成惯量小、动态特性好的伺服电动机。微型电机也可不用衬套,而直接将磁滞环套装在不锈钢轴上。

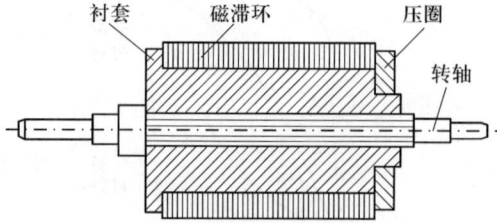

图 7 - 3　磁滞电动机的转子结构

如图 7 - 4 所示,磁滞陀螺电动机通常采用内定子结构,即定子在内,转子在外,像普通的三相异步陀螺马达一样,为了获得陀螺仪所需的较大的转动惯量,转子外面套有一个较重的套箍。

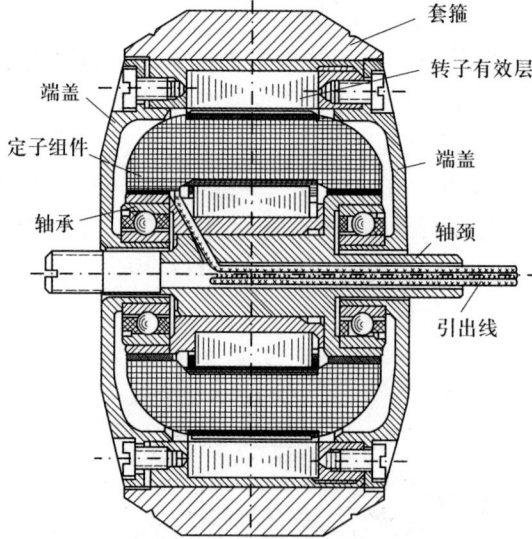

图 7 - 4　磁滞陀螺电动机的结构

7.1.2　磁滞电动机的基本工作原理

我们知道,如将铁磁材料放入外磁场中,则铁磁材料中的磁分子,就会在外磁场的作用下,沿一定的方向排列。铁磁材料就会显示出一定的磁性,即产生一定的磁极。

将铁磁材料做成的转子放入外磁场 N - S 中,则转子会被外磁场磁化。转子铁磁材料中的磁分子会按一定的方向排列。

由转子的结构可以看出,当定子通电后产生旋转磁场,这个旋转磁场会在电动

174

机中产生两种电磁转矩:涡流转矩和磁滞转矩。下面分别详述这两种转矩的形成机理。

涡流转矩:转子材料导磁也导电,电机的转速低于同步转速时,转子表层导电部分切割定子旋转磁场,产生涡流,形成涡流转矩,也可称为异步转矩,用 M_B 表示,此转矩在电机同步时消失。由于转子材料的导电性能比铜、铝等构成普通异步电机转子的材料差得很远,等效转子电阻很大,最大转矩对应的转差率 s_m 大于1,所以,从起步到同步,异步转矩随转速增加而减小,在起动时此转矩最大。反过来,由于涡流引起的起动电流也较小,使磁滞电动机允许长时间工作在起动阶段,甚至堵转状态。

磁滞转矩:在定子磁场的作用下,转子被磁化成一定的磁极。如果转子是用软磁材料做成的,则因软磁材料磁分子间的摩擦力很小,剩磁 B_r 及矫顽磁力 H_c 很小,可以忽略不计,认为它没有磁滞效应,磁化曲线的上升支与下降支重合,如图7-5(a)所示,那么,由于转子上磁分子排列的方向始终和外磁场轴线的方向保持一致,也就是说转子上所有的磁分子产生的合成磁场的轴线与外磁场轴线始终重合,转子表面的磁极表现为紧紧跟随定子的磁极位置,如图7-5(b)所示。

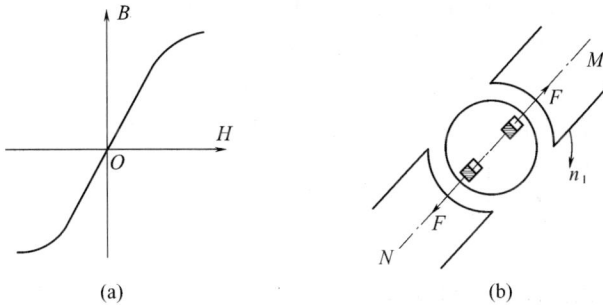

图7-5 软磁转子的磁化

由于转子的磁极表现与定子完全相同,轴线重合,仅仅极性相反,因此,转子与定子间只有径向吸引力(又叫径向磁拉力),对转子不能形成转矩,转子无法转动。

如果转子是用硬磁材料做成的,情况就不一样了。由于硬磁材料的磁分子之间的摩擦力很大,剩磁 B_r 及矫顽磁力 H_c 很大,硬磁材料的磁化曲线的上升支与下降支不重合,构成一条闭合的磁滞回线,其 $B=f(H)$ 曲线如图7-6(a)所示。对于磁滞电动机而言,一般希望转子材料的磁滞回线"胖"一些,即具有较大的 B_r 和 H_c,那么,当定子磁场"滑"过转子表面时,转子表面的磁极轴线,便会由于剩磁的原因,虽表现出与定子相反的极性,但轴线不再重合,而是要滞后于定子,如图7-6(b)所示。此时二者的磁拉力可分解为径向和切向两个分量,其中的径向分量不形成转矩,切向分量可形成转矩,带动转子沿着定子磁场转动的方向旋转。这个转

175

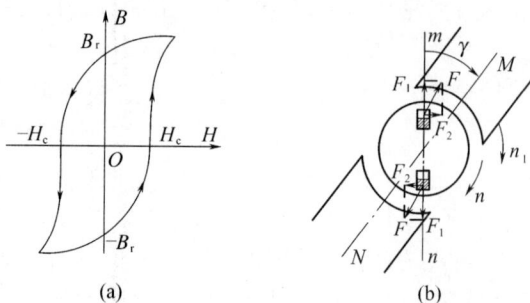

图7-6 硬磁材料的磁化及磁滞转矩

矩是由磁滞作用产生的,因而称为磁滞转矩,用 M_Z 表示。

磁滞转矩的大小一方面决定于定子磁场的强度,另一方面也决定于转子材料的磁滞特性,从图7-6(b)上看,转子磁极轴线落后于定子磁极轴线一个角度 γ 是产生磁滞转矩的根本原因。简单地,可以给出磁滞转矩的一般公式,即

$$M_Z = K \cdot \sin\gamma$$

由上式可以看出,滞后角 γ 越大,转矩越大,γ 角的最大值一般小于 $90°$,γ 角是由磁滞原因而产生的,磁滞转矩使电动机工作,故称为磁滞电动机。

可见,磁滞电动机不但在同步状态下运行时能产生转矩,而且在异步状态运行时,也能产生转矩,因而它既可在同步状态下运行,又可在异步状态下运行。当负载阻转力矩小于磁滞转矩,电机在同步状态下运行;当负载阻转力矩大于磁滞转矩,电机在异步状态下运行。但磁滞电动机在异步状态下运行的情况极小,这是因为在异步状态下运行时,转子铁芯被交变磁化,会产生较大的磁滞损耗和涡流损耗。这些损耗随转差率的增大而增大,在起动时为最大,只有当转速等于同步转速时才等于0。所以磁滞电动机在异步状态下运行,尤其是在低速运行时是很不经济的。

7.1.3 磁滞角与磁滞转矩

公式 $M_Z = K \cdot \sin\gamma$ 只是给出了磁滞转矩与磁滞角之间简单的比例关系,下面详细研究一下哪些因素会影响磁滞电动机的磁滞转矩。

1. 磁滞角与磁性材料性质的关系

1)通以正弦交流电时的磁滞角

为了说明磁滞角的产生,我们先用一个通以正弦交流电的闭合铁芯回路为例,找出 B 与 H 的关系。如图7-7所示,外电路电压为正弦变化时,回路的磁感应强度随时间按正弦规律变化。

(1)软磁材料的磁滞角。一般软磁材料的磁化曲线如图7-5(a)所示,有饱和特性。当磁场强度不大时,$B = \mu H$ 关系近似成立。如果图7-7中的铁芯应用软

176

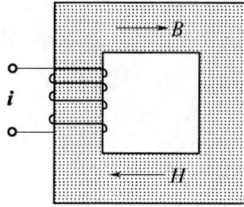

图 7-7　交变磁化磁滞角的产生

磁材料,那么,B 为正弦变化时,H 也为正弦变化,二者时间上同相位,如图 7-8 所示;特殊地,B 很大时,出现饱和,H 出现"尖顶波"(如同在《航空电机学》"航空变压器"一篇学过的那样),但其基波分量仍与 B 同相,此时,磁滞角的电角度为 0°。

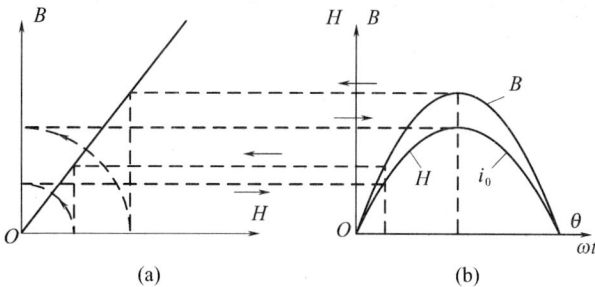

图 7-8　软磁材料的磁化

(2) 硬磁材料的磁滞角。当图 7-7 中的铁芯应用硬磁材料时,相应的磁化曲线如图 7-9(a)所示,为一磁滞回线。按照逐点描绘的方法,可以求出当外电压为正弦,要求 B 为正弦时对应的 H 曲线及其基波分量 H_1 的曲线,如图 7-9(b)所示。

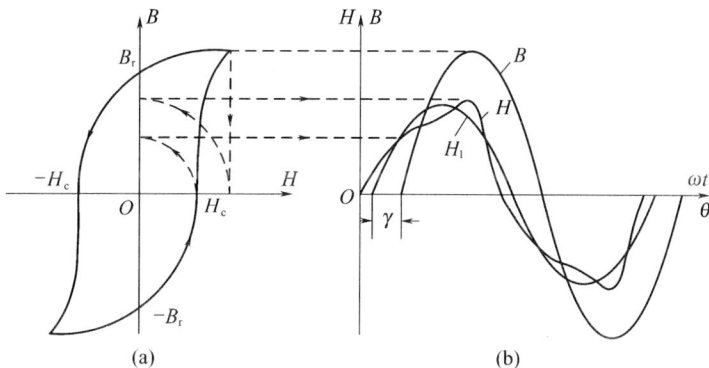

图 7-9　硬磁材料的磁化与磁滞角

可以看出，线圈中电压与电流波形的不一致，除了因为饱和以外，还多了一个磁滞的因素。H 的基波 H_1 超前于 B 一个 γ 角度，特殊地，当材料具有矩形的磁滞回线时，γ 角可以达到 $90°$，而使铁芯线圈丧失电感。一般构成磁滞电动机的材料，其磁滞角多在 $20° \sim 25°$ 之间，它们有着比普通电工钢"胖"得多的磁滞回线，也即有较大的 H_c 和 B_r，有较高的磁能积。

对于一定的磁性材料，在不同的磁化强度下，有不同的"磁化—去磁"循环，一般地，激磁越强，回线的面积越大，每周期吸收的磁滞功率越多。磁滞角的大小与所通交流电的频率无关，而只与材料的性质有关。

2）磁滞电动机中的磁滞角

磁滞电动机的转子本来是光滑无极的，它可以被定子磁场磁化成任意多极。为了说明问题，不妨设转子是由很多个小的"凸"极组成，如图 7－10 所示。图 7－10(a) 为定子刚通电时，磁化了本极下的三个元件，图 7－10(b) 为定子磁场转过一个角度后，又磁化本极下的 3 个元件，而图中的 8 号元件和 4 号元件尚未退磁(磁滞作用)，这样转子与定子形成切向磁拉力，产生磁滞转矩。图 7－10(c)、图 7－10(d) 说明对某一小"凸"极来说，定子磁场"滑"过转子表面时，相当于图 7－10 中通的是交流电，小"凸"极被反复"磁化—去磁"。逆定子磁场转向，与定子磁场异名的最后一个小"凸"极的位置，决定了磁滞转矩的大小，它也代表了转子磁极轴线滞后定子磁极轴线的角度，即磁滞电动机的磁滞角。

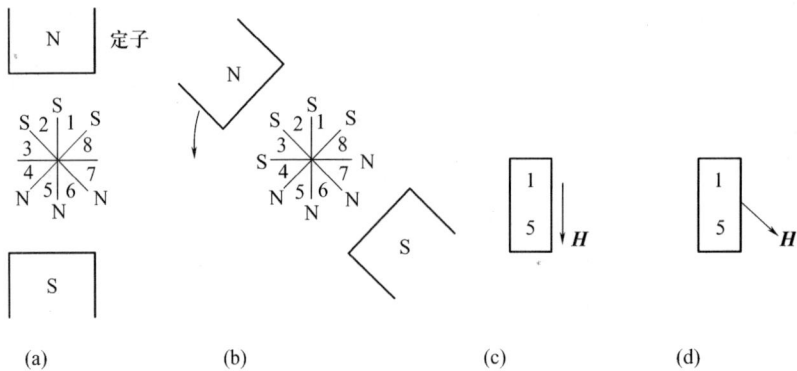

图 7－10　旋转磁化与磁滞

(a) 初态；(b) 定子磁场转动；(c) 初始磁化；(d) 旋转磁化。

在宏观上，图中的 H 相当于定子的磁场分布或磁势分布，而各元件的 B 集合起来，相当于转子表面的磁场分布或磁势分布。对于图 7－10(c)、图 7－10(d) 而言，旋转磁化所形成的磁滞角(时间电角度)就相当于定、转子磁场的基波分布所差的空间电角度。因而，在转子不断受到定子磁场的旋转磁化时，磁滞电动机的磁滞角是转子磁场与定子磁场的基波之间的轴线夹角。同交变磁化一样，旋转磁化时磁滞角的大小,与旋转速度无关,即与转子转速无关,它决定于转子所用的硬磁材料的性质。

2. 磁滞角与磁滞转矩之间的关系

当电动机工作于异步状态时,定子和转子之间的磁滞角 γ,也是定子磁极轴线与转子磁极轴线的夹角。定子的磁极轴线既是定子的 B_s、H_s,也是定子磁势 F_s 的轴线,转子的磁极轴线同样也是转子的 B_r、H_r 和转子等效磁势 F_r 的轴线(此处下标"s"表示定子,"r"表示转子),即定子的 F_s 和转子的 F_r 的夹角为 γ。根据坡印亭矢量法,由电机气隙磁场储能求转矩的方法,可得光滑对称转子磁滞电动机的磁滞转矩为

$$M_Z = \frac{\mu_0 \pi p r l}{\delta} F_s \cdot F_r \cdot \sin\gamma$$

式中:μ_0 为真空磁导率($4\pi \times 10^{-7} H/m$);p 为电机极对数;r 为转子半径;l 为电机轴向有效长度;δ 为电机气隙高度;F_s 为定子磁势幅值;F_r 为转子折算磁势幅值。

该公式中,找不到磁滞转矩与频率的关系,实际上,磁滞电动机在异步运行时,磁滞转矩与转子转速的确无关,仅与定子磁场有关,即与外电压大小有关。

7.2 磁滞电动机的运行特性

像其它所有的电动机一样,磁滞电动机最重要的运行特性是机械特性,也即是转矩与转速之间的关系。

7.2.1 磁滞转矩与转速的关系

当三相定子绕组中通以三相正弦交流电时,电机中就产生了旋转磁场。

设 $H \geqslant H_m$,转子不动,旋转磁场以转速 n_1 在空间按顺时针方向旋转,使转子磁性材料反复磁化(图 7 - 6)。当转子磁性材料反复磁化时,电机中转子磁通密度的基波 B 始终在空间滞后于定子磁场强度 H 的基波 H_1 一个最大磁滞角 γ_{max}。

由于磁滞角 γ 最大,电机产生的磁滞转矩最大,称为最大磁滞转矩 M_{Zmax}。

如电机轴上的阻转力矩小于最大磁滞转矩,则转子开始转动。多余的磁滞转矩,使转子的转速逐渐升高。当转子的转速 n 还未和旋转磁场的转速 n_1 相等时,转子仍然被反复磁化,其磁滞角 γ 仍然为最大磁滞角 γ_{max}。由于磁滞角仍然保持为最大磁滞角 γ_{max},磁滞转矩仍然保持为最大磁滞转矩。

所以,在转子转速 n 还未和旋转磁场的转速 n_1 相等前,即电机由起动($s = 1$,$n = 0$)到进入同步($s = 0$,$n = n_1$)前,电机的磁滞转矩始终保持不变,其数值等于由最大磁滞角 γ_{max} 所决定的最大磁滞转矩,如图 7 - 11 所示。

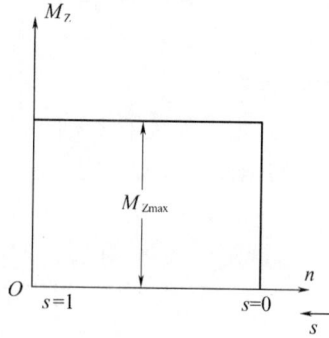

图 7-11 磁滞转矩与转速的关系

当转子转速 n 上升到和旋转磁场的转速 n_1 相等(即进入同步)的最初瞬间,由于磁滞转矩仍然大于电机轴上的负载阻转矩,电机的转速将继续上升,转子的转速将瞬时地高于旋转磁场的转速。

当转子的转速高于旋转磁场的转速时,转子上的磁化过程改变了。下面来考察当转子转速高于旋转磁场的转速时转子的磁化过程。

当转子的转速等于旋转磁场的转速时,旋转磁场和转子间没有相对运动,即二者相对静止。设旋转磁场的磁场强度 H 的基波 H_1 在空间按正弦规律分布,如图 7-12(a)中曲线 1 所示。当转子转速高于旋转磁场的转速时,相当于转子不动,旋转磁场以转速 n_1-n 在空间沿反时针方向转动。由图 7-12(a)可见,当旋转磁场由"1"的位置转到"2"的位置时,转子上对应 (a,b) 区域上的各点磁场强度是逐渐减小的,(a,b) 区域为退磁区,(a,b) 区域内各点将沿局部磁滞回线退磁(见图 7-12(b))。而 (b,c) 区域的各点加在转子上的磁场强度是逐渐增加的,(b,c) 区域为磁化区,(b,c) 区域内各点将沿局部磁滞回线磁化(图 7-12(b))。同样,(c,d) 区域内加在转子上各点的磁场强度也逐渐减小,(c,d) 区域内各点将沿局部磁滞回线退磁。(d,a) 区域内加在转子上各点的磁场强度逐渐增加,(d,a) 区域内

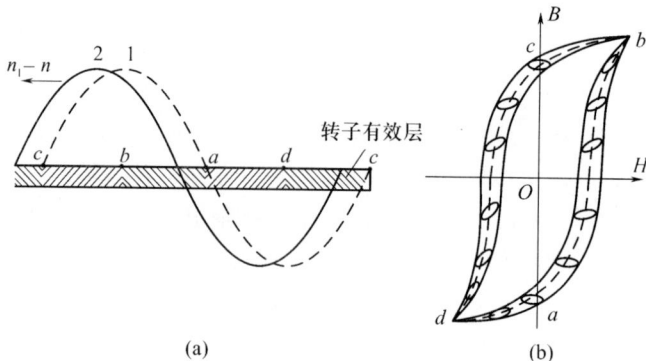

(a)   (b)

图 7-12 转子转速高于同步转速时转子的磁化情况

180

各点将沿局部磁滞回线磁化,如图7-12(b)所示。因而使磁滞回线的面积减小,磁滞角 γ 减小,转子的转速降低。

由以上分析可见:当转子转速低于同步转速时,转子的磁滞回线的面积最大,磁滞转矩最大,大于负载阻转矩,电机的转速升高;当转子转速高于同步转速时,磁滞回线的面积减小,磁滞角减小,磁滞转矩减小,电机的转速降低。

因而,当转子的转速低于同步转速时,磁滞转矩大于负载转矩,电机的转速升高,使转子加速到同步转速;当转子加速到同步转速时,如果磁滞转矩仍然大于负载转矩,则转子的转速将瞬时地高于同步转速,磁滞角 γ 将自动减小,使磁滞转矩减小,转子转速升高的速度减慢。当磁滞转矩还未减小到和负载转矩相等时,由于转子的转速仍然高于同步转速,转子继续去磁,磁滞回线面积继续减小,磁滞角 γ 继续减小,使磁滞转矩继续减小,转子转速升高得越来越少……直到磁滞转矩等于负载转矩,电机转速不再升高。但是由于这时转子转速高于同步转速,电机不能在这个工作点稳定运行,转子仍然被去磁,磁滞回线面积仍然减小,磁滞转矩仍然继续减小,由于磁滞转矩小于负载转矩,电机转子开始减速,当电机的转速还未减小到和同步转速相等时,上述过程继续进行,只是随着转子转速的不断降低,转速减小得越来越少,直到转子的转速等于同步转速,转子不再被反方向磁化。然而,因为此时磁滞转矩小于负载转矩,转子的转速还要继续降低,转子的转速低于同步转速,这时转子被磁化,磁滞回线面积增大,磁滞角 γ 增大,磁滞转矩增大,转子转速降低的速度减慢,当磁滞转矩还未增加到和负载转矩相等时,由于转子的转速低于同步转速,转子仍被磁化,磁滞回线面积继续增大,磁滞角 γ 继续增大,磁滞转矩继续增大,转子转速减小得越来越少,直到磁滞转矩等于负载转矩。但是。这时转子的转速小于旋转磁场的转速。转子将被继续磁化,磁滞回线面积仍将继续增大,磁滞角 γ 继续增大,磁滞转矩增大并大于负载转矩,电机转速开始回升,这个过程一直进行到转子的转速等于旋转磁场的转速。因为此时的磁滞转矩大于负载转矩,转子转速要继续增大……经过几次振荡,最后磁滞转矩等于负载转矩,转速等于同步转速,转子不再被反复磁化,磁滞回线面积不再变化,磁滞角 γ 为常数,电机以同步转速稳定运行。实际上由于轴上的摩擦、风阻等阻尼作用,上述振荡过程衰减得会更快。

所以,当负载转矩小于最大磁滞转矩时,如只考虑电机的磁滞转矩,则只有当转子的转速等于同步转速 n_1、磁滞转矩等于负载阻转矩时,电机才能稳定地运转。当电机同步运转时,磁滞角 γ 的大小,由负载阻转矩的大小决定。当负载阻转矩变化时,随即使磁滞角自动地发生相应的变化,使磁滞转矩始终与负载阻转矩相等。负载阻转矩的变化,并不影响电机的稳定工作转速。电机的稳定工作转速,始终等于旋转磁场的转速。

由以上分析可知,当转子的转速从零变化到同步转速前,不管转子的转速有多高,定子旋转磁场始终使转子按最大磁滞回线进行磁化,转子的磁滞角都等于最大磁滞角 γ_{max},因此产生的磁滞转矩与转速无关。即在异步状态下运行时,磁滞转矩始终为最大,其机械特性是一条平行于横轴的直线,如图 7 – 11 所示。当电机进入同步转速运行时,转子和旋转磁场间没有相对运动,转子不再被反复磁化,而是被恒定磁化,转子磁场和定子磁场轴线间的夹角,即磁滞角不是固定不变的,而是随负载的大小而变。当负载减小时,电机要瞬时加速,定子、转子两磁场夹角减小,电机磁滞转矩减小,以平衡负载转矩;当负载增加时,电机要瞬时减速,定子、转子两磁场间夹角增大,磁滞转矩增大,以平衡负载转矩,在同步转速下稳定运行。总之,在同步转速下稳定运行时,磁滞电动机的磁滞转矩是可变化的,如图 7 – 11 所示。

7.2.2 涡流转矩与转速的关系

当磁滞电动机的转子转速低于旋转磁场的转速时,旋转磁场切割转子导体,在转子中产生涡流,转子电流与旋转磁场相互作用,产生涡流转矩。这种转矩只有在转子的转速不同于旋转磁场的转速时才会产生,所以又称为异步转矩。由于转子磁钢的电阻很大,和杯形转子异步电动机相似,涡流转矩与转差 s 的关系可以认为是一条直线。当 $s=1$($n=0$,即起动时)时涡流转矩最大,而当 $s=0$($n=n_1$,即同步时)时涡流转矩为零。涡流转矩 M_B 与转差 s(或转速 n)的关系曲线如图 7 – 13 所示。

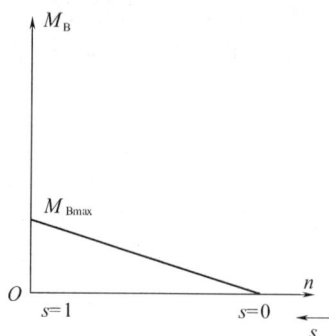

图 7 – 13 涡流转矩与转速的关系

7.2.3 磁滞电动机的机械特性

如上节所述,磁滞电动机在异步状态运行时,有两个转矩:涡流转矩和磁滞转矩。在转子转速低于同步转速时,磁滞转矩 M_Z 为常数,其机械特性是一条与横轴平行的直线,如图 7 – 14(a)所示;而涡流转矩或异步转矩随转子转速的上升而下降,当转子以同步转速旋转时,涡流转矩为 0,其机械特性如图 7 – 14(b)所示。考虑了磁滞转矩 M_Z 和涡流转矩 M_B 以后,磁滞电动机的总转矩为

$$M = M_Z + M_B$$

将磁滞转矩与涡流转矩相加,即可得到实际的磁滞电动机的总转矩与转差率之间的关系曲线,总的机械特性如图 7 - 14(c)所示。从图中可以看出,磁滞电动机不但在同步状态运行时能产生转矩,而且在异步状态运行时也能产生转矩;在起动时,转矩最大,因而能迅速起动;当负载阻转矩小于 M_Z 时(如图 7 - 14(c)中的负载阻转矩 M_{L1}),电机在同步状态下运行(如运行在特性上 a 点);当负载阻转矩大于 M_Z 时(如图 7 - 14(c)中的负载阻转矩 M_{L2}),电机在异步状态下运行(如运行在特性上 b 点);转子电阻较大,能防止"自转";转矩和转速可以在较大范围内均匀调节。

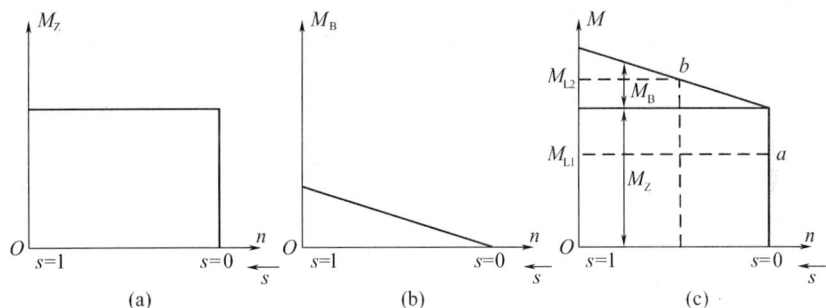

图 7 - 14　磁滞电动机的机械特性

由于磁滞电动机的转子有效层导电性较差,因而通常涡流转矩相对于磁滞转矩几乎可以忽略不计。由图 7 - 14(c)可知,磁滞转矩必须大于或等于负载转矩,电动机方可正常运行。磁滞转矩的大小可由改变定子的激磁电压来调节,从而可以使磁滞电动机在同步转速下拖动不同的负载转矩;在一定的负载转矩下,可以运行于不同的转速。如自动驾驶仪舵机中使用的磁滞电动机,便是依靠调节电源电压,并通过测速反馈来调节转速的,需要舵面快速移动时,电动机工作于同步转速,而只需舵面缓慢调节时,电动机便工作于异步状态。

从前面的分析可知,磁滞电动机无论工作于同步或异步状态,定子与转子的磁势轴线夹角 γ 最大不会超过最大磁滞角 γ_m,目前,γ_m 的大小一般不超过 $25°$,即磁滞角较小。从图 7 - 10 还可以看出,定子磁势 F_s 与转子磁势 F_r 的矢量夹角为 $(180° - \gamma)$,换算成一般同步机中激磁磁势 F_0 与电枢磁势 F_a 的夹角 $(90° + \psi)$,γ 较小对应的 ψ 较大,$\cos\psi$ 较小,外在表现就是磁滞电动机的功率因数极低。提高转子材料的最大磁滞角是很困难的。

另一方面,由于磁滞电动机的转子由硬磁材料构成,导磁性能比普通电机使用的电工纯铁或硅钢要差得多,增加了电机磁路的总磁阻,想在电机气隙中建立同样大小的磁通需要更多的激磁电流,造成电机的效率低下。如德国西门子公司生产的一种质量为 60g 的磁滞电动机,输入功率为 2W,输出仅 4mW,只有 2‰的效率。

低效率和低功率因数的缺点掩盖不了磁滞电动机在诸如运行平稳、整步时无跳动(一般反应式同步电动机在拉入同步时会有短时振荡)、比功率(dP/dt)大等方面的优点,因而得以广泛应用。

7.3 磁滞电动机的技术发展

磁滞电动机从结构和工作原理上看,具有以下优点:

（1）能自行起动,运行平稳。能稳定地运行在异步或同步工作状态下。

（2）负载变化时,电流变化不大。由于电机电流以无功分量为主,负载的全范围变化一般只会引起输入电流20%～30%的变化。

（3）转子光滑对称无显极,可以适应变极对数的调速结构,也可称为多同步性。

（4）极数仅受定子限制,可通过增加定子极数来降低电动机的同步转速。

（5）由于转子结构的特殊性,在需要大的转动惯量的场合,如陀螺中使用的磁滞电动机,还可以做成外转子形式。

（6）完成同样功能、同样容量,相比其它需要辅助起动的同步电动机,磁滞电动机通常有着较小的体积。

磁滞电动机在相数上,有单相、两相和三相多种;转速范围可以覆盖$\frac{1}{300}$r/min～24000r/min;输出功率从几毫瓦到250W以上;结构上有内转子也有外转子,实心转子和叠片转子,对称圆环截面转子和非圆截面转子。采用非圆转子,还可以缩短有效长度,增大转矩,减少材料消耗,但加大了加工难度,牺牲了部分运行平稳性。

在材料方面,不断探索新的工艺,努力寻求一种大磁滞角,价格便宜,易于加工的硬磁材料。一些常用的磁滞电动机转子材料的技术数据见表7-1。

表7-1 几种常见磁滞电动机转子材料的技术数据

材 料	成 分	剩磁 B_r /T	矫顽磁力 H_c /(A/m)	磁能积 $(BH)_{max}$ /(J/m²)
钴 钢	10% Co	0.84	9000	4000
	15% Co	0.87	13000	5200
	35% Co	0.95	18000	7200
轴承钢	7.5% Cr,1% C	0.7～0.9	5500	2000
铝镍合金	9% Al,17% Ni,74% Fe	0.9	7000～9000	4000
Vicalloy 合金	52% Co,5% V,38.5% Fe	1.1～1.6	18000～50000	5000～12000

一般总希望转子材料的磁能积大一些,磁滞回线的面积大一些,进而增加每个磁经循环吸收的磁滞功率,提高电动机的输出转矩。但在定子磁场的大小设计受限制时,尤其在较弱的定子磁场下,低能积的转子材料由于易于接近饱和,反而较高能积的材料输出的转矩大。

小　结

硬磁材料按实际应用不同,可分为永磁材料和磁滞材料两类。用磁滞材料做转子的交流电动机,在一定的旋转磁场作用下,转子磁滞材料被磁化并产生转矩而输出机械能,这就是磁滞电动机。

1. 结构和工作原理

1）结构

磁滞电动机结构上的主要特点是它的转子铁芯不是用软磁材料,而是用硬磁材料做成的。定子结构和绕组形式与一般的同步电动机和异步电动机相似,供电后建立旋转磁场。

磁滞电动机按定、转子内外结构的不同,可分为内定子和外定子两种结构形式。

2）基本工作原理

当定子通电后产生旋转磁场,这个旋转磁场会在电机中产生两种电磁转矩:涡流转矩和磁滞转矩。

(1) 涡流转矩。电机的转速低于同步转速时,转子表层导电部分切割定子旋转磁场,产生涡流,形成涡流转矩,也可称为异步转矩,此转矩在电机同步时消失。

(2) 磁滞转矩。由于硬磁材料的磁滞回线较宽,当定子磁场"滑"过转子表面时,转子被磁化,转子与定子之间的磁拉力可分解为径向和切向两个分量,其中的切向分量形成磁滞转矩。

因此,磁滞电动机不但在同步状态下运行时能产生转矩,而且在异步状态运行时,也能产生转矩,因而它既可在同步状态下运行,又可在异步状态下运行。

3）磁滞角与磁滞转矩

磁滞电动机的磁滞角是转子磁场与定子磁场的基波之间的轴线夹角,它与转子转速和所通交流电的频率无关,而只决定于转子所用的硬磁材料的性质。

光滑对称转子磁滞电动机的磁滞转矩为

$$M_Z = \frac{\mu_0 \pi prl}{\delta} F_s \cdot F_r \cdot \sin\gamma$$

2. 磁滞电动机的运行特性

1）磁滞转矩与转速的关系

当转子的转速从零变化到同步转速前,即在异步状态下运行时,产生的磁滞转矩与转速无关,其机械特性是一条平行于横轴的直线;当电机进入同步转速运行时,磁滞电动机的磁滞转矩是可变化的。

2）涡流转矩与转速的关系

和杯形转子异步电动机相似,涡流转矩与转差 s 的关系可以认为是一条直线。起动时,涡流转矩最大;同步时涡流转矩为零。

3）磁滞电动机的机械特性

将磁滞转矩与涡流转矩相加,即可得到磁滞电动机总的机械特性。

磁滞电动机不但在同步状态下运行时能产生转矩,而且在异步状态运行时,也能产生转矩,因而它既可在同步状态下运行,又可在异步状态下运行。当负载阻转力矩小于磁滞转矩,电机在同步状态下运行;当负载阻转力矩大于磁滞转矩,电机在异步状态下运行。但在异步状态下运行时,转子铁芯被交变磁化,会产生较大的磁滞损耗和涡流损耗。

思 考 题

（1）磁滞电动机有什么优缺点?

（2）如何理解磁滞电动机的磁滞转矩产生与磁滞角的关系?

（3）磁滞电动机在运行过程中,能产生哪几种转矩? 分别是如何产生的?

（4）如何调节磁滞电动机的转速与转矩?

（5）磁滞电动机能否在大于同步转速状态下长期运行? 为什么?

第8章　步进电动机

变磁阻电机(Variable-Reluctance Machine,VRM)是由装有激磁绕组的定子和具有凸极的转子构成,其转子上没有任何绕组。变磁阻电机运行的一般原理:利用转子凸极轴线总是趋向于与定子所产生的磁通轴线对齐,最终确保在给定定子激磁的条件下获得最大的定子磁链。正是这一"对齐"趋势,才使得变磁阻电机产生有效的电磁转矩。根据这一原理,广义上讲,变磁阻电机主要涉及三种类型电机:步进电动机、开关磁阻电机和磁阻式同步电动机。本章仅介绍步进电动机,开关磁阻电机在第9章中介绍。

步进电动机(Stepped-Motor)作为一种将电的脉冲信号转换成相应的角位移或线位移的变磁阻增量控制电机,随着现代数字控制技术的发展,在自动控制系统和数字控制系统中,越来越多地被用作执行元件。步进电动机每接受一个电信号,就移动一步,可以正转、反转,自行起动,定位精度高,受电源变化影响小。因而,步进电动机作为控制元件,可以应用简单的开环控制方式实现复杂的功能。正因为其运动形式是步进的,故称为步进电动机。同时,由于步进电动机的控制信号是脉冲电信号,因此又称为脉冲电动机。

步进电动机的结构简单,寿命较长,反应速度较快,调速范围很宽。传统上,依靠同位器或旋转变压器进行位置反馈的方法可以达到 $10\mu m \sim 30\mu m$ 的控制精度,即使依靠感应同步器进行位置反馈,一般也只能达到 $5\mu m$ 的精度;而由步进电动机构成的开环控制系统,定位精度目前已经接近 $0.1\mu m$ 的水平。随着步进电动机技术的发展,电动机控制功率的增加和辅助控制器的改进,如细分驱动、智能调速等,使得步进电动机不仅可以在小型的伺服系统方面取代直流或交流伺服机,而且可以摆脱液压扭矩放大器,直接取代大型的伺服系统中使用的直流伺服机或感应电动机,进入各种精度、各种规模的伺服控制领域。

步进电动机按其工作原理和结构形式,主要可分为反应式、永磁式和感应子式三种。此外,还有机械谐波传动式、章动传动式、机械定位式和电磁谐波定位式等多种。按运动方式,又可分为旋转、直线和平面几种。

步进电动机的转矩从 $10^{-5}N \cdot m$ 级到 $N \cdot m$ 级,功率大的可达几千瓦。其中,反应式步进电动机应用较多,结构相对简单,原理上也极具代表性,本章着重加以介绍。此外,由于步进电动机的工作特性与辅助控制器休戚相关,因而对辅助控制器也加以简单说明。

8.1 反应式步进电动机的结构特点和工作原理

8.1.1 步进电动机的结构特点

反应式步进电动机又称为变磁阻式步进电动机,有单段式和多段式之分。图 8-1 所示为一台三相六极反应式步进电动机的原理结构图。定子铁芯由硅钢片叠成,定子上有六个磁极,每个磁极上均装有集中绕组作为控制绕组,相对的定子磁极绕组串联构成一相绕组,由专门的驱动电源供电,典型的供电电路如图 8-2 所示;转子铁芯是由软磁材料做成的齿槽结构,转子上四个均匀分布的齿构成四个凸极,齿上不装设任何转子绕组,齿宽等于定子的极靴宽。

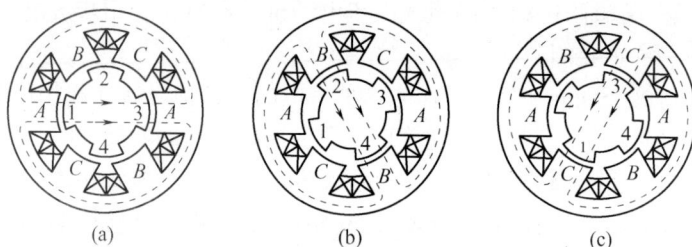

图 8-1 三相反应式步进电动机的原理结构图

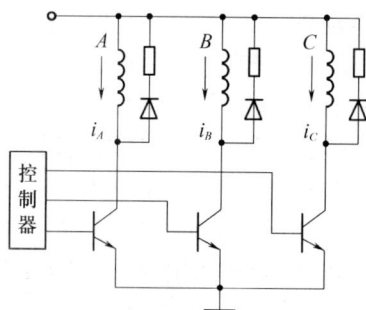

图 8-2 三相反应式步进电动机的典型供电电路

图 8-3 所示为三相三段步进电动机剖面图。对于多段反应式步进电动机,其定子、转子铁芯沿着轴向被分成几段,各段磁路独立。每段铁芯沿圆周方向开有数量、形状相同的齿槽,并且各段定子(或转子)铁芯沿圆周方向依次错开 $1/m$ 齿距。每一段都有激磁绕组,组成单独一相,m 段则组成 m 相步进电动机。因此,多段反应式步进电动机又称为轴向分相式步进电动机。

多段反应式步进电动机制造方便,步距角较小,故起动和运行频率较高。其缺点是铁芯错位工艺复杂,精度不易保证,且消耗功率较大,断电时没有定位转矩。

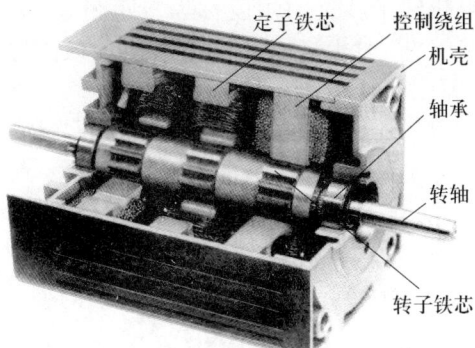

图 8 - 3　三相三段步进电动机剖面图

8.1.2　步进电动机的工作原理

步进电动机的作用原理其实就是电磁铁的原理。

如图 8 - 1(a)所示,当只有 A 相绕组通电时,A 相磁场把转子的 1、3 齿吸到 A 相极下,使 1、3 齿与定子 A 相绕组轴线重合,此时电机如果受到任何正向或反向的扰动,使转子离开图中所示的位置,都会因磁取向力(磁力线总是力图通过磁阻最小的路径,产生磁取向力)的作用回到原处,所以,步进电动机有制动性,或者说有复原力。图中所示的位置也称为平衡位置。

当 B 相绕组通电而 A 相绕组断电时,2、4 齿受到 B 相磁场的吸力,电机转子逆时针转过 30°角,如图 8 - 1(b)所示。

同样,C 相绕组通电而 B 相绕组断电时,3、1 齿受到 C 相磁场的吸力,电机转子逆时针又转过 30°角,如图 8 - 1(c)所示。下一次通电 A 相磁场又使电机转子逆时针转过 30°角,如此 A—B—C—A…按顺序连续改变通电相,使得电机得以不停转动,每次改变,电机转子转过的角度均为 30°,通常,这称为一步。可见,转子的运动并非连续均匀地变化,而是一步一步地变化的,在一定频率连续脉冲供电时,可得到恒定的转速。

步进电动机的转速与单位时间内定子绕组通电相改变的快慢有关,如果定子绕组通电相的改变受控于一个脉冲信号,那么转子转动的速度正比于脉冲的频率,转子转过的角度正比于脉冲的个数;转子的转向,从图 8 - 1 中可以看出,取决于定子三相绕组通电的相序,即 A—B—C—A…为逆转,A—C—B—A…为正转,控制相序即可控制电机正转或反转;不论转子处于什么起始位置,定子加电后,最多在第二个脉冲到来时,转子便会开始转动,因而说步进电动机有着很好的自起动性。

通常,定子绕组的通电次序,受控于一个称为环形分配器的电子装置,如图 8 - 4所示。每个输入脉冲都使定子绕组的通电情况发生一次改变,这又称为

189

"一拍"。每一拍使电机转子转过的角度称为步距角 θ_b，如图 8 – 1 中所示的步进电动机，步距角为 30°，一般步进电动机的步距角都比较小，以获得运行时的平稳性。

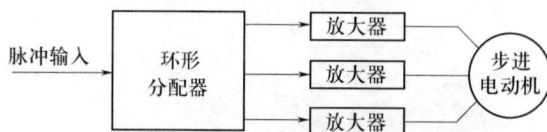

图 8 – 4　步进电动机控制方框图

图 8 – 1 中，电机定子有三相绕组，每次只有一相通电，每三拍一个通电循环，这称为"三相单三拍"运行，其中"单"即指任何时刻只有一相绕组通电，"三拍"意味着一个周期内通电状态共改变三次。实际上，供电方式也影响步进电动机的步距角，除了这种通电方式外，还可有"三相双三拍"（通电顺序为"AB—BC—CA—AB…"，"双"指任何时刻均有两相定子绕组通电）和"三相单、双六拍"（通电顺序为"A—AB—B—BC—C—CA—A…"）的通电方式。"三相单、双六拍"又称为"三相六拍"，单相、两相定子绕组轮流通电，每六拍一个循环，这种通电方式可使电动机的步距角缩小一倍，步距更小，运行会更平稳，定位会更精确，原理如图 8 – 5 所示。从 A 相绕组通电到 A、B 相绕组同时通电的一拍，定子合成磁场的磁极轴线从 A 极移动到 AB 的中间，仅移动 30°，（原来在"单三拍"方式中，这一拍要从 A 极移动到 B 极，移动 60°），定子磁场的取向作用，使转子逆时针转过 15°，剩下的 15°由第二拍来完成，相当于用两步走完原来一步的角程，取得较小的步距角。其它各拍的分析不再赘述。

由上述可见，"三相六拍"方式与"三相三拍"方式有不同的步距角，二者相差一倍，这原则一般也适用于其它相数的电动机，因而在步进电动机给定步距角特性时通常写成 30°/15°，1.8°/0.9°等来说明不同通电方式下的步距角。

"三相双三拍"运行，从本质上看与"三相单三拍"运行没有什么区别，仅在于双三拍运行可以在相同的定子允许电流下，在电动机气隙中形成更大的磁场，对转子产生更大的吸力，从而提高步进电动机的运行转矩。关于步进电动机的多相运行问题，后面还要详细说明。

以上介绍的步进电动机只是一种模型，其明显的不足是步距角太大。在现代数字控制系统中，上述大步距角电动机仅用于大功率条件下使用，在精密控制伺服系统中使用的步进电动机一般要求很小的步距角，以减小传动间隙的影响，增加系统的平滑性。一般步进电动机可以做到 0.36°或更小。

怎样才能使步进电动机的步距角减小呢？从图 8 – 1 可以看出，步进电动机单三拍运行时，定子磁场切换时，转子转过的角度为转子齿与定子相邻相的磁极所错开的角度。设定子极数为 p_s（图中 $p_s = 6$），转子齿数为 p_r（图中 $p_r = 4$），那么步距

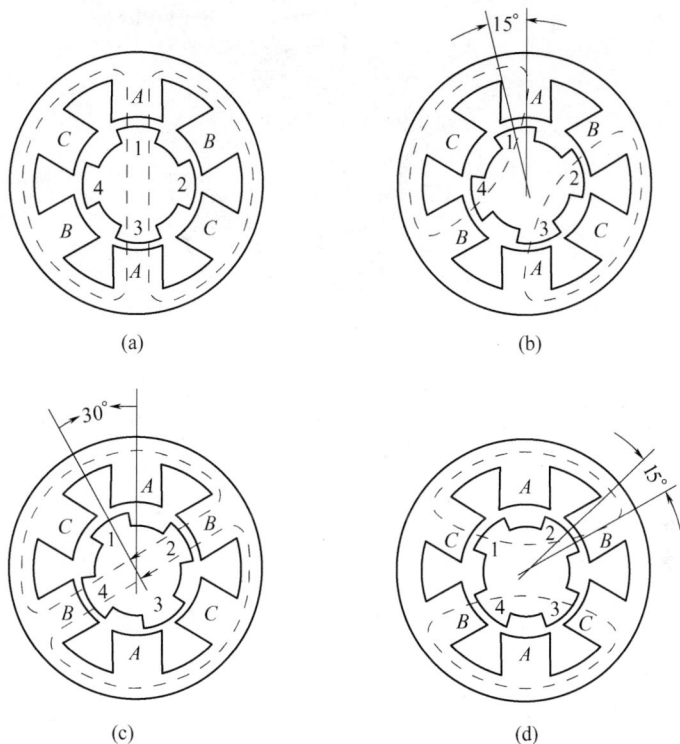

图 8-5 "三相单、双六拍"运行方式

（a）A 相通电；（b）A、B 相通电；（c）B 相通电；（d）B、C 相通电。

角为

$$\theta_b = \frac{360°}{p_r} - \frac{360°}{p_s} \tag{8.1}$$

显然，图 8-1 中所示的电动机步距角为 30°，若代入上文提到的 $\theta_b = 0.36°$，式（8.1）便成为一个二元不定解初等方程，其最小的一组解为

$$p_s = 200, p_r = 250$$

即结构如图 8-1 所示的步进电动机，要达到 0.36° 的步距角，定子要有 200 个极构成 100 相，转子表面要有 250 个齿，这在定、转子的机械加工和绕组嵌放上有很大的困难，定子电路的驱动由于相数太多也是问题，而最关键的是由于定子每极面积太小，各相单独通电时，形成的转矩太小，严重影响电动机的功率输出。解决此问题的一个方法是采用如图 8-6 所示的四相步进电动机的结构。将定子的极掌部分加工成齿槽结构，利用齿槽效果增加定子的等效极数。如图 8-6 中所示，定子四相分成 8 个极（或称定子大齿），每极下有 5 个小齿；转子表面上开设 50 个小齿。使定子上小齿与转子上小齿的齿距相同。

191

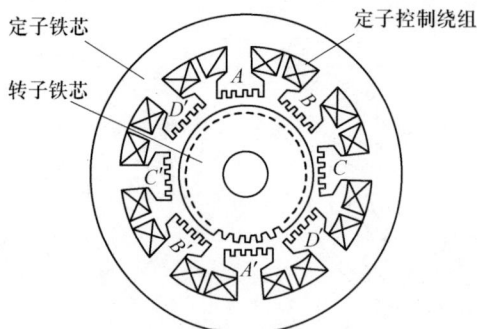

图 8-6 四相反应式步进电动机

设该电动机以四相单四拍方式运行,通电次序为 A—B—C—D—A···当 A 相通电时,由于磁取向力的作用,使得转子的小齿与定子 A 极下的小齿相互对应,如同在图 8-1 中所示的情况一样,转子也有受到扰动后回到平衡位置的复原力,即也有制动性。定子有 8 个大齿,每个大齿平均分得转子 $\frac{50}{8} = 6\frac{1}{4}$ 个小齿,显然,当 A 极下的定子小齿与转子小齿对齐时,相邻的 B 极(或 D′ 极)下的定子小齿与转子小齿便要错开 1/4 个小齿位置,即形成错齿。设转子小齿的齿距角为 θ_t,即相邻极下的定子小齿与转子小齿错开 $\frac{\theta_t}{4}$ 空间角度。如果把转子一个小齿间距理解为 360° 空间电角度,那么也可以认为是错开了 90° 空间电角度。

假如,转子的表面不是 50 个小齿,而是 48 个小齿,定子每极均分转子 8 个小齿,当 A 极下定子、转子小齿对齐时,相邻的 B 极(或 D′ 极)下的定子小齿与转子小齿也对齐,不形成错齿。这时,即使 A 相断电,B 相通电,转子也不会转动,而是在原地不动。即错齿是这类电动机转动的原因,而要产生错齿,转子的小齿数必不能被定子的大齿数整除。

在如图 8-6 所示的情况下,A 相断电,B 相通电时,B 极下的 5 个小齿与转子上对应的 5 个小齿错开 90° 空间电角度,磁取向力使它们一起拉动转子转动,同时,B′ 极下 5 个小齿也做类似工作,使转子转过 1/4 个小齿距,到达新的平衡位置,即 B 极下。这时,在 C 极下又形成错齿,为下一拍的移动做好准备。这样,转子每拍转过了 1/4 个转子小齿的齿距,每个小齿的齿距为 $360°/p_r = 360°/50 = 7.2°$,相当于转子每拍转过了 7.2°/4 = 1.8° 空间角度,即步距角为 1.8°。若该四相步进电动机采用如图 8-1 所示的结构,通常 p_r 最大可选择为 6,即转子为 6 个极,代入公式 $\theta_b = \frac{360°}{p_r} - \frac{360°}{p_s}$,可得步距角为 15°。可见采用如图 8-6 所示的结构后,在定子绕组相似的情况下,步距角减小了 7/8 以上。

上面分析中曾提到,在定子 A 极通电时,相邻的 B 极下和 D′ 极下都形成了错齿;在 A 相断电时,若 B 相通电,则转子顺时针转过 1.8°;若 D 相通电,则转子也可以逆时针转过 1.8°;同样,B 相断电时,也可通过选择 A 相或 C 相通电,来改变电机的转向,如图 8-7 所示。无论怎样,每步的步距角都是 1.8°。同前述增加定子相数的方法相区别的是,现在每步产生转矩的有 10 个小齿,而非原来的一个,使电机有足够的转矩用于输出功率。

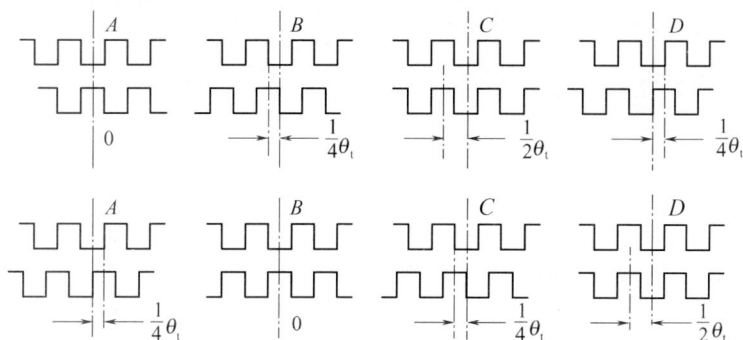

图 8-7　各相单独通电时,定转子齿的相对位置

上例中,若转子表面有 52 个齿,又当如何呢? 定子每极分得转子 $\frac{52}{8}=6\frac{4}{8}$ 个小齿,每次错开的角度为 1/2 齿距,每步的角位移变为 3.46°。那么,对于一个任意转子齿数和定子相数的步进电动机,其步距角该如何求得呢?

8.1.3　基本特点和公式

由以上对步进电动机的原理分析,可以归纳其基本特点如下。

1.　通电形式和次序

步进电动机的每相绕组不是恒定地通以直流电或正弦交流电,而是用脉冲直流的形式供给。各相绕组的通电次序由控制方式和转向决定,允许单相或多相同时通电,通电状态的变化受控于步进脉冲,每个脉冲都使步进电动机的转子转动一步。

步进电动机各相轮流通电的次序,称为分配方式,由辅助控制器的环形分配器来协调完成;每循环一次所包含的不同通电状态的数目,称为状态数,又叫拍数,拍数可以等于相数,也可以不等于相数,如"三—三拍","五—十拍"等。有时,把拍数等于相数的称为单拍制,拍数为相数两倍的称为双拍制。

2.　步距角的大小

当步进电动机设计为如图 8-6 所示的单段对称式磁路结构时,设定子的相数为 m_1,转子的小齿数为 Z_r,那么定子的极数 p_s 为 $2m_1$,转子的极数 p_r 为 Z_r,这样,转子的齿距角为

193

$$\theta_t = 360°/Z_r \tag{8.2}$$

式中：Z_r 为转子齿数。

相邻定子大齿下的小齿与转子小齿错开的齿数为

$$K = (p_r \bmod p_s)/p_s \tag{8.3}$$

即转子小齿数被定子极数所除得到的小数部分，式中 mod 为取模运算，得到 p_r 被 p_s 除后的余数。电动机转子每步走过一个错齿角，即步距角为

$$\theta_b = K \times \theta_t = \frac{Z_r \bmod (2m_1)}{2m_1} \cdot \frac{360°}{Z_r} \tag{8.4}$$

理论上说，式(8.4)可以适用于一切单段对称磁路步进电动机，如前面例子中，$m_1 = 4$，$Z_r = 50$，可求得步距角为 1.8°；若 $Z_r = 48$，可得步距角为 0°，电动机无法转动；若 $Z_r = 52$，可得步距角为 3.46°，电动机无法转动。但是实际上，步进电动机的设计一般是选定相数和拍数后，根据步距角的要求来确定转子齿数，而且转子的齿数不可随意选择，如前面的例子中，若转子有 51 个或 49 个小齿，会怎样？留作读者思考。

转子齿数设计的一般规则如下：

（1）位于同一直径上的相对磁极为一相，这两个磁极上定、转子齿槽相对位置完全相同；

（2）当某一相对极下定、转子齿槽完全对齐时，要求相邻磁极下定、转子齿的轴线应错开个转子齿距。只有这样，才能保证经过一个通电周期后，转子转过一个齿距。

一般步进电动机都设计为单拍制运行时，每个循环电动机的转子转过一个小齿的齿距，所以，步距角又可简单地写成下列公式

$$\theta_b = \frac{\theta_t}{N} = \frac{360°}{Z_r \cdot N} \tag{8.5}$$

式中：θ_t 为齿距角；Z_r 为转子齿数；N 为运行拍数。

通常，步进电动机在使用时已经标明，如"三—三拍"运行、"五—十拍"运行，可以直接将拍数代入上式，求得步距角；或者反过来，由拍数和步距角求得转子的齿数。

步进电动机的步距角计算公式不是唯一的，对于不同的结构有不同的计算公式。作为使用来说，一般在产品手册中已经给出。上面的计算方法可用于没有资料的情况上，通过拆解电机，分析结构，得到步距角。

为便于进行理论分析，习惯上使用步距角的电角度表示形式，步距角的电角度为

$$\theta_{be} = \theta_b \cdot Z_r = \frac{360°}{N} \tag{8.6}$$

式中：Z_r 为转子齿数，即转子极对数；N 为运行拍数。

可见，写成电角度后的步距角只与运行拍数有关，而与转子的齿数、定子的相数无关。

3. 步进电动机的转速、转向与制动

步进电动机的每个通电循环，转子转过一个小齿的角位移，即 N 个脉冲使转子转过一个小齿，那么，电动机每转需要 $N \cdot Z_r$ 个脉冲，也就是说，当环形分配器输入的脉冲频率为 f 时，电动机的转速为

$$n = \frac{60f}{N \cdot Z_r}(\text{r/min}) \tag{8.7}$$

调节输入脉冲频率的大小，可以很方便地调节电动机的转速，因而步进电动机可以有很宽的调速范围。但在很低的转速下，电机有很明显的"抖动性"。

步进电动机的转向控制可由改变环形分配器的输出方式来解决，应用电子线路，通常也很方便，而且可以快速改变。

当输入的脉冲频率一定时，电动机的步距角越小，输出的转速就越低，在一定的转矩下，电动机的输出功率就越小，因而，大功率的步进电动机通常有较大的步距角。

在停转时，步进电动机最后一次通电的绕组，常常不断电，而是通以一定的电流以保持转子不偏离平衡位置，使反应式步进电动机有良好的制动性。

8.2　反应式步进电动机的运行特性与控制方法

步进电动机的性能一般根据以下几个方面来判断：

（1）输出转矩。包括动态转矩和静态转矩。

（2）频率特性。包括自起动频率、稳态最高运行频率和不失步制动频率等。

（3）分辨率。即步距角的大小或每转运行频率。

（4）负载条件。负载的 GD^2（飞轮转矩）允许值。

（5）过渡与稳定偏差。每步在平衡位置附近的振荡和位置偏差等。

步进电动机的性能通常是对应一定的控制方法和驱动装置而言的，不同的控制驱动方法，对同一台电机，上述性能会有很大的不同。

8.2.1　步进电动机的运行特性

步进电动机的运行特性归结起来可以分为静特性和动特性两大类。静特性主要是用矩角特性来描述的，而动特性则是通过矩频特性来反映的。分析和研究这些特性对正确使用步进电动机有着重要意义。下面分别对步进电动机的静特性和动特性加以讨论。

8.2.1.1 静特性

步进电动机的静特性主要有静转矩、矩角特性和静稳定区。这些特性的讨论通常是针对转子的小齿与定子的小齿的相对位置关系来说的,所以先要讨论几个位置和角度的概念。

1. 转子的初始稳定平衡位置

步进电动机在理想空载情况下,控制绕组通以直流电时,转子的最后稳定位置称为转子的初始稳定平衡位置或零位。从理论上讲,此时电机的转矩为零。在一相控制绕组通电的情况下,初始稳定平衡位置就是通电相磁极的齿和转子齿的轴线相重合的位置。在几相同时通电的情况下,该位置就是各通电相电流产生的合成磁场的轴线与转子齿轴线相重合的位置。

2. 失调角 θ_e

若在外力的作用下,转子偏离初始稳定平衡位置或零位一定的角度,相应的角度称为失调角,失调角一般在 $-\pi \sim +\pi$ 之间。如定子一相绕组通电时,即是转子小齿与相对的定子小齿的齿中线或齿前沿错开的电角度。

3. 矩角特性

定义了失调角以后就可以进一步研究在不改变定子绕组通电状态,定子绕组电流不变的情况下,不同失调角 θ_e 时磁取向力所形成的静转矩的大小。步进电动机的静转矩与失调角之间的关系,即 $M = f(\theta_e)$,称为矩角特性。

不同失调角时,定子、转子小齿的位置对应关系和转矩的产生原理如图 8-8 所示。定子小齿与转子小齿"正"对时为初始平衡位置,如图 8-8(a)所示,定子、转子的小齿间存在磁拉力,但不形成转矩。当失调角为 +90°或 -90°时,转矩最大,对单个齿如此,对全电机的各有效齿均如此,如图 8-8(b)、图 8-8(d)所示。失调角的进一步增加,如图 8-8(b)中的转子继续右移,使齿间隙拉大,磁吸力减少,虽然角度加大有利于切向分量的增加,但吸力减少的因素占上风,电机转矩减小。到图 8-8(c)所示位置时,转子齿与定子槽相对,力矩为零,且成为一个不稳定平衡点。因为,此时受到任何扰动,都会使转子离开此位置。

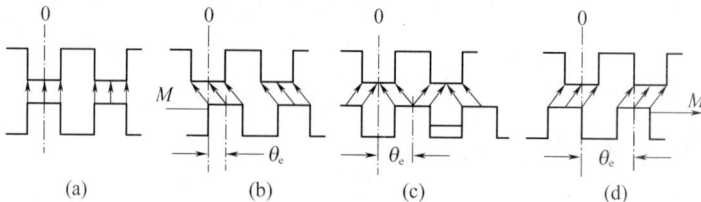

图 8-8 定、转子间的作用力

经过详细的分析和推导(过程从略),可以得到反应式步进电动机的矩角特性为

$$M = - Z_s Z_r l F_\delta^2 \lambda_1 \sin \theta_e \qquad (8.8)$$

式中：Z_s 为定子每极上小齿数；Z_r 为转子小齿数；l 为铁芯有效长度；F_δ 为气隙磁势；λ_1 为气隙比磁导的基波幅值。

式(8.8)表明了一相绕组通电时的矩角特性。它是在假设气隙磁势为正弦分布时得到的，若考虑铁芯饱和，则矩角特性的表达式较为复杂，因而式(8.8)有一定的近似性，但大部分情况下，已经可以满足工程需要。可见转矩与失调角成正弦关系，步进电动机的矩角特性曲线如图8-9所示。

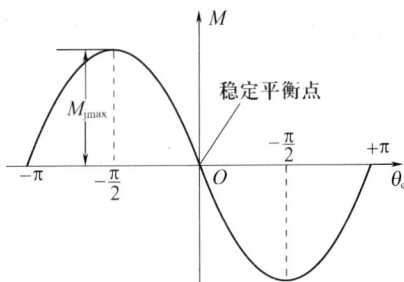

图 8-9　步进电动机的矩角特性

式(8.8)中的"-"号表示了 $\theta_e = 0$ 为稳定平衡位置，角度为正的偏离时，会受到一个为负的力矩，反之亦然；图8-9中的静态转矩 M 有个最大值 M_{jmax}，表明了在静态条件下，步进电动机所能拖动的最大负载转矩，若负载转矩再大，电机静态时将无法保持停止不动，这个最大值对步进电动机的其它性能也有很大影响，以后还会提到。它的大小为

$$M_{jmax} = Z_s Z_r l F_\delta^2 \lambda_1 \qquad (8.9)$$

前面分析了步进电机"三相双三拍"运行，这种运行方式时，电动机的定子两相绕组同时通电时。而在五相电动机的"五相—十拍"运行方式中，一般为二、三相同时通电，如 AB—ABC—BC—BCD - CD—CDE—DE—DEA—EA—EAB—$AB\cdots$，对于这种通电方式，步进电动机的矩角特性又会如何呢？

步进电动机在单拍制通电方式下，显然拍数 N 应该等于定子的相数 m，因为定子共有 m 个不同的通电状态。定子相邻的两相绕组如 A 和 B 的磁极上的转子小齿失调角相差的空间角度为一个步距角 θ_b，由公式 $\theta_b = \dfrac{\theta_t}{N} = \dfrac{360^\circ}{Z_r \cdot N}$ 计算步距角并转化为电角度为

$$\theta_{be} = \frac{360^\circ}{Z_r \cdot N} \cdot Z_r = \frac{360^\circ}{N} = \frac{2\pi}{m} \qquad (8.10)$$

那么，定子两相绕组同时通电，且电流大小一致时，A 相绕组形成的磁场只作用于 A 磁极下的转子小齿，B 相绕组形成的磁场只作用于 B 磁极下的转子小齿，二

者互相之间可以认为没有影响,按照线性系统的叠加原理,它们共同形成的转矩为

$$M = -M_{jmax} \sin \theta_e - M_{jmax} \sin \left(\theta_e - \frac{2\pi}{m} \right) =$$

$$-M_{jmax} \cdot 2\cos \frac{\pi}{m} \sin \left(\theta_e - \frac{\pi}{m} \right)$$

(8.11)

式(8.11)的两项转矩,公式一致,相位差一个角度,三角函数合成后,形式与 $M = -Z_s Z_r l F_\delta^2 \lambda_1 \sin \theta_e$ 基本一致,只是最大转矩扩大到了原来的 $2\cos \frac{\pi}{m}$ 倍。对于五相步进电动机,这个系数为 1.62,转矩有所增加;对于三相步进电机为 1,没有变化,但由于平衡位置发生了变化,如图 8-7 所示,定子、转子间的气隙增大,在动态情况下,这个增大的气隙会增加定子电流,从而可以增加动态时的转矩。对电动机的静态没有影响。

定子三相绕组同时通电,按照类似原理,可写为

$$M = -M_{jmax} \sin \theta_e - M_{jmax} \sin \left(\theta_e - \frac{2\pi}{m} \right) - M_{jmax} \sin \left(\theta_e - \frac{2\pi}{m} - \frac{2\pi}{m} \right) =$$

$$-M_{jmax} \left(1 + 2\cos \frac{2\pi}{m} \right) \cdot \sin \left(\theta_e - \frac{2\pi}{m} \right) =$$

(8.12)

$$-K \cdot M_{jmax} \sin \left(\theta_e - \frac{2\pi}{m} \right)$$

即合成转矩增大到了单相时的 $1 + 2\cos \frac{2\pi}{m}$ 倍。一般五相以上步进电动机才使用三相通电方式。当然,对于四相步进电动机,定子三相绕组通电时,由式(8.12)可知,转矩并不增加。

由于受电机结构的影响,在单段对称磁路设计中,电机一般都在六相以下,因而更多相的通电方式,并不常见。但无论几相通电,分析的方法可沿用式(8.11)、式(8.12)的思路。

4. 静稳定区

由步进电动机的矩角特性可知:当转子处于静止状态时,若没有任何强制作用,则稳定平衡点为坐标原点 O;如果在外部转矩的作用下使转子离开平衡位置,那么只要失调角在 $-\pi$ 到 $+\pi$ 范围内,去掉外转矩,在电磁转矩作用下,转子仍然回到初始平衡位置 O 点。因此,$-\pi < \theta_e < +\pi$ 的区域称为步进电动机的静态稳定区。

8.2.1.2 动特性

步进电动机运行的基本特点是电磁过程的跃变,脉冲电压轮流加到不同的控制绕组上,电机内的磁场在空间的运动是不均匀的。因此步进电动机的运行总是在电气和机械的过渡过程中进行的,对它的动特性自然会有很高的要求。步进电

动机的动特性将直接影响到系统的快速响应及工作的可靠性,它不仅与电机的性能和负载的性质有关,还和电源的特性及通电的方式有关。其中,有些因素还是属于非线性的,要进行精确的分析比较困难,通常只能采用近似的方法来研究。下面仅对有关的几个问题作定性介绍。

1. 步进运行时的动特性

若步进电动机以较低的工作频率运行,控制绕组通电脉冲的持续时间远大于步进电动机机电过渡过程时间,这时电机的运行状态称为步进运行状态。步进运行状态时,可以认为绕组的电流只跟电压有关,忽略绕组的电感作用;电机的电磁转矩只用于克服负载的静转矩,不考虑负载系统的转动惯量的影响。

由式(8.8)可知,当电机理想空载运行时,从 A 相通电到 B 相通电,该步的起动转矩为

$$M_{\theta} = M_{\mathrm{jmax}} \sin \theta_{\mathrm{e}} \frac{2\pi}{m} \tag{8.13}$$

拉动转子到 B 相的平衡位置,随着接近 B 相的平衡位置,电磁转矩越来越小,但转子却由于惯性的作用,不能一下子停下来,若转子越过 B 相的平衡位置,B 相绕组会对转子产生制动转矩,使它回来,若回来时又越过平衡位置,那么它仍会受到相反方向的力矩使它停转,形成在平衡位置附近的振荡。这种振荡很快会被各种阻尼作用吸收掉,转子停在 B 极的平衡位置。上述过程如图 8-10(b)所示。可见,当电脉冲由 A 相控制绕组切换到 B 相控制绕组时,转子将转过一个步距角 θ_{be},但整个过程将是转子环绕新的稳定平衡位置的一个振荡过程。一般来说,这一振荡是不断衰减的,只有当阻尼作用足够强时,才不会出现振荡现象。

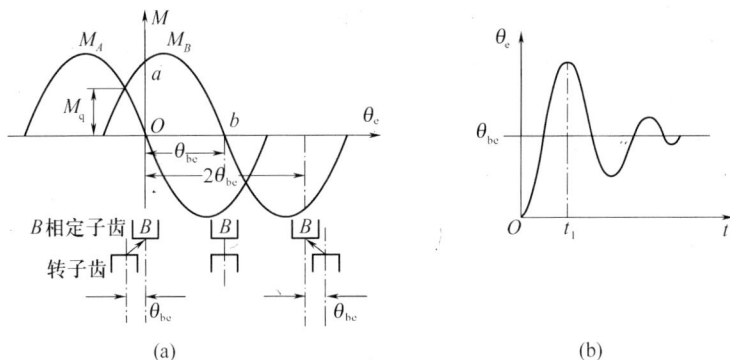

图 8-10 步进电动机转子的振荡过程

一般功率步进电动机由于转子系统的转动惯量(含负载)比较大,为消除此种振荡,常装设机械阻尼器。小功率的控制步进电动机多由负载担当其阻尼器的作用任务。

2. 连续运行状态的动特性

当控制绕组通电的脉冲频率升高时,相应的时间间隔也在减小,以至于会小于电机的机电过渡过程所需的时间。若电脉冲的时间间隔小于图 8 – 10(b) 中的时间 t_1,当电脉冲由控制绕组 A 相切换到 B 相,再切换到 C 相时,这时转子从定子 A 相的起始位置转到定子 B 相,但还来不及反向回转时,C 相已经通电。这样转子将继续按原方向转动形成连续运行状态。实际上,步进电动机大都是在连续运行状态下工作的。在这种运行状态时,电机所产生的转矩称为动态转矩。此时,由于电机的绕组时间常数和电源的原因会带来以下问题。

1) 矩频特性

步进电动机的最大动态转矩 M_{dm} 与脉冲频率 f 之间的关系,即 $M_{dm} = F(f)$,称为步进电动机的矩频特性,如图 8 – 11 所示。当 $f = 0$ 时,$M = M_q$,M_q 为步进电动机步进运行状态时的最大负载转矩(也叫起动转矩),它是由两个错开一个步距角的两条矩角特性曲线的交点所决定的静转矩值,如图 8 – 10 所示。

由图 8 – 11 可以看出,当输入脉冲的频率逐步增加,电机的转速逐步升高时,步进电动机所能带动的负载转矩值将逐渐下降。也就是说,步进电动机的最大动态转矩小于最大静转矩,电机转动时所产生的转矩是随着脉冲频率的升高而减少的,负载能力要下降。

为什么脉冲频率增加以后,步进电动机的负载能力要下降呢?

这是因为步进电动机的控制绕组中存在电感,相应地有一定的电气时间参数,所以控制绕组中的电流也有一个按指数规律上升的过渡过程。图 8 – 12(a) 中表示当脉冲频率较低时控制绕组的电流波形,此时电流可以达到稳定值。由式 (8.8) 可知,步进电动机的转矩将正比于控制绕组中电流的平方,这时步进电动机的最大动态转矩接近最大静转矩。图 8 – 12(b) 中表示当脉冲频率很高时控制绕组的电流波形。此时,控制绕组的电流不能达到稳定值,故电机的最大动态转矩小于最大静转矩。而且,脉冲频率越高,最大动态转矩越小。在步进电动机运行时,

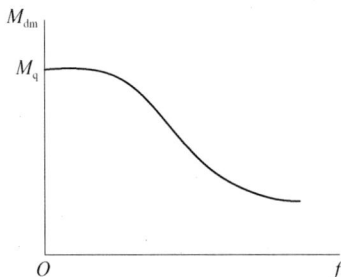

图 8 – 11 矩频特性

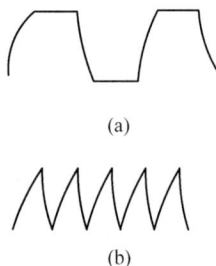

图 8 – 12 不同频率下的电流波形
(a) 低频时;(b) 高频时。

对应于某一频率,只有当负载转矩小于它在该频率时的最大动态转矩,电机才能正常运转。这使得大的负载力矩下,电机不能高速运行。

为了提高步进电动机的矩频特性,改善步进电动机的动态性能,就必须设法减少控制绕组回路的电气时间常数。为此应尽量减小它的电感 L,相应的控制绕组的匝数也要减少,所以步进电动机控制绕组的电流一般都比较大。有时也在控制绕组回路中再串联一个较大的附加电阻,以降低回路的电气时间常数,但是这样却增加了附加电阻上的功率损耗,导致步进电动机以及整个供电系统的效率降低。

目前,最有效的解决方法是采用双电源供电,即在定子绕组电流上升阶段由高压电源供电,以缩短电流到达预定稳定电流的时间;一旦达到稳定值之后,再改由低压电源供电以维持其稳定电流值不变。这样,就大大提高了步进电动机的矩频特性。

2)动稳定区

当步进电动机的转子处于静止状态时,矩角特性如图 8-13 曲线 n 所示,在转子上没有任何强制作用时,稳定平衡位置是坐标原点 O,$-\pi < \theta_e < +\pi$ 为静稳定区。

如果切换通电控制绕组,这时,矩角特性向前移动一个步距角 θ_{be},如图 8-13 曲线 $n+1$ 所示,步进电动机从第 n 拍到第 $n+1$ 拍,新的稳定平衡位置为 O_1 点,对应它的静稳定区是 $(-\pi + \theta_{be}) < \theta_e < (\pi + \theta_{be})$。连续运行时,一般转子尚未到达第 n 拍平衡位置零点,第 $n+1$ 拍已经来到,使得转子受到的转矩由相位错开 θ_{be} 的第 $n+1$ 拍的矩频特性来决定,若此时转子的位置超出图 8-13 所示的稳定区 $(-\pi + \theta_{be}) < \theta_e < (\pi + \theta_{be})$,那么转子可能会因受到相反的转矩而不能转动。因此,在换接瞬间,转子位置只要在这个区域内,就能趋向新的稳定平衡点而不越过不稳定平衡点,所以 $(-\pi + \theta_{be}) < \theta_e < (\pi + \theta_{be})$ 区域称为动稳定区。显然,拍数越多,步距角 θ_{be} 越小,动稳定区就越接近静稳定区,步进电动机的稳定性越好。因此还可以定义动稳定区的左边界到 $\theta = 0$ 位置的宽度为稳定裕量,稳定裕量越大,转

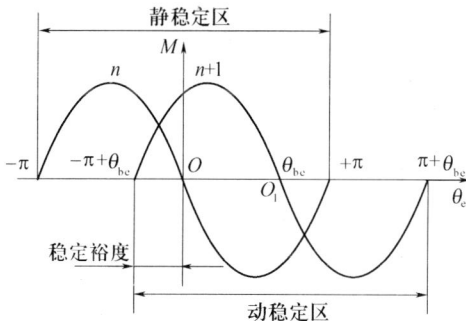

图 8-13　步进电动机的动稳定区

子越不易失步;步距角越小,稳定裕量($\pi - \theta_{be}$)越大。

3）工作频率

步进电动机的工作频率是指电动机按照指令的要求进行正常工作时的最大脉冲频率。所谓正常工作是指步进电动机不失步地工作,即一个脉冲就移动一个步距角。失步包括丢步和越步。丢步是指转子前进的步距数少于脉冲数;越步是指转子前进的步距数多于脉冲数。一次丢步和越步的步距数是运行拍数的整数倍。丢步严重时,将使转子停留在一个位置上或围绕一个位置振动。

步进电动机的工作频率有起动频率、运行频率和制动频率等几种。对于不同的负载条件,不同的辅助驱动装置,这些频率有着不同的数值。对同样负载转矩来说,正、反向的起动频率和制动频率都是一样的,而运行频率却要高得多。所以,一般步进电动机的技术数据中只给出起动频率和运行频率。

步进电动机的起动频率f_q,是指它在一定负载转距下能够不失步地起动的最高脉冲频率(拍/s或脉冲数/s)。它又可分为空载和负载两种情况。起动频率f_q的大小是由许多因素来决定的,当步距角θ_{be}越小,最大静转矩M_{jmax}越大,控制绕组的时间常数越小,负载转矩M_L和转动惯量J越小,则起动频率越高,如图8-14所示。

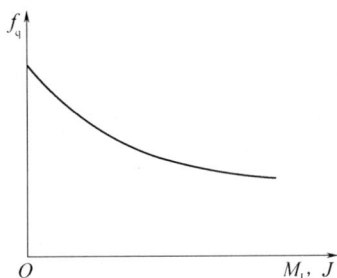

图8-14 起动频率f_q的关系曲线

步进电动机的运行频率f_y是指步进电动机起动后,当控制脉冲频率连续上升时,能不失步运行的最高频率(拍/s或脉冲数/s),影响运行频率的因素与影响起动频率的因素基本上相同,但是转动惯量对运行频率的影响不像对起动频率的影响那么明显。它仅影响到频率连续上升的速度。

为什么步进电动机的运行频率f_y会比起动频率f_q高得多呢?

这是因为步进电动机在起动时除了要克服负载转矩外,还要克服轴上的惯性转矩$J\dfrac{d\omega}{dt}$,其中,J为电机和负载的总转动惯量;$\dfrac{d\Omega}{dt}$为转子的角速度。在起动时,电机转子的角加速度较大,它的负担比连续运转时为重。如果起动时脉冲频率过高,则转子的速度就跟不上定子磁场的速度,以致第一步结束的位置落后于平衡位置较远,以后各步中转子速度增加不多,而定子磁场仍然以正比于脉冲频率的速度

202

向前转动,因此转子与平衡位置之间的距离越来越大。最后因转子位置落到动稳定区以外而出现丢步或振荡现象,因而使电机不能起动。为了能正常起动,起动频率不能过高。

当电机起动以后,再逐步升高脉冲频率,由于这时的角加速度较小,它便能随之正常升速。这种情况下,电机所能达到的最高脉冲频率,即运行频率 f_y 显然要比起动频率 f_q 高得多。

由于起动、运行和制动频率的初始条件差别很大,因而也各不相同。如 110BF05 五相步进电动机,最大静转矩为 4.91N·m,空载起动频率为 1500 步/s,空载连续运行频率可达 16000 步/s,而在负载为 2.94N·m 的条件下,起动频率仅为 200 步/s,连续运行频率为 2000 步/s。电动机在负载时的起动频率和运行频率上限,除了受上述所说的因素影响外,还会受到机械系统的自由振荡频率、驱动电源的性质、升频的方式等因素的影响。在实际使用步进电动机时,这几个参数须由很多复杂的公式联合计算,相当多的情况下是由试验或经验来决定的。这些参数的正确使用,体现了步进电动机辅助控制器的技术水平,也是步进电动机系统快速性的指标。

8.2.2 步进电动机的常用控制方法

步进电动机的运行性能是由电机本体和辅助控制器两者配合的综合表现。控制器的技术主要体现在对绕组通电次序的安排和功率驱动上。通过对绕组的通电次序的合理安排,可以实现快速起动、调速、制动和反转以及细分步距角等,构成控制器的信号单元;功率驱动单元则是将信号电路来的电流信号放大去驱动步进电动机。简单的控制器只需要一个环形分配器和几个功率输出单元即可。

1. 几种功率驱动电路

1)单一电压型功率驱动电源

对步进电动机的某一相绕组而言,如图 8-15(a)所示,由环形分配器送来的"某相通电"控制信号 U_{ka},通过继电器或晶体管使步进电动机的该相绕组与一个电压源 U_d 接通,一般电压源的电压大小选为步进电动机的额定电压。续流二极管 D_1 为 T_1 关断时提供电流通路。电机绕组上电流的变化过程如图 8-15(b)所示。这种方式的优点是控制线路简单、使用可靠;这种控制方式的一个缺点是电机的矩频特性具有较低的上限频率,通常不能满足快速性的要求。

为了提高电机的快速性,还可以在图 8-15(a)中提高供电电压,通过在绕组电路中串联电阻的方法,达到限制稳态电流,减少电磁时间常数的目的,提高步进电机的上限运行频率。此法的缺点是限流电阻功耗大,系统效率低。

2)高、低压切换型功率驱动电源

高、低压切换型功率驱动电路中需提供两种电源电压。在开通或关断时使用

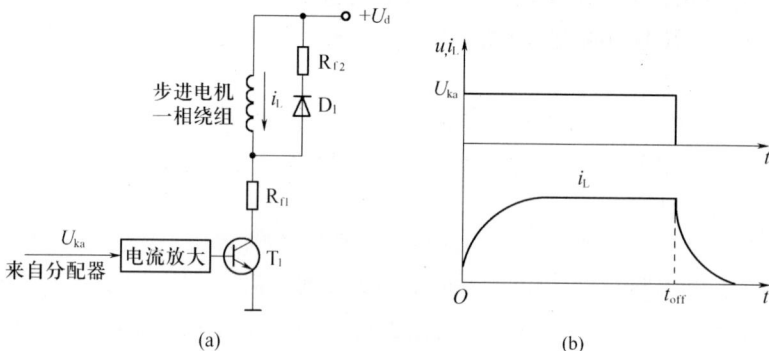

图 8 - 15　单一电压型驱动电路

（a）原理电路图；（b）波形图。

高电压,缩短电流的上升和下降时间,而导通期间,改由低压供电,以维持绕组电流。这样,使电机绕组的电流波形前沿陡峭,波形好,在不改变电磁时间常数的情况下,提高电流变化速度,提高上限运行频率,和回路串联电阻的方法相比,降低了能耗、提高了效率。缺点是电路复杂,两套电源增加了成本。

典型的高、低压切换型功率驱动电路如图 8 - 16(a)所示。图中,当主开关 T_1 和 T_2 同时导通时,由高压电源 U_H 为定子每相绕组供电,则相绕组电流迅速增加。此时,二极管 D_1、D_2 因反偏而截止;一旦相绕组电流达到希望的数值,T_1 关断,相绕组电流通过低压电源 U_L、D_1 和 T_2 导通,维持绕组电流;当主开关 T_1 和 T_2 同时关断时,相电流则经过二极管 D_1、D_2 导通。由于整个电路相连,相电流迅速衰减,并实现能量回馈。采用这种高、低压切换型电源,电机绕组上不需要串联电阻,或者只需串联一个很小的电阻 R_{f1}（约为 $0.1\Omega \sim 0.5\Omega$）,所以电源功耗也比较小。高、低压切换型电源加载绕组上的电压和电流波形如图 8 - 16(b)所示。由于电流的波形得到很大改善,所以电机的矩频特性很好,起动和运行频率都得到很大提高。

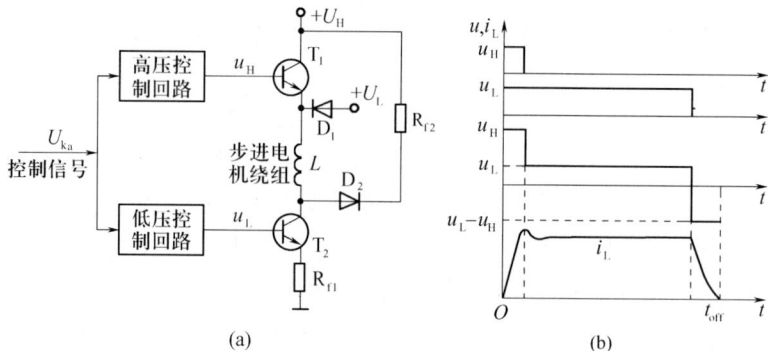

（a）

（b）

图 8 - 16　高、低压切换型电源

（a）原理电路图；（b）波形图。

204

3）单电压斩波型恒流功率驱动电源

随着 PWM（脉宽调制）技术的兴起，高频大功率的 VMOS、IGBT 等高效功率电子元器件的出现，采用如图 8 - 17 所示的单电源斩波型电源，成为流行的方式。图中，主开关 T_2 的发射极与地之间接一检测电阻 R_S。通过检测电阻 R_S 检测相绕组中电流的大小。将给定电压 u_c 与检测电阻上的电压相比较。一旦 u_c 高于检测电阻上的电压，则比较器输出高电平。若此时控制脉冲为高电平。若此时控制脉冲 u_{ka} 为高电平，主开关 T_1 和 T_2 同时导通，电源向相绕组供电。绕组电流增加，检测电阻 R_S 上的电压相应升高。当 R_S 上的电压超过 u_c 时，比较器输出低电平。在与门的作用下，T_1 截止。相绕组通过 D_1、D_2 续流，电流减小，检测电阻 R_S 上的电压也相应地降低。一旦电阻 R_S 上的电压低于 u_c，则比较器重新输出高电平。主开关 T_1 又恢复导通，电源又向相绕组供电。这样反复循环，直到 u_{ka} 为低电平为止。此时，T_1 和 T_2 均截止。

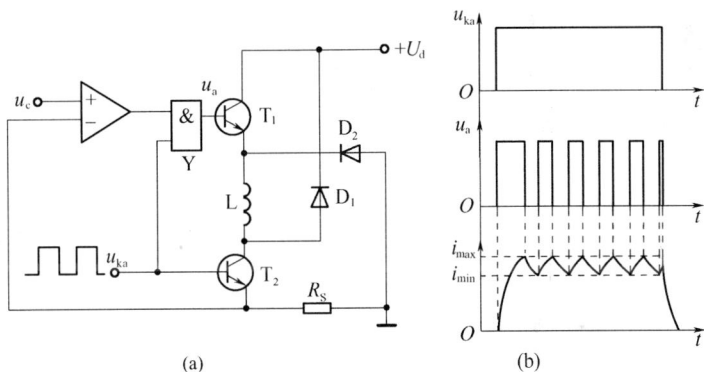

图 8 - 17　单电压斩波型电源
（a）原理电路图；（b）波形图。

这种方式由于采用了斩波技术，电源电压可以高于额定电压几倍，图中的电流检测可用很小的电阻也可用磁敏电流检测器，PWM 的开关频率可达 500 kHz 以上，利用高的电源电压，达到电流快速变化的目的，使绕组的电流波形接近矩形，提高了步进电动机高输入频率下的绕组电流，从而可使电机运行在很高的转速上。这种方法在功率电子线路以晶体管为主的时代，未能通用，因为功率晶体管的理想工作频率太低，推荐值一般为 1 kHz ~ 2 kHz，而步进电动机要求的输入频率比它高得多。随着新型多子导电的 HEXFET 等器件的使用，斩波电路才走向实用。

2. 信号控制单元

步进电动机的辅助控制器的优劣，很大程度上决定了整个系统的性能，现在已经开发出了多种专用的芯片，可以智能调节起动频率、运行频率和制动频率，本节只就步进电动机的细分控制技术作一介绍。

步进电动机系统由于步距角的问题,使得低频时有明显的"爬行"现象。每步的移动像青蛙跳动一样,这对于精密控制是有害的。降低步进电动机的步距角可以减轻这个问题的严重性,增加系统的平稳性。

从结构上降低步进电动机的步距角,要求增加电机表面的小齿数。受结构限制,单段对称磁路不可能有太小的步距角,即便采用分段磁路(定子磁极沿轴向分段)结构,一般也不能减少很多。

日本生产的一种对三相、五相电机适用的控制器,可提供每转100000步的驱动能力。以五相—十拍为例,若由电机本身来解决,这相当于步距角为0.0036°,转子表面应有10000个齿。该控制器不依赖电机,它使用了细分技术。

细分控制又称微步进控制,是步进电机开环控制的新技术之一。其基本目的是在不改变电机本身结构和参数的前提下,通过改变驱动电路的控制方式,将原来的步距角细分成几十甚至数百倍,原来的一步细分成若干步,并能在任何细分步距角下停步,从而使步进电动机的实际步距角大大减小,控制精度得以提高,转子运行更加平稳。

细分技术的思路是在电机从 $A—AB—B$ 的状态转换中,不一下子接通 B 的电或完全断开 A 的电,而是在 $A—AB$ 转换时,B 的电流经过 n 步逐渐增加到最大值,以后 A 的电流再经过 n 步逐渐减少到零,从而使一步的运动变为 n 步,相当于步距角缩小到了原来的 $1/n$,改善了低频特性。此种方案的电流波形如图 8-18 所示。图中表示了从 $A—AB—B$ 状态转换时的 A、B 相电流的变化,图中每个阶梯的高度为固定值,阶梯均匀上升,宽度可控。这样,步进电动机的转动相对于每个阶梯脉冲来说,转矩变化较小,可改善运行平稳性。此种方法为大多数细分控制器所采用,有效地改善了步进电动机低频运行时的"爬行"问题,同时,细分也相当于增加了系统电的阻尼,可以克服转子在动态时的振荡。

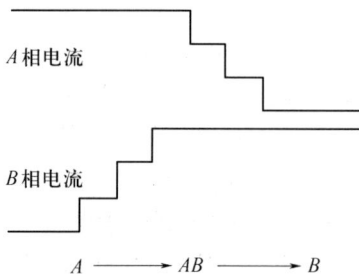

图 8-18 阶梯波电流供电

但上述方法无法实现电机步距角的真正变小,这是因为,等阶梯的电流变化所形成的每小步的平衡点(平衡点是电磁转矩为零的位置)位置变化不均匀。由式(8.8)中气隙磁势 F_δ 正比于定子电流,可以写出 A 相电流 i_A 引起的转矩为

$$M_A = -Ki_A^2 \sin \theta_e \qquad (8.14)$$

B 相电流 i_B 引起的转矩（电角度滞后 $\theta_{be} = \dfrac{2\pi}{m}$）为

$$M_B = -Ki_B^2 \sin\left(\theta_e - \frac{2\pi}{m}\right) \qquad (8.15)$$

合成转矩（以六相电机为例）为

$$M = -Ki_A^2 \sin \theta_e - Ki_B^2 \sin(\theta_e - 60°) \qquad (8.16)$$

对应于每个平衡位置都有

$$M = -Ki_A^2 \sin \theta'_e - Ki_B^2 \sin(\theta'_e - 60°) = 0 \qquad (8.17)$$

不难看出，$\theta'_e = 0$ 为一平衡位置，因为此时 $i_b = 0$。

在不进行细分时，一步要越过 $2\pi/m$，即本例中的 $60°$，那时，$i_A = 0$，i_B 最大，双拍运行时，i_A、i_B 均最大，对应上述 $\theta'_e = 30°$，即一步越过 π/m，到达平衡位置；现在将 i_A 不变，i_B 分三段增加到最大，那么令

$$i_{Amax} = 3i, \quad i_{Bmax} = 3i$$

则电流变化如表 8-1 所列。

表 8-1 等阶梯细分的各点电流和平衡位置

i_A	$3i$	$3i$	$3i$	$3i$	$2i$	i	0
i_B	0	i	$2i$	$3i$	$3i$	$3i$	$3i$
$\theta_e/(°)$	0.0	5.2	17.5	30.0	42.5	54.8	60.0

代入式（8-16）中还可求得各步的平衡位置对应的电角度如表 8-1 所列。从表 7-1 中可以看出，每微步的平衡位置间隔相差较大。对上例如此，对其它所有情况均如此。如何能使得细分的徽步距角均匀呢？例如，上例中，若 θ'_e 在 $0°$，$10°$，$20°$，$30°$，$40°$，$50°$，$60°$ 最好。为此，进行如下分析：

上述方法中，每步的起动转矩为

$$M_{A(n+1)} = -Ki_{A(n+1)}^2 \sin \theta'_{e(n)} - Ki_{B(n+1)}^2 \sin\left[\theta'_{e(n)} - \frac{2\pi}{m}\right] \qquad (8.18)$$

式中：$i_{A(n+1)}$、$i_{B(n+1)}$ 为 $n+1$ 步的定子电流；$\theta'_{e(n)}$ 为 n 步的平衡位置。

代入上例的数据，可求得各步的起动转矩，以单拍运行时的起动转矩为基准，将各步起动转矩写成标幺值的形式，如表 8-2 所列，可见各步起动转矩既小，又不相等。

表 8-2 等阶梯细分各步起动转矩的变化

i_A	$3i$	$3i$	$3i$	$3i$	$2i$	i	0
i_B	0	i	$2i$	$3i$	$3i$	$3i$	$3i$
$M_q (\times K_i^2)$	—	0.866	2.451	3.379	2.500	2.028	0.817
M_q^*	—	0.111	0.315	0.434	0.321	0.260	0.105

下面给出一种不等阶梯的细分方法。仍如上例,设 $K=1$,细分三步,各步均匀间隔 $10°$ 的电角度,各平衡位置及应满足的关系为 θ'_e:$0°$,$10°$,$20°$,$30°$,$40°$,$50°$,$60°$,则

$$M\mid_{\theta_e = \theta'_{e(n)}} = -i^2_{A(n)}\sin\theta'_{e(n)} - i^2_{B(n)}\sin[\theta'_{e(n)-60°}] = 0 \qquad (8.19)$$

显然,在 $\theta'_e = 0°$ 时,为一平衡位置,不妨设此时 $i_B(0)=0$,这样,当电机以单拍运行时的最大转矩为 $K \cdot i^2\sin60° = 0.866i^2$,保持此转矩为各步的起动转矩,代入式(8.18),有

$$0.866i^2 = -i^2_{A(n+1)}\sin\theta'_{e(n)} - i^2_{B(n+1)} \cdot \sin[\theta'_{e(n)} - 60°] \qquad (8.20)$$

由式(8.19)解出 i_B,代入式(8.20),可得

$$0.866i^2 = -i^2_{A(n+1)}\sin\theta'_{e(n)} - i^2_{A(n+1)} \cdot \frac{\sin\theta'_{e(n+1)}}{\sin[\theta'_{e(n+1)} - 60°]} \cdot \sin[\theta'_{e(n)} - 60°]$$

$$(8.21)$$

依次代入 $n = 1$、2、3、4、5、6,可反求得各步所需的电流,如表 8-3 所列。

表 8-3   不等阶梯细分时的绕组电流

n	0	1	2	3	4	5	6
$i_A(xi)$	2.332	2.100	1.924	1.697	1.403	1.000	0
$i_B(xi)$	0	1.000	1.403	1.697	1.924	2.100	2.233
$\theta'_e/(°)$	0	10	20	30	40	50	60
M_q	0.866	0.866	0.866	0.866	0.866	0.866	0.866

电流的变化不等阶梯,但各微步的起动转矩、各微步的步距角大小均匀,而且可以在静态时停在任意由微步距为单位划分的位置。这种驱动方法借助单电压斩波驱动方法配合专用芯片或微控制器,实现起来应该也容易。

关于步进电动机控制器的更详细的技术细节的讨论已超出本书的范围,有兴趣的读者请参阅有关文献。

8.3   其它类型的步进电动机

8.3.1   永磁式步进电动机

为适应步进电动机驱动大功率负载的要求,可以应用大步距角电机,如本章开始提到的图 8-1 所示的结构形式。在同样的转矩下,由于步距角的加大,转速提高,功率变大。大步距角的步进电动机在连续运行时,由于凸极的作用,定子绕组遇到的磁阻变化大,定子电流变化也大,增加功耗。为此,电机转子一般采用永磁结构,使转子转动时,磁路磁阻变化减少(永磁体导磁性能差),且定位力矩由转子

产生,定子只需通以电流脉冲即可,提高了效率。

永磁式步进电动机的典型结构如图 8 - 19 所示。定子上为两相或多相绕组,转子为一对极或几对极的星形磁钢,转子的极数与定子每相的极数相同。图中画出的是定子为两相集中绕组(AO、BO),每相为两对极、转子磁钢也是两对极的情况。从图中不难看出,当定子绕组按 A—B—(-A)—(-B)—A⋯⋯轮流通以直流电时,转子将按顺时针方向转动,每次转过 45°空间角度,也就是步距角为 45°。一般来说,步距角的值为

$$\theta_b = \frac{360°}{2mp}$$

用电弧度表示为

$$\theta_{be} = \frac{2\pi}{2m} = \frac{\pi}{m} \qquad (电弧度)$$

式中:p 为转子极对数;m 为相数。

由上式可以看出,永磁式步进电动机要求电源供给正负脉冲,否则不能连续运转,这会使电源的线路复杂化,这个问题也可以这样来解决,就是在同一相的极上绕二套绕向相反的绕组,这样虽增加了用铜量和电机的尺寸,但简化了对电源的要求,电源也像反应式步进电动机一样,只要供给正脉冲就行了。

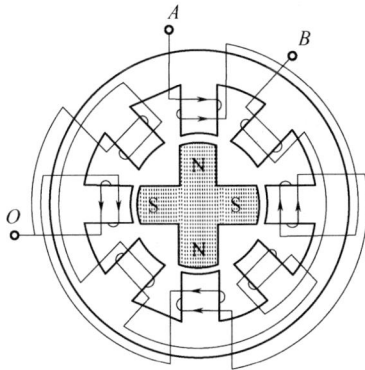

图 8 - 19　永磁式步进电动机

永磁式步进电动机的主要特点如下:

(1) 大步距角,常用的有 15°,22.5°,30°,45°,90°等;

(2) 控制功率小;

(3) 断电时有定位力矩,适用于长时间停转场合;

(4) 起动频率较低(步距角大、稳定裕度小);

(5) 有强的内阻尼力矩,不易发生振荡。在不通电的定子极下,转子有较强的定位力矩作为电机的阻尼。

8.3.2　感应子式步进电动机

感应子式步进电动机分为永磁感应子式和电磁感应子式两种。图 8 – 20 所示为永磁感应子式步进电动机的典型结构。它的定子铁芯与反应式步进电动机相同，即分成若干大极，每个极上有小齿及控制绕组；定子绕组与永磁式步进电动机相同，也是两相集中绕组，每相为两对极，按 A—B—(–A)—(–B)—A……次序轮流通以正负电脉冲(也可在同一相的极上绕上两套绕向相反的绕组，通以正脉冲)；转子由环形磁钢及两段铁芯组成，环形磁钢在转子的中部，轴向充磁，两段铁芯分别装在磁钢的两端，转子铁芯上也有像反应式步进电动机那样的小齿，但两端铁芯上的小齿相互错开半个齿距，其齿距与定子小齿齿距相同。

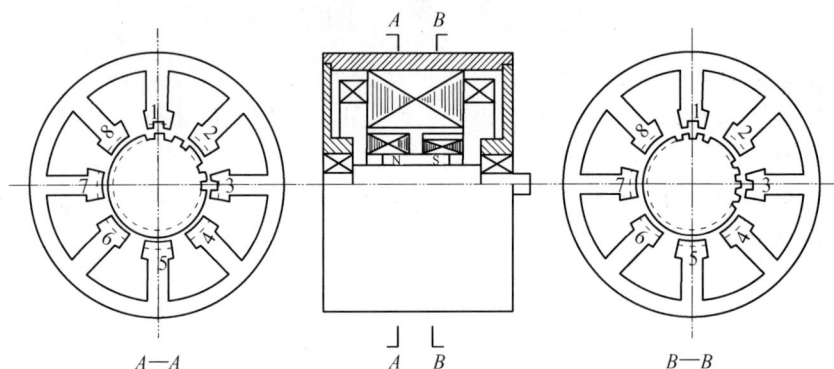

图 8 – 20　感应子式步进电动机

转子磁钢充磁以后，一端为 N 极，如图 8 – 20 中 A 端，则 A 端转子铁芯整个圆周都呈 N 极性，B 端转子铁心则呈 S 极性。当定子 A 相通电时，定子 1—3—5—7极上的极性为 N—S—N—S，这时转子的稳定平衡位置就是图 8 – 20 所示的位置，即定子磁极 1 和 5 上的齿与 B 端上的转子齿及 A 端上的转子槽对齐，磁极 3 和 7上的齿与 A 端上的转子齿及 B 端上的转子槽对齐，这时两端不同极下定、转子齿的相对位置如图 8 – 21(a)所示。而 B 相四个极(2、4、6、8 极)上的齿与转子齿都错开 $\frac{1}{4}$ 齿距。当转子偏离平衡位置，如向逆时针方向转动一个小的角度，则定、转子齿的相对位置及作用转矩方向如图 8 – 21(b)所示。可以看出，在不同端不同极的作用转矩都是同方向的，都是使转子回到稳定平衡位置的方向，这是由于定子同一个极的两端，如"1"和"1"极性相同，对应的转子两端极性相反但错开了半个齿矩，所以当转子偏离稳定平衡位置时，两端作用转矩的方向是一致的；另一方面，从同一端的不同极下看，情况也相似，例如 B 端，转子为相同的 S 极性，定子不同极如"1"和"3"极下，定子、转子齿的相对位置错开了半个齿距，所以转子偏离平衡位

210

置时,作用转矩的方向也相同,同时可以清楚地看出,永磁感应子式步进电动机的稳定平衡位置是定子、转子异极性的极下磁导最大,而同极性的极下磁导最小的位置。

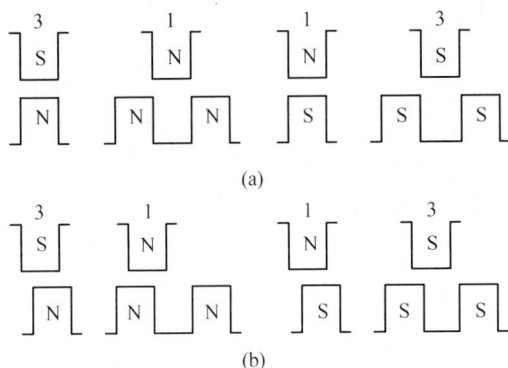

图 8 - 21　稳定平衡位置及偏离平衡位置时的作用转矩方向

必须指出:永磁感应子式步进电动机只有在转子磁钢与定子磁势相互作用下,才产生电磁转矩,这是因为如果只有控制绕组通电,而转子上磁钢不充磁(或没有磁钢)时,通电相主磁路上的磁导基本不变,不产生转矩;如果转子磁钢充磁,控制绕组不通电时,由于转子每一端呈现同一极性,且两端极性相异,其永磁磁路为轴向,从转子 A 端到定子的 A 端,轴向到定子 B 端,转子的 B 端,经磁钢闭合。在这个磁路上,总的磁导与转子位置无关,即总磁导基本不变,故也不会产生转矩。因此,只有当转子磁钢充磁后,控制绕组通电时,才有可能产生转矩。

当定子各相绕组按顺序通以直流脉冲时,转子每次将转过一个步距角,其值为

$$\theta_{\mathrm{b}} = \frac{360°}{2mZ_R}$$

用电弧度表示为

$$\theta_{\mathrm{be}} = \frac{2\pi}{2m} = \frac{\pi}{m} \quad (电弧度)$$

这种电机可以像反应式步进电动机那样做成小步距角,并有较高的起动频率,同时它又有永磁式控制功率小的优点(这点对于航空设备来说特别重要)。当然,由于采用磁钢,并分成两段,结构和工艺都比反应式复杂一些。

永磁感应子式步进电动机的恒定激磁是由转子上的永久磁钢产生的。永久磁钢性能不太稳定,惯量比较大,无论在装配上和制造上都不太方便。因此,如同直流电激磁的电磁减速式同步电动机一样,可在定子轴向激磁绕组中通以直流电激磁来代替永久磁钢,这就成了电磁感应子式步进电动机,其工作原理与永磁感应子式完全相同。

8.3.3 直线和平面步进电动机

在许多自动装置中,要求某些机构快速地作直线或平面运动,而且要保证精确地定位。由此就诞生了直线和平面步进电动机,如图8-22和图8-23所示。

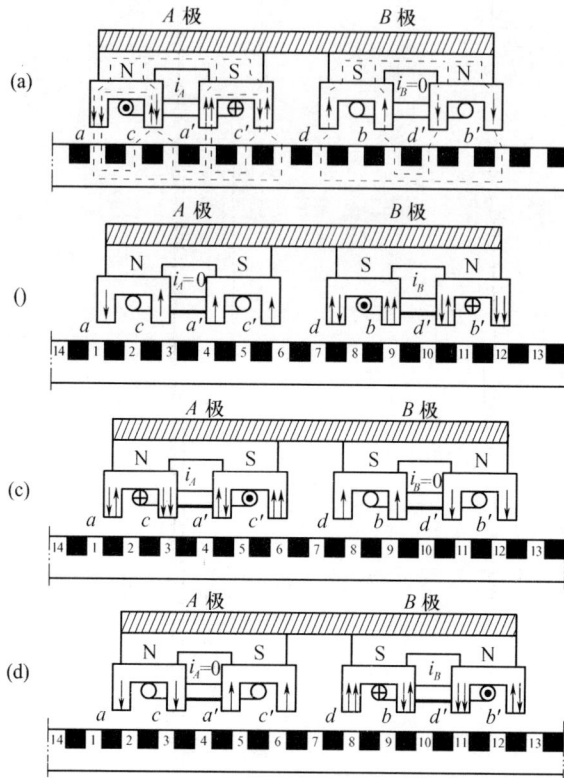

图8-22 直线步进电动机工作原理示意图

图8-22表示直线步进电动机的结构和工作原理。其中,定子用铁磁材料制成如图所示的"定尺",其上开有阀距为t的矩形齿槽,槽中填满非磁性材料(如环氧树脂)使整个定子表面非常光滑。动子上装有两块永久磁钢A和B,每一磁极端部装有用铁磁材料制成的Π形极片,每块极片有两个齿(如a和c),齿距为$1.5t$。这样,当齿a与定子齿对齐时,齿c便对准槽。同一磁钢的两个极片间隔的距离刚好使齿a和a'能同时对准定子的齿,即它们的间隔是kt,k代表任一整数:1、2、3、4……。

磁钢B与A相同,但极性相反,它们之间的距离应等于$\left(k \pm \dfrac{1}{4}\right)t$。这样,当其中一个磁钢的齿完全与定子齿和槽对齐时,另一磁钢的齿应处在定子的齿和槽的

212

中间。

在磁钢 A 的两个 Π 形极片上装有 A 相控制绕组,磁钢 B 上装有 B 相控制绕组。如果某一瞬间,A 相绕组中通入直流电流 i_A,并限定箭头指向左边的电流为正方向,如图 8-22(a)所示。这时 A 相绕组所产生的磁通在齿 a、a' 中是与永久磁钢的磁通相叠加,而在齿 c、c' 中却是抵消,这时齿 c、c' 全部去磁,不起任何作用。在这过程中,B 相绕组不通电流,即 $i_B=0$,磁钢 B 的磁通量在齿 d、d'、b 和 b' 中大致相等,沿着动子移动方向各齿产生的作用力互相平衡。概括说来,这时只有齿 a 和 a' 在起作用,它使动子处在如图 8-22(a)所示的位置上。

为了使动子向右移动,即从图 8-22(a)移到图 8-22(b)所示的位置,就要切断 A 相绕组的电源,使 $i_A=0$,同时给 B 相绕组通入正向电流 i_B,这时在齿 b 和 b' 中 B 相绕组产生的磁通与磁钢的磁通相叠加,而在齿 d、d' 中却是抵消。因此,动子便向右移动半个齿宽,即 $t/4$,使齿 b 和 b' 移到与定子齿相对齐的位置。

如果切断电流 i_B,并给 A 相绕组通上反方向电流,这时,A 相绕组及磁钢 A 产生的磁通在齿 c 和 c' 中相叠加,而在齿 a、a' 中相抵消,动子便向右又移动 $t/4$,使齿 c 和 c' 与定子齿相对齐,见图 8-22(c)。

同理,如切断电流 i_A,给 B 相绕组通上反向电流,动子又向右移动 $t/4$,使齿 d 和 d' 与定子齿相对齐,见图 8-22(d),这样,经过图 8-22(a)~图 8-22(d)所示的四个阶段后,动子便向右移动了一个齿距 t。如果还要继续移动,只需重复前面次序通电。

相反,如果想使动子向左移动,只要把四个阶段倒过来,即图 8-22(d)~图 8-22(a)。

上面介绍的是直线步进电动机的原理,如果要求动子作平面运动,这时应将定子改为——块平板,其上开有 x、y 轴方向的齿槽,定子齿排成方格形,槽中注入环氧树脂,而动子是由两台上述这样的直线步进电动机组合起来制成,如图 8-23 所示。其中,一台保证动子沿着 x 轴方向移动,与它正交的另一台保证动子沿着 y 轴

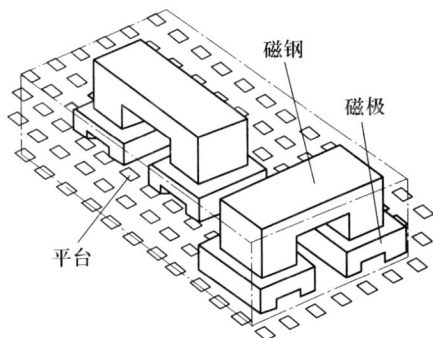

图 8-23　平面步进电动机

方向移动。这样,只要设计适当的程序控制语言,借以产生一定的脉冲信号,就可使动子在 xy 平面上作任意几何轨迹的运动,并定位在平面上任何一点,这就成为平面步进电动机了。

8.4 步进电动机的型号选择与使用

步进电动机的使用范围较广,因而世界各国也都大力发展,造成生产厂商众多,规格各异,看起来缺乏一个统一的标准。国内地面使用的步进电动机基本上可分为 BF、BY、BYG 几个系列。在一般的电机工程手册、微型电机手册上均可查到。按照国产控制微电机的一般表示法,以 90BF06 为例,90 表示机座号,电机外径 90mm,BF 表示反应式步进电动机,06 表示该机座下的设计序号,后面有时还可加一个"TH",表示湿热地区使用。

由于型号较多,有时无从上手,但一般可按下述步骤来选择,或者检查已有电机是否可用:

(1) 电机相数。与辅助控制器是否相配?

(2) 额定电压。加到驱动器上的直流电压,一般由电机推荐。使用中要检查驱动方法,电压是否适用? 高了易烧毁电机或控制器,低了达不到性能要求。

(3) 静态电流。电机制动状态所需的定位电流,单相定位和多相定位差别较大,通常多相定位需要较大的电流。

(4) 最大静态转矩。电机给出的参数,也可试验测定。选择它为负载转矩的 2 倍~3 倍,留有足够的余量。

(5) 控制器分配方式。决定电机的运行性能,对于简单系统尽量选择简单的分配方式,以降低系统的总复杂度,提高可靠性。

(6) 步距角或每步转数。既反映最小分度单位,也反映快速移动时的可能速度。

(7) 单步角差。由于结构、制造及负载等原因,步进电动机各单步与理论步距角之间存在误差,这个误差就称为单步角差。产品手册中一般会给出,供设计开发系统时作误差容限参考。由于步进电动机转过一转后,误差不积累,所以,长期连续运行方式的电机对此误差要求低,而要求高精确定位时,要考虑此误差。步距角越小,单步误差越大,如步距角小于 1.5° 时,允许有 40% 的误差。

(8) 起动、运行、制动和反转频率等。电机的说明书中,通常包括一些矩频曲线和惯频特性曲线或表格。通过考虑电机和负载两重因索,共同确定这些频率,使用中应该在这些频率的限定范围内,以防止电机失步或其它非正常运行。

通过以上几步,仔细检查各参数,以及与控制器的配合,便可得到一个实用的步进系统。

小　结

步进电动机作为变磁阻电机的一种类型,其功用是将脉冲电信号变换为相应的角位移或直线位移。它的角位移或线位移量与脉冲数成正比,它的转速或线速度与脉冲频率成正比;它能按照控制脉冲的要求,迅速启动、反转、制动和无级调速;工作时能够不失步,步距精度高,停止时能锁住。鉴于这些特点,步进电动机在自动控制系统中,特别是在开环的数字程序控制中作为传动元件而得到广泛的应用。

步进电动机由专用电源供给电脉冲,每相绕组是脉冲式通电。每输入一个电脉冲信号,转子转过一个步距角,它由转子齿数和运行拍数所决定。由于每台电机可采用单拍制,也可采用双拍制分配方式运行,所以步进电动机一般可有两个步距角。

步进电动机的作用原理其实就是电磁铁的原理。

步进电动机的运行特性包括静特性和动特性两大类。静特性主要是用矩角特性来描述的,而动特性则是通过矩频特性来反映的。步进电动机静止时,转矩与转子失调角间的关系称为矩角特性。矩角特性上的转矩最大值表示电机承受负载的能力,它与电机特性的优劣有直接关系,也是步进电动机最主要的性能指标之一,一般通过增加通电相数能提高它的值。

由于电感的影响,定子绕组电流不能突变,致使步进电动机的转矩随频率增高而减小。

步进电动机动态时主要特性和性能指标有运行频率和运行矩频特性、启动频率和启动矩频特性。尽可能提高电机转矩,减小电机和负载的惯量,是改善电机动态性能的主要途径。

步进电动机的运行性能是由电机本体和辅助控制器两者配合的综合表现。控制器的技术主要体现在对绕组通电次序的安排和功率驱动上。通过对绕组的通电次序的合理安排,可以实现快速起动、调速、制动和反转,以及细分步距角等,构成控制器的信号单元;功率驱动单元则是将信号电路来的电流信号放大去驱动步进电动机。步进电动机的常用控制方法包括以下几种:

（1）单一电压型功率驱动电源。

（2）高、低压切换型功率驱动电源。

（3）单电压斩波型恒流功率驱动电源。

思　考　题

（1）一台三相反应式步进电动机,转子齿数为50,求不同拍数运行方式下的步距角。

（2）总结步距角的大小对电机性能的影响。

（3）如何计算步进电动机的转速？它与负载大小有何关系？

（4）一台牌号 110BF03 型步进电动机，标称步距角为四相/0.36°，负载运行频率给出 0.392N·m/4000 步/s，那么电机拖动一个 0.392N·m 的负载时，转速为多少？

（5）四相反应式步进电动机有那几种可能的通电方式？

（6）为什么步进电动机的起动频率一般低于运行频率？

（7）为什么随着驱动频率的升高，步进电动机输出的电磁转矩会下降？

（8）步进电动机的动态稳定与静态稳定有何区别？其稳定区域是否相同？

（9）步进电动机采用高低压驱动电源有何优点？

（10）分析细分驱动方法中，等阶梯与不等阶梯法的优劣，并设计一个四相电机 9 阶细分的电流数据。

第9章　开关磁阻电动机

开关磁阻电机(Switched Reluctance Machine,SRM),是20世纪80年代兴起的一种典型的机电一体化电机。它融新型电机结构与现代电力电子技术、控制技术于一体,即可用作电动机也可以用作发电机。当用作电动机(SRD)时,它就相当于带位置闭环速度控制的大步距步进电动机,具有结构简单、转子转动惯量小、成本低、动态响应快、调速范围宽、输出特性变化灵活,并能适应恶劣工作环境等优点。当用作发电机(SRG)时,它利用磁阻效应机理实现机电能量转换,与常规电机的切割磁力线原理有着本质差别,因此在电磁、结构及控制方面均有独特的优点,具有可靠性高、余度及容错能力强、对环境适应性强、可维护性好以及适宜大容量发电、效率高、功率密度高、品质好等优越性。故开关磁阻电机被应用在先进的多电/全电飞机的起动/发电系统(SR–S/G)中。本章主要介绍开关磁阻电动机。

9.1　开关磁阻电动机的基本结构和工作原理

9.1.1　基本结构

开关磁阻电动机又称开关磁阻电机驱动系统(Switched Reluctance Drive,SRD),主要由开关磁阻电机(SRM或SR电动机)、功率变换器、位置检测器和控制器四大部分组成,如图9–1所示。

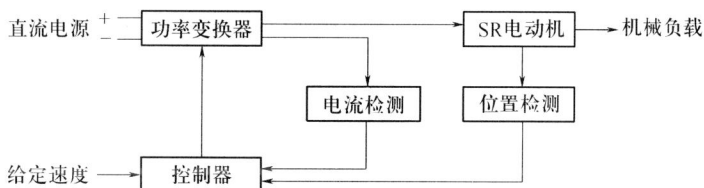

图9–1　SRD基本构成框图

SR电动机是SRD中实现机电能量转换的部件,它的结构与反应式步进电动机相似,其运行原理也遵循磁阻最小原理,即磁通总是沿着磁阻最小的路径闭合,从而产生磁拉力形成磁阻性质的电磁转矩。与之相适应,其结构原则是转子旋转时,磁路的磁阻要有尽可能大的变化。所以,SR电动机的定子、转子均由普通电工钢叠压而成,采用双凸极结构,且定子、转子极数不同。定子上装有集中绕组,径向相对的两个绕组相串联或并联,构成一相。转子上无绕组和永磁体。

SR 电动机按相数分,有单相、两相、三相及多相 SR 电动机;按气隙分,有轴向式、径向式和径向—轴向混合式结构;按每极的齿数分,有单齿结构和多齿结构;按定子、转子的相对位置分,有内转子和外转子结构。低于三相的 SR 电动机一般没有自起动能力。增加 SR 电动机的相数,有利于减小其转矩波动,但会带来结构复杂、主开关器件多以及成本增加等问题。目前应用较多的是三相、四相和五相结构。

图 9-2 所示为一台典型的四相 8/6 极 SR 电动机的结构原理图。定子 8 极,转子 6 极,定子上装有集中绕组,径向相对的两个绕组串联成一相,转子上无绕组和永磁体。S_1、S_2 是电子开关器件,VD_1、VD_2 是续流二极管,U_s 为直流电源。

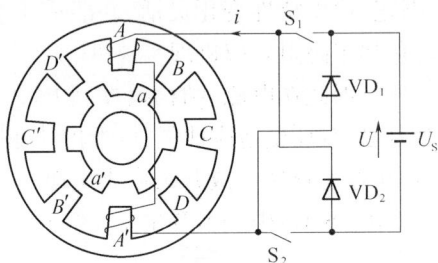

图 9-2　四相 8/6 极 SR 电动机结构原理图

功率变换器向 SR 电动机提供运转所需的能量,其自身由直流电源供电。变换器的主电路的结构形式与供电电压、电动机相数和主开关器件的种类等有关。

位置检测器向控制器提供转子位置及速度等信号,控制器必须借助位置传感器获得的转子位置信息,以保证在恰当时刻接通或断开相应的相绕组,以产生不同的电磁转矩,获得不同的转速、转向及运行状态。

控制器是 SRD 的中枢,它综合处理给定速度指令、速度反馈信号以及电流传感器、位置传感器的反馈信号,从而控制功率变换器中主开关器件的工作状态,实现对 SR 电动机运行状态的最终控制。

9.1.2　工作原理

由于当 SR 电动机的转子处于不同的位置时,定子的各相电感是不同的,因此,如果控制相绕组通电的时刻,就可改变相绕组中电流的大小及波形,从而使电机的转子有不同的转速、转向以及进入不同的运行状态。SR 电动机的控制器,根据位置检测器检测到的定子、转子间的相对位置,按照给定的运行指令导通相应相绕组的主开关元件。相绕组中有电流流过时产生磁通,转子因受到磁拉力的作用而转动,直到转子转到被其吸引的定子磁极相重合(此时磁阻最小)时为止。同时,控制器根据新的位置信息关断当前相,而导通下一相,使转子继续向下一个平衡位置转动。这样,一方面,控制器根据相应的位置信息,按一定的控制逻辑,连续不断地导通和关断相应的主开关,就可以产生连续的同方向转矩,使转子按给定的转速连续运行。另一方面,按照一定的控制策略,控制各相绕组通断时刻以及绕组电流的大小,使 SRD 处在最佳运行状态。因此,可以说位置闭环是开关磁阻电动机有别于反应式步进电动机的重要标志之一,开关磁阻电动机其实就是带位置闭环速度控制的步进电动机。

如图 9-2 所示,当定子 A 相磁极轴线 AA' 与转子磁极轴线 aa' 不重合,A 相绕组电流控制开关 S_1、S_2 闭合时,A 相绕组通电,B、C、D 三相绕组不通电(图中未画出该三相绕组及相应的电源部分),此时,电机内建立起以 AA' 为轴线的磁场,定子、转子间所产生的切向磁拉力力图使转子旋转到转子磁极轴线 aa' 与定子 A 相磁极轴线 AA' 相重合的位置,从而产生磁阻性质的电磁转矩,使转子转动。当定子、转子磁极正对,aa' 与 AA' 重合时,切向磁拉力消失,转子不再转动。顺序给 A→B→C→D 相绕组通电,则转子便会按逆时针方向连续转动起来;反之,依次给 B→A→D→C 相绕组通电,则转子便会沿顺时针方向连续转动。

图 9-3(a)表示 A 相定子、转子磁极正对时,电动机内各相定子磁极与转子磁极的相对位置。由图可见,此时 B 相定子磁极轴线 BB' 与转子磁极轴线 bb' 的相对位置,正好与 A 相绕组通电时相同。若此时关断 A 相电流控制开关,闭合 B 相电流控制开关,则 A 相绕组断电的同时,B 相绕组通电,在电机中建立以 BB' 为轴线

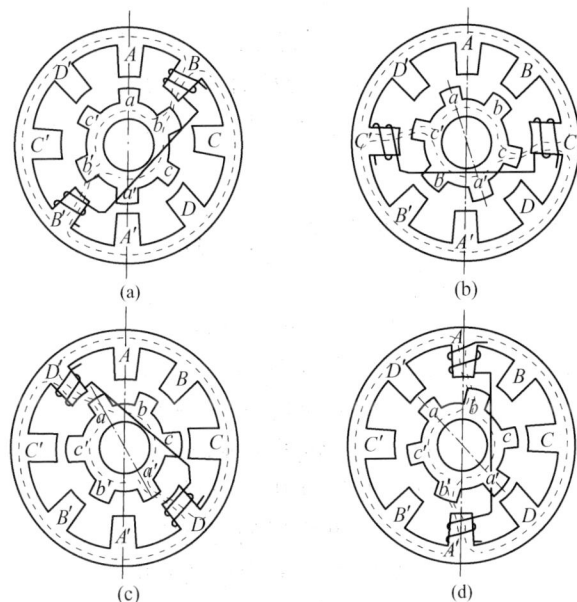

(a)　　　　　　　　(b)

(c)　　　　　　　　(d)

图 9-3　SR 电动机各相绕组顺序通电时的磁场情况

的磁场,电机内的磁场沿顺时针方向转过$\frac{\pi}{4}$空间角,此时又出现类似 A 相绕组通电时的情形。在此期间,转子沿逆时针方向转过一个位置,使转子磁极轴线 bb' 与 B 相定子磁极轴线 BB' 重合,如图 9 - 3(b)所示。同理,当使 B 相绕组断电的同时,C 相绕组通电,则在电机中建立起以 CC' 为轴线的磁场,磁场又沿顺时针方向转过 $\frac{\pi}{4}$ 空间角,转子又沿逆时针方向转过一个位置,如图 9 - 3(c)所示。紧接着,C 相绕组断电,D 相绕组通电,类似的情况又重复一次。最后,当 D 相绕组断电时,SR 电动机中定子、转子磁极的相对位置如图 9 - 3(d)所示。它与图 9 - 2 所示的情况类似,区别是定子 A 相磁极相对的不再是转子磁极 aa',而是 bb'。这表明:定子四相绕组 $A \to B \to C \to D$ 轮流通电一个循环,转子逆时针转过一个转子极距。

一般地,设定子每相绕组开关频率为 f,每个周期 m 相轮流导通,每分钟有 $60mf$ 个步进状态,转子极数为 Z_r,每转步数为 N_p,则 SR 电动机的同步转速为

$$n = \frac{60mf}{N_p} = \frac{60f}{Z_r}(\text{r/min}) \tag{9.1}$$

由于 SR 电动机中的电磁转矩是磁阻性质的电磁转矩,故电机的转向与绕组中的电流方向无关,仅取决于相绕组通电的顺序,这使得功率变换器电路可以充分简化。当主开关 S_1、S_2 闭合时,A 相绕组从直流电源 U_S 吸收电能,而当 S_1、S_2 断开时,绕组电流通过续流二极管 VD_1 和 VD_2,将剩余能量回馈给电源 U_S。因此,SR 电动机具有能量回馈的特点,系统效率高。

但是,SR 电动机还有另外两个重要特征,一个是磁路严重非线性,另一个是电流的非正弦性。在对 SR 电动机作定性分析时,通常忽略磁路的非线性,认为定子磁链与定子绕组电流成正比,定子电感 L 仅是转子角度 θ 的函数,即定子磁链 $\psi_S = L(\theta) \cdot i$。则电磁转矩为

$$M(\theta,i) = \frac{i^2}{2} \cdot \frac{\mathrm{d}L}{\mathrm{d}\theta} \tag{9.2}$$

式中:L 为任意转角 θ 下的相电感。

图 9 - 4 所示为理想线性假设下,当转子旋转时,定子相电感随转子转角 θ 作周期性变化的规律。显然,定子相电感呈梯形波变化,每个通电周期可分为四个区间。当定子、转子磁极轴线对齐,即齿对齿时,主磁路的磁阻最小,相应的电感最大,对应于图 9 - 4 中的 B 区;当定子、转子磁极轴线互相正交,即转子槽对定子齿时,相应的定子电感最小,对应于图 9 - 4 中的 D 区;A 区对应于转子齿前沿与定子齿逐渐接触到与定子齿重叠时,定子相电感的变化情况;C 区对应于转子齿后沿逐渐离开定子齿到完全脱离定子齿时,定子相电感的变化情况。转子齿的宽度 β_r 与定子齿的宽度 β_S 一般是不相等的,通常 $\beta_r > \beta_S$。因此,存在一定区间 $(\beta_r - \beta_S)$,使得定子齿与转子齿之间的磁阻不变,相应的定子电感在 B 区存在长度为 $(\beta_r - \beta_S)$

的 $L_{\max}$ 区间。同理,转子槽的宽度往往也大于定子齿宽,故相应的定子电感在 D 区存在长度为 $(\alpha_r - \beta_S)$ 的 $L_{\min}$ 区间。

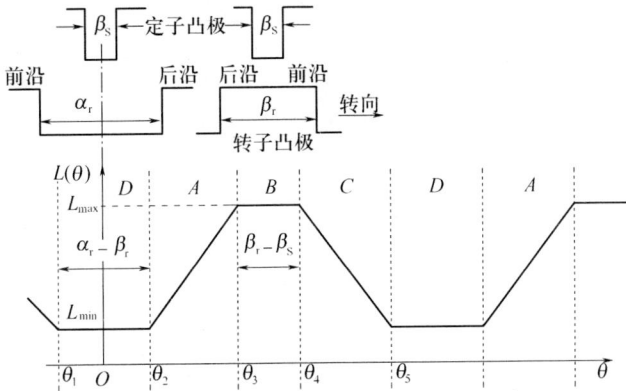

图 9-4 定子绕组的相电感随转子转角 θ 的变化规律

在 D 区,即 $\theta_1 \leqslant \theta \leqslant \theta_2$ 时,电感为最小值 $L_{\min}$ 且恒定,由式(9.2)可知电磁转矩为零;在 A 区,即 $\theta_2 \leqslant \theta \leqslant \theta_3$ 时,电感增大,相绕组通以电流,则产生正转矩,处于电动机状态;在 B 区,即 $\theta_3 \leqslant \theta \leqslant \theta_4$ 时,电感为最大值 $L_{\max}$ 且恒定,不产生电磁转矩;在 C 区,即区间 $\theta_4 \leqslant \theta \leqslant \theta_5$ 时,电感下降,相绕组通以电流,则产生负转矩,处于发电机状态。因此,控制相绕组电流导通的时刻、相电流脉冲的幅值和宽度,即可控制 SR 电动机转矩的大小和方向。

顺便指出的是,由上述分析可知,要使一定转速的 SR 电动机进入发电机状态,需要在相感减小区域之前提供给相绕组激磁电流。以 A 相为例,在 $\theta_3 \leqslant \theta \leqslant \theta_4$ 区域闭合开关 S_1、S_2,使其导通,为 A 相绕组提供激磁电流,一旦电流达到设定值,则关断 S_1、S_2。由于 A 相绕组中的电流不可能瞬时减小到零,故在 $\theta_4 \leqslant \theta \leqslant \theta_5$ 区域,电机产生制动力矩,其输出电流通过续流二极管回馈给直流电源,或者提供给直流负载。B、C、D 相工作情况与此类似。

SR 电动机的转矩特性 $M = f(n)$ 可分为三个区域,即恒转矩区、恒功率区和自然特性区(串励特性区),如图 9-5 所示。在恒转矩区,由于电机转速较低,电机反电动势小,因此需对电流进行斩波限幅,称为电流斩波控制(Chopped Current Control,CCC)方式,也可采用调节相绕组外加电压有效值的 PWM 控制方式;在恒功率区,通过调节主开关管的开通角和关断角取得恒功率特性,称为角度位置控制(Angular Position Control,APC)方式;在自然特性区,电源电压、开通角和关断角均固定,转矩与转速的平方成反比,由于自然特性与串励直流电机的特性相似,故亦称为串励特性区。转速 n_1、n_2 为各特性交接的临界转速,是 SR 电动机运行和设计时要考虑的重要参数。n_1 是 SR 电动机开始运行于恒功率特性的临界转速,定义为 SR 电动机的额定转速,亦称为第一临界转速,对应功率即为额定功率;n_2 是能得到额定功率的最高转速,恒功率特性的上限,可控条件都达到了极限。当转速再增加时,输出功率将下降,n_2 亦称为第二临界转速。

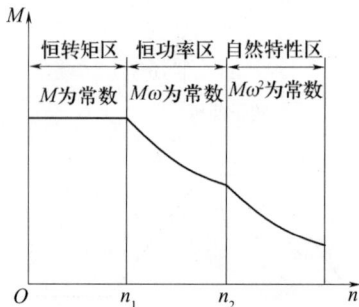

图 9 - 5　SR 电动机的转矩特性

9.2　开关磁阻电动机的基本控制原理

由 SR 电动机的工作原理可知,通过控制 SR 电动机相绕组的激磁顺序和激磁电流的区域,可实现电动机的正转、反转、起动及制动等功能;通过调节激磁绕组电流的大小及其在电感变化区的通电时间来调节 SR 电动机的转矩,可以达到调节 SR 电动机转速的目的。

由图 9 - 5 可知,对于给定的 SR 电动机,在最高外加电压、允许最大磁链和最大电流的条件下,存在一个临界转速 n_1,它是 SR 电动机能得到最大转矩的最大速度,这一临界速度称为基速。基速也是 SR 电动机能得到最高电磁功率的最低速度。SR 电动机从静止到基速 n_1 的过程中,具有恒转矩特性,当转速大于基速 n_1 时,具有恒功率特性。对应于不同的运行方式,SR 电动机有不同的控制方式。

图 9 - 6 所示为一个四相 SRM 组成的调速系统的原理框图。图中,除了要求 SRM 安装转子位置传感器外,还采用了增量式编码器以检测转子的转速。将所要求的转速参考信号 n^* 与实际转速 n 相比较,然后将偏差信号送至速度控制器。速

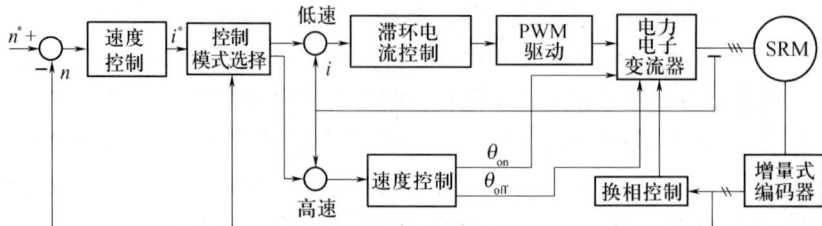

图 9 - 6　四相 SRM 组成的调速系统原理框图

度控制器的输出作为定子电流幅值的参考信号,由其决定系统所需要的电磁转矩。将实际检测到的电流与定子参考电流相比较,电流偏差送至滞环电流控制器,从而实现斩波控制或角度位置控制。

9.2.1　恒转矩区的电流斩波控制

当 SR 电动机在低于基速 n_1 的速度范围内运行时,为限制磁链和电流不超过允许值,应调节外加电压 U_S 和开关角 θ_{on}、θ_{off} 这三个可控变量。若要在 $0 \sim n_1$ 速度范围内获得恒转矩特性,可固定 θ_{on} 和 θ_{off},通过斩波控制外加电压 U_S。通常有两种方法:其一是用电流的限定方法得到恒转矩特性。改变限流幅度的大小,即可控制输出转矩变化,这就是电流斩波控制,亦称为电流 PWM 控制。其二是用速度设定值和实际速度之差,调制 U_S 加在导通相绕组上的有效时间来改变外加电压的有效值,进而改变转矩,称为电压 PWM 控制。

如图 9-7 所示为斩波控制的原理图。低速斩波时,保持 θ_{on} 和 θ_{off} 固定不变,通过调节给定峰值电流水平,即可调节电流导通区域的大小。将实测电流与给定电流水平经比较器比较后,经过一个单稳态电路,与导通区相与后,得到一系列脉冲信号,这便是主开关的通断控制信号。

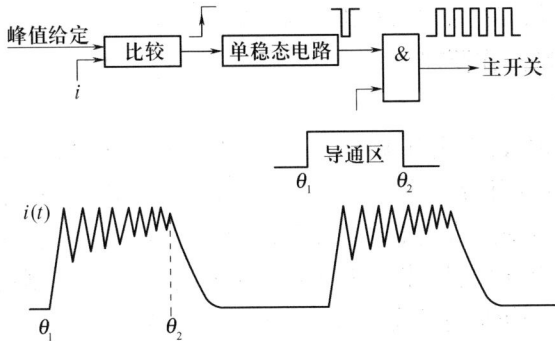

图 9-7　斩波控制原理图

9.2.2　恒功率区的角度位置控制

当 SR 电动机在高于基速 n_1 的速度范围内运行时,因旋转电动势较大,且各相主开关器件导通时间较短,因此电流较小。在外加电压 U_S 和开关角 θ_{on}、θ_{off} 一定的条件下,随着速度的增大,磁链 ψ_S 或电流 i 将以 n^{-1} 的关系下降,而转矩 M 则以 n^{-2} 的关系下降。但这种转矩的自然下降,可通过按比例地增大导通角($\theta_{off} - \theta_{on}$)来进行补偿,使其仅以 n^{-1} 的关系下降,即可在一个较宽的速度范围内得到恒功率特性。用 APC 方式控制时,对于给定的负载特性,其转速取决于 θ_{on} 和 θ_{off} 的不同组合。

APC 方式控制是控制 SR 电动机的一种最有效的方法。但必须首先解决如何控制 θ_{on} 和 θ_{off} 的问题。因为在电动机的允许范围内,对需要得到的一组转矩和转速,可以有许多,甚至无数组 θ_{on} 和 θ_{off} 与之对应。电流波形不同,对应的绕组铜损耗和电动机的效率也不同。找出众多不同的 θ_{on} 和 θ_{off},能使电动机出力相同,而效率最高的一组就能实现角度优化。寻优过程可通过计算机辅助分析实现,也可通过实验方法完成。

小　结

开关磁阻电动机具有结构简单、转子转动惯量小、成本低、动态响应快等优点。其容量可设计成几瓦到几兆瓦。系统的调速范围宽,可以在低速下运行,也可以在高速(最高转速高于 15000r/min)场合下运行。除此之外,在运行效率、可靠性、容错性等方面具有明显的优势,而且可以在恶劣的环境下工作,是一种极具发展潜力的电动机。其主要缺点是存在转矩脉动、噪声大。但是,由于开关磁阻电动机可以通过控制导通角 θ_{on}、关断角 θ_{off}、电压和电流来控制电磁转矩,属于非线性控制系统,因此其控制中仍存在很多有待进一步研究的问题。

1. 基本结构和工作原理

1) 基本结构

开关磁阻电动机主要由开关磁阻电机(SRM 或 SR 电动机)、功率变换器、位置检测器和控制器四大部分组成。其中,SR 电动机是 SRD 中实现机电能量转换的部件,它的结构与反应式步进电动机相似;功率变换器向 SR 电动机提供运转所需的能量;位置检测器向控制器提供转子位置及速度等信号;控制器是 SRD 的中枢,用于实现对 SR 电动机运行状态的最终控制。

2) 工作原理

开关磁阻电动机其实就是带位置闭环速度控制的步进电动机,其运行原理也遵循磁阻最小原理。当转子位置角不同时,其定子相电感呈梯形波变化,每个通电周期可分为四个区间。$\theta_1 \leqslant \theta \leqslant \theta_2$ 时,电感为最小值 L_{min},且恒定,电磁转矩为零;$\theta_2 \leqslant \theta \leqslant \theta_3$ 时,处于电动机状态;$\theta_3 \leqslant \theta \leqslant \theta_4$ 时,电感为最大值 L_{max},且恒定,不产生电磁转矩;$\theta_4 \leqslant \theta \leqslant \theta_5$ 时,电感下降,相绕组通以电流,则产生负转矩,处于发电机状态。控制相绕组电流导通的时刻、相电流脉冲的幅值和宽度,即可控制 SR 电动机转矩的大小和方向。

SR 电动机的转矩特性 $M = f(n)$ 可分为三个区域,即恒转矩区、恒功率区和自然特性区(串励特性区)。

2. 基本控制原理

对应于不同的运行方式,SR 电动机有不同的控制方式。在恒转矩区工作时,需采用电流斩波控制方式;在恒功率区,需采用角度位置控制方式。

思 考 题

（1）开关磁阻电动机与步进电动机有何异同点?

（2）开关磁阻电动机主要由哪几部分组成? 各部分的作用分别是什么?

（3）简述开关磁阻电动机的基本工作原理。

（4）开关磁阻电动机有几种不同的运行方式? 各种运行方式需采用什么控制方法? 为什么?

第10章　常用控制电器

电器是根据外界特定的信号和要求,自动或手动接通和断开电路,断续或连续地改变电路参数,实现对电路或非电路对象的切换、控制、保护、检测、变换和调节用的电气设备。简言之,电器就是一种能控制电的工具。

按额定电压的高低,电器可分为高压电器和低压电器。低压电器通常是指用于交流额定电压1200V、直流额定电压1500V以下的电路中起通断、保护、控制或调节作用的电器产品。本章中主要介绍飞机中常用的低压控制电器。

在飞机上,控制电器主要用于控制各用电设备的工作,保护供电和用电设备不致因电路短路或过载而遭到损坏,以保证机上电气设备完成所担负的各项任务。本章在介绍各低压控制电器基本原理的基础上,介绍飞机上常用控制电器的基本结构、工作原理及其使用特点,对可编程控制器PLC的组成、原理及使用特点也做一定的介绍。

10.1　常用电磁式低压控制电器

各类电磁式低压控制电器的工作原理和结构基本相同,主要由检测部分(电磁铁)和执行部分(触点)组成。检测部分接受外界输入的信号,并通过转换、放大和判断,做出有规律的反应,使执行部分动作,发出相应的指令实现控制的目的。

10.1.1　电磁铁的基本原理

电磁铁作为各种电磁式控制电器的检测部分,是这类电器的重要组成部分。

1. 电磁铁的结构

电磁铁由线圈、铁芯和衔铁三部分组成。电磁铁的结构形式大致有以下三种:

(1) E形电磁铁。如图10-1(a)所示,E形电磁铁分单E型(仅铁芯为E型)和双E型(铁芯和衔铁均为E型),而柱形电磁铁则可看成是E型电磁铁的一个特例。E型结构的电磁铁多用作交流接触器、交流继电器以及其它交流电磁系统。

(2) 螺管式电磁铁。如图10-1(b)所示,螺管式电磁铁多用作索引电磁铁和自动开关的操作电磁铁,但也有少数过电流继电器采用这种形式的电磁铁。

(3) 拍合式电磁铁。如图10-1(c)所示,拍合式电磁铁广泛用于直流继电器和直流接触器,有时也用于交流继电器。

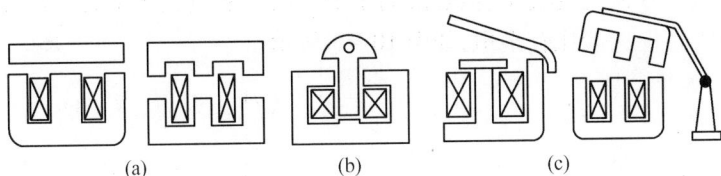

图 10 - 1　电磁铁的几种形式

(a) E 型电磁铁；(b) 螺管式电磁铁；(c) 拍合式电磁铁。

2. 直流电磁铁

工作时,线圈通入直流电的电磁铁称为直流电磁铁。通常,直流电磁铁的衔铁和铁芯均由软钢或工程纯铁制成。当线圈接上电源时,线圈中就有了激磁电流,使电磁铁磁路中产生密集的磁通。该磁通作用于衔铁,在电磁吸力的作用下,衔铁吸合并做功。因此,电磁铁实质上是一种将电能转换为磁能的能量转换装置。

直流电磁铁的电磁吸力为

$$F = \frac{1}{2\mu_0} \cdot B^2 S$$

式中:$\mu_0 = 4\pi \times 10^{-7} \, \text{H/m}$;$B$ 为气隙磁感应强度;S 为决定电磁吸力的衔铁端面面积。

当 S 为常数时,F 与 B^2 成正比。

如图 10 - 2 所示,电磁吸力与气隙的关系曲线称作电磁铁的吸力特性。其特点是电磁吸力与气隙大小的平方成反比,即气隙越大,电磁吸力越小;反之,电磁吸力越大。显然,电磁铁的激磁安匝数越大,其在行程中任一位置的电磁吸力也越大。

由电磁铁的吸力特性可知,电磁线圈激磁电压的升高或降低、衔铁行程的调大和调小,都将影响电磁铁的吸力特性,从而影响电磁铁的工作特性。

由于直流电磁铁通入的是直流电,铁芯中不会产生涡流和磁滞损耗而发热,只有线圈发热,因此线圈与铁芯接触,以利于散热。线圈做成无骨架、高而薄的瘦高型,以改善线圈自身散热。

3. 交流电磁铁

交流电磁铁是激磁电流为交流的电磁铁。它与直流电磁铁的区别主要在于以下几方面:

(1) 对并激线圈来说,在电压一定的情况下,激磁电流不仅决定于线圈的电阻,还决定于线圈的电抗,且它是随着气隙的大小(即衔铁的行程)而变化的。

(2) 由于激磁电压是按正弦规律变化的,所以当电流为零时,电磁吸力也为零。这将使电磁铁在工作过程中要产生振动,故应采取专门的措施加以消除。否则,电磁铁将不能正常工作。

227

（3）交流电磁铁是变安匝、恒磁链的系统。由于磁链大体上为恒值，因而交流电磁铁的吸力特性一般比较平坦，如图 10 - 3 所示。

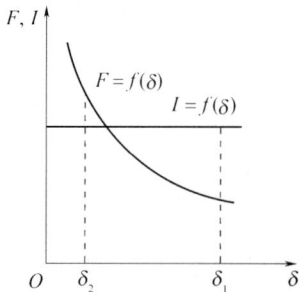

图 10 - 2　直流电磁铁的吸力特性　　　图 10 - 3　交流电磁铁的吸力特性

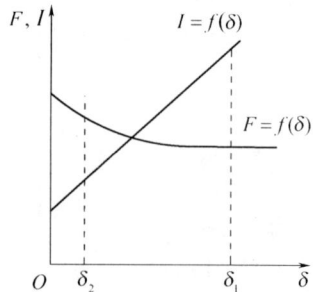

在交流电磁铁中，当气隙 δ 变化时，I 与 δ 成线性关系。

一般 U 型交流电磁铁在线圈通电而衔铁尚未吸合瞬间，电流将达到吸合后额定电流的 5 倍～6 倍，而 E 型电磁铁将达到 10 倍～15 倍。如果衔铁卡住不能吸合，或者频繁动作，线圈可能烧毁。这就是对于可靠性高，或频繁动作的控制系统大都采用直流电磁铁，而不采用交流电磁铁的主要原因。

交流电磁铁通入交流电，磁感应强度为交变量，即

$$B = B_{\mathrm{m}}\sin \omega t$$

交流电磁铁的电磁吸力为

$$F = \frac{1}{2\mu_0} \cdot S \left(B_{\mathrm{m}}\sin \omega t \right)^2$$

电磁吸力按正弦函数平方的规律变化，最大值为

$$F_{\mathrm{m}} = \frac{1}{2\mu_0} \cdot SB_{\mathrm{m}}^2$$

电磁吸力的最小值为零。当电磁吸力的瞬时值大于反力时，铁芯吸合；当电磁吸力的瞬时值小于反力时，铁芯释放。所以电源电压变化一个周期，电磁铁吸合两次，释放两次，电磁铁会产生剧烈的振动和噪声，对电器的正常工作十分不利。解决的办法是在铁芯端面开一个小槽，在槽内嵌入铜质短路环，如图 10 - 4 所示。嵌入铜环后，交变磁通 ϕ_1 的一部分穿过短路环，在环中产生感应电流，因此环中的磁通为 ϕ_2。通常，磁通 ϕ_1、ϕ_2 为相位相差约 90° 电角度的两相磁通。这使得线圈的电流和磁通过零时，短路环中的磁通不为零。由于电磁吸力与磁通的平方成正比，故由两相磁通产生的合成电磁吸力较为平坦，在电磁铁通电期间，电磁吸力始终大于反力，使铁芯牢牢吸合，这样就消除了振动和噪声。一般来说，短路环包围约 $\frac{2}{3}$ 的铁芯端面。

228

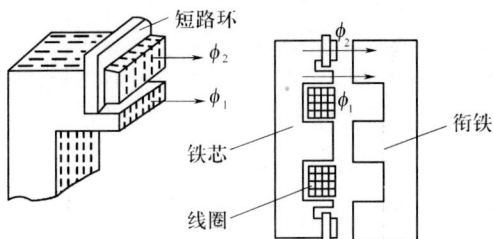

图 10 - 4 交流电磁铁的短路环

4. 电磁铁的线圈

线圈的作用是产生磁通,将电能转换为磁能,衔铁在电磁吸力的作用下产生机械位移,使铁芯吸合。根据磁链的需要,线圈可分为串联和并联两种,前者称为电流线圈,后者称为电压线圈。电流线圈串接在主电路中,电流较大,所以常用扁铜条或粗铜线绕制,匝数少;电压线圈并接在电源上,匝数多、阻抗大、电流小,常用绝缘较好的漆包线绕制。

从结构上看,线圈大致可分为有骨架和无骨架两种。交流电磁铁的线圈多为有骨架式,且线圈形状做成矮胖型,且铁芯用硅钢片叠成,这是因为考虑到铁芯中有磁滞损耗和涡流损耗,采用这种结构有利于散热。直流电磁铁的线圈则多是无骨架式,其线圈形状做成瘦高型。

5. 吸力特性和反力特性的配合

电磁铁中的衔铁除受到电磁吸力的作用外,还要受到反作用力(即阻力)的作用。反作用力主要包括使衔铁返回原位的回复弹簧的反力、触点弹簧的反力以及可动部分的重量等。反作用力与气隙的关系 $F = f(\delta)$ 称为反力特性。

如图 10 - 5 所示为反力特性与吸力特性之间的配合关系。由图可见,欲使接触器衔铁吸合,在整个吸合过程中,吸力需大于反力,这样触点才能闭合接通电路。在 $\delta_1 \sim \delta_2$ 的区域内,反力随气隙减小略有增大。到达 δ_2 位置,动触点开始与静触

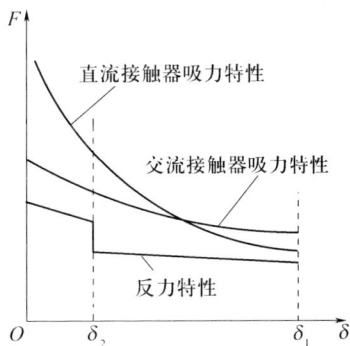

图 10 - 5 吸力特性和反力特性

229

点接触,这时触点上的初始力作用到衔铁上,反力骤增,曲线突变。其后在 δ_2 到 0 的区域内,气隙接触点压得越紧,反力越大,较 $\delta_1 \sim \delta_2$ 段陡。

为了保证吸合过程中衔铁能正常闭合,在各个位置上的吸力必须大于反力,但也不能过大,否则会影响电器的机械寿命。反映在图 10-6 上就是要保证吸力特性高于反力特性。上述特性对于继电器同样适用。在使用中常常通过调整反力弹簧或触点初压力以改变反力特性,就是为了使之与吸合特性有良好的配合。

6. 返回系数

返回系数是反映电磁铁吸力特性与反力特性紧密配合程度的一个参数。当电压或电流达到一定值时,电磁铁动作,动作后电压或电流就要返回。为此,以电磁铁返回电压(电流)与动作电压(电流)的比值称为电磁铁返回系数。返回系数小于 1 的称为过量电磁铁,返回系数大于 1 的称为欠量电磁铁。

10.1.2 电接触及灭弧工作原理

1. 电接触

电路中导体互相连接的地方,叫做电接触。构成电接触的导体叫做接触点,或称为电触头。电接触有三种类型:

(1) 固定的电接触。这类电触头的两个导体,在通电和断电时都不分离,通常用紧固件如螺钉、铆钉或插塞的方式连接在一起,如导线接头和插销中的插孔、插钉等。

(2) 滚动及滑动的电接触。这类电触头的两个导体,在工作过程中,接触面间可以互相滑动或滚动,是不能分开的电接触,如电机中电刷与换向器或滑环的接触。

(3) 可分合的电接触。这类电触头的两个导体可以完全分离,又可以重新结合,以控制电路的通断,如电门、继电器或接触器中的触点。

触点(电触头)是电器的执行部分,利用触点来关合或开断电路,触点工作的好坏直接影响到整个电路工作性能的优劣。触点按其接触形式可分点接触、线接触和面接触等三种,如图 10-6 所示。

图 10-6(a)所示为点接触,它由两个半球形触点或一个半球形与一个平面触点构成。它常用于小电流的电器中,如接触器的辅助触点或继电器触点。

图 l0-6(b)所示为线接触,它的接触区域是一条直线。触点在通断过程中是滚动接触,开始接触时,静、动触点在 A 点接触,靠弹簧压力经 B 点滚动到 C 点。断开时作相反运动。这样,可以自动清除触点表面的氧化膜,同时长期工作的位置不是在易烧灼的 A 点而是在 C 点,保证了触点的良好接触。这种滚动线接触多用于中等容量的触点,如接触器的主触点。

图 10-6(c)所示为面接触,它可允许通过较大电流。这种触点一般在接触表

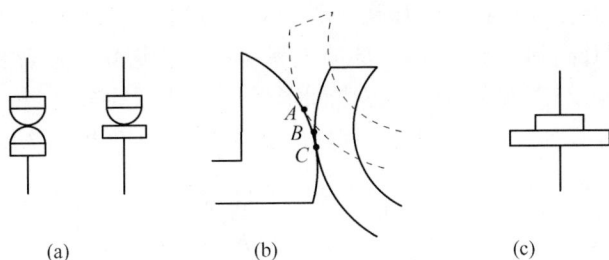

图 10 - 6 触点的三种接触形式

(a) 点接触；(b) 线接触；(c) 面接触。

面上镶有合金,以减少触点电阻和提高耐磨性,多用作较大容量接触器的主触点。

由于触点表面的凹凸不平与氧化层的存在,两个触点的接触处有一定的接触电阻。由于接触电阻的存在,当电流通过触点时,一方面会产生电压降,另一方面,触点会发热。如果接触电阻过大,会使用电设备的端电压明显降低而不能正常工作,同时触点还会因过热而损伤,甚至使局部材料熔化而粘接在一起。因此,触点的接触电阻应尽可能小。例如,按照相关技术指标的要求,控制电流为 200A 的电路中的可分触点的接触电阻应小于 0.0006Ω。

接触电阻的大小与触点的接触压力、表面状况、温度和材料等有直接关系。为了减少接触电阻,通常采取的措施有以下几种:

(1) 给触点提供足够的接触压力。要使接触电阻尽可能小,必须给触点以足够大的压力。例如,要使控制电流为 200A 的可分触点的接触电阻小于 0.0006Ω,必须使接触压力大于 21.56N。

(2) 给触点规定额定电流值。为了避免触点的温度超过允许值,而使接触处的局部材料熔化、粘接,各种控制电器中的触点均规定有额定电流值,使用中不允许超过触点的额定电流值。

(3) 触点采用电阻系数小的软金属材料。银比较软,具有较小的电阻系数,并且氧化银的电阻系数和纯银差不多,所以触点材料广泛采用银。许多铜制触点,也都镀以银,以免铜氧化而增大接触电阻。

在使用维护中,必须保证触点表面清洁,有足够大的接触压力,保证触点控制的电路电流不超过触点的额定电流值。

2. 电弧的形成

可分合触点的工作,可分为断开和闭合两个过程。

触点从闭合状态开始动作到完全断开电路,称为触点的断开过程。触点的断开过程可分为从开始动作到完全分开的金属"桥"阶段,以及从完全分开到电流中断的电弧阶段。

当触点从闭合状态开始断开电路时,接触电阻随着接触压力的减小而逐渐增大,接触部位的温度也随着逐渐升高。那些最后分离的小凸点,其电流密度更大,温度更高,温度升高到一定程度时,部分金属材料就会熔化。随着触点的分离,熔化的金属材料被拉长,就在两个触点之间形成一个液态的金属"桥",把触点连接起来。当触点分开到一定距离时,金属"桥"就被拉断,如图 10-7 所示。

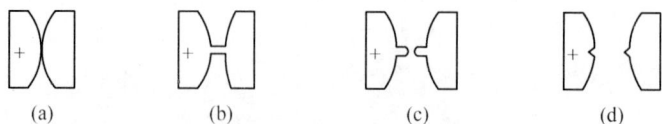

图 10-7　触点金属转移过程示意图

　　金属"桥"断开的部位,不是在"桥"的正中间,而是在靠近正端触点的地方。工作多次后,负端触点就因多拉过来一部分材料而凸起,正端触点就因失去一部分材料而凹下,因此形成了触点的金属转移。这种金属转移称为"桥转移"。

　　金属"桥"断开的部位,为什么是在靠近正端触点的地方呢?

　　触点连通电路时,因有接触电阻而发热,正、负端触点产生的热量是相等的。但是,由负端流向正极的电子流有传导热量的作用。电子流由温度较低的线路流经温度较高的负端触点时,要吸收负端触点的热量;而由负端触点到正端触点时,先经过温度大大高于正端触点的接触部位,而后才到正端触点。电子流在触点接触处吸收热量,到正端触点放出热量。因此,正端触点的温度就高于负端触点,正端触点的金属熔化相对比较厉害,强度降低,当触点分开到一定距离,金属"桥"就在靠近正端触点处被拉断。

　　金属"桥"刚被拉断时,触点温度很高,两触点间气隙很小,加上电路中产生了较高的自感电势,在极小的气隙中形成了很强的电场。在高温之下,负端触点金属内部的电子便向外发射(称为热电子放射)。发射出来的电子在强电场力作用下,逐渐加速,向正端触点运动。同时,气隙中原有的自由电子,也在电场力作用下向正端触点加速运动。当电子的运动速度达到一定数值且撞击气体分子时,气体就分离为带正电的离子和带负电的电子。这种现象称为撞击电离。新的离子和电子,在电场作用下,又会加速,又撞击新的分子并使之电离。这样继续发展下去便发生雪崩式的电离过程,气隙中的离子、电子骤然增加,气隙就由绝缘状态变为导电状态。气隙击穿以后,大量的电子、离子与气体猛烈碰撞,触点间的气体温度急剧升高,达到白热发光的程度,触点之间便产生火花或电弧。被控电路的电压越高,电流和电感越大(即电路储存的能量 $\frac{1}{2}LI^2$ 越多),则触点断开时产生的火花或电弧就越强烈,持续的时间也越长。

　　触点断开时产生了电弧,这表明两触点虽已分离,但电流并没有中断,也就是说并没有切断电路。若是电弧稳定燃烧下去,则触点就不能实现断开电路的任务了。一般情况下,随着触点的逐渐分开,触点间隙增大到一定数值时,电弧就可熄灭。电弧熄灭后,气隙恢复为绝缘状态,电路完全断开,电弧阶段结束。

在电弧阶段,电弧放电所产生的高温会加速触点的氧化,并使触点的局部材料熔化、蒸发,向外飞溅,产生金属转移。这种金属转移,称为电弧转移。电弧转移会损伤触点表面,影响触点连通时的工作,缩短触点的寿命。因此,尽快熄灭电弧是保证触点完成断开电路任务的重要条件。

活动触点从断开位置开始动作到与固定触点完全接触紧的过程,称为触点的闭合过程。在闭合过程中,当两个触点之间的距离减到很小时,触点间隙中的电场就很强。例如,电网电压为 28V,触点间隙为 0.01mm 时,间隙内的电场强度可达 2800V/mm。在这样强的电场作用下,负端触点金属表面的自由电子将被拉出而进入气隙(称为冷放射),并在电场力作用下加速运动,使气隙击穿而产生火花。但由于触点随即闭合,因此不会形成电弧,对触点工作无大影响。两个触点开始接触时,在刚接触的瞬间,接触压力很小,接触电阻很大,接触处的发热量也较大。随着触点的进一步压紧,接触电阻减小,发热量也相应减少,触点的工作就转入正常的闭合状态。在两触点刚开始接触时,如果电路内有大电流(大于额定电流值)通过,则触点就会过热而使局部材料熔化,等触点接触紧了之后,接触电阻又迅速减小,触点冷却,已熔化的局部材料就会凝固,把两个触点粘接在一起。此外,在闭合过程中,如果活动触点以一定速度与固定触点相碰撞,则往往会产生弹跳或振动,使得两触点时通时断。触点断开时,气隙会被击穿而形成电弧,触点闭合时,接触电阻又由大到小地变化,因而,尽管通过的电流没有超过额定值,触点也会产生高温而可能熔接在一起。

为防止触点在闭合过程中的振动和熔合,除采用高熔点的材料做触点而外,接触器触点上都装有缓冲弹簧,继电器的活动触点常固定在弹簧片上,以吸收触点碰撞时的能量。在使用中,则一般应避免触点在大电流下接通。

3. 电弧的熄灭条件

触点在断开过程中,之所以产生电弧,是因为气隙中发生了强烈的电离。电离的方式,除了前面提过的热电子放射和撞击电离之外,还有高温电离。高温电离就是电弧柱中的原子、分子,在电弧高温之下运动速度加快后相互碰撞而分裂为电子和离子的一种电离方式。

在电弧柱内,与电离过程同时存在的还有消电离过程。消电离方式可以归结为复合和扩散两种。复合就是电子和正离子或正、负离子相遇时,结合成原子或分子的过程。扩散就是电子和离子向弧柱以外空间散布的现象。复合和扩散会使弧柱内的离子和电子减少,促使电弧熄灭。可见,消电离作用与电离作用是相反的。电离作用力图使电弧越烧越旺,而消电离作用则力图使电弧熄灭。所以,要使电弧熄灭,则必须使消电离作用大于电离作用。

在什么条件下消电离作用才会大于电离作用呢？只要分析一下消电离作用和电离作用与哪些因素有关，就可以知道熄灭电弧的具体条件。

在形成电弧的电离方式中，撞击电离取决于气隙中自由电子的运动速度。速度大，电子具有的动能大，撞击原子、分子，容易使之电离。而电子的运动速度，则不仅取决于气隙的电场强度，而且还取决于电子的平均自由行程，即取决于电子与原子、分子接连两次碰撞之间所经过的路程。电场强，作用在电子上的电场力大，因而电子的加速度大，再次碰撞时速度也就大；电子的自由行程长，则电子加速的时间长，在加速度一定时，再次碰撞时的速度就大。电子平均自由行程又取决于气体的密度。气体密度小，电子自由行程长。而气体密度则又与气隙温度有关，气隙温度高，则气体密度小。所以，气隙的电场强、温度高，则电子在撞击原子或分子时，速度就大，易于发生撞击电离。热电子放射，取决于负端触点的温度。温度高，则金属表面的电子动能大，易于从金属表面跑出来，因而放射的电子多。高温电离，取决于电弧的温度。温度高，则高温电离剧烈。可见，电离的作用主要取决于气隙的电场强度和电弧的温度。

在消电离的两种方式中，复合速度与电子、离子的浓度成正比。浓度大，相遇结合的机会多，复合的速度快。在电路参数一定的条件下，即弧柱中电子、离子数目一定时，弧柱直径越小，则电子、离子的浓度越大，复合的速度也越快。扩散速度取决于弧柱内、外电子和离子的浓度差。弧柱直径小，弧柱内电子、离子浓度大，则扩散作用强。所以，在电路参数一定时，消电离作用主要取决于弧柱直径。

由上述分析可见，要使电弧熄灭，就必须使消电离作用大于电离作用；而要使消电离作用大于电离作用，就必须减弱气隙的电场强度，降低电弧温度，缩小弧柱直径。电弧有直流电弧和交流电弧，它们各有特点。直流电弧的性质决定了其熄灭主要是依靠拉长电弧和冷却电弧。交流电流有自然过零点，因而在同样的电参数下，交流电弧要比直流电弧容易熄灭。在绝大多数情况下，交流电弧的熄灭发生在电流过零之时。

4. 电弧的熄灭原理

1）保证触点有足够的断开间隙

在触点断开过程中，电弧形成以后，随着触点的继续分离，间隙不断增大，一方面气隙内的电场逐渐减弱，另一方面电弧越拉越长，弧柱直径不断减小，散去的热量不断增多，电弧温度不断降低，因此，电离作用不断减小，消电离作用则不断增大。触点间隙增大到一定数值，消电离作用超过了电离作用，电弧就熄灭。所以，控制设备中的触点，断开间隙都有一定值。被控电路的电压越高、电流越大，电弧就越不易熄灭，因而触点断开间隙也就越大。

例如，控制50A电路的MZJ型接触器，触点间隙为1.1mm；控制200A电路的MZJ型接触器触点间隙则为1.7mm。接触器的触点，绝大多数是两对串联的。这样,在触点断开行程一定时,触点断开间隙可增大一倍,电弧可多拉长一倍,大大地增强了熄弧能力。

2）保证触点有足够的断开速度

触点断开速度大,则达到熄弧所必需间隙的时间短,电弧熄灭也就快。所以,控制没备中都装有足够弹力的回复弹簧和缓冲弹簧,以保证触点有足够大的断开速度。

3）窄缝熄弧

窄缝熄弧就是使电弧通过很狭窄的缝隙,以使电弧与缝隙周围的介质密切接触而迅速冷却,很快熄灭。例如,惯性保险丝在电路严重过载或短路时,其可熔部分熔化而产生金属蒸气,这很容易发生电弧。为了熄灭电弧,在惯性保险丝中放有石膏粉,当可熔部分熔断时,因高温以及较大的气体压力,弧柱内的电子、离子就向外扩散,侵入石膏粉之间的空隙中,电弧就被迅速冷却,而很快熄灭。

4）用磁场吹弧

用磁场吹弧就是用电磁场与电弧电流相互作用,使电弧在电磁力作用下拉长而熄灭。

如图 10-8 所示,磁吹弧装置由铁芯、吹弧线圈、导磁片等组成。接触器触点置于两个导磁片中间,吹弧线圈与触点串联。电弧电流方向与吹弧的磁场方向垂直,当触点断开时,电弧在磁场中就受到电磁力 F 的作用,其方向由左手定则确定。电磁力 F 便将电弧拉长,使弧柱直径减小,冷却面积增大,使电弧很快熄灭。

如图 10-9 所示,MZJ 型接触器的活动接触片与固定接触片构成了一个角度。这样,一方面可以减小接触器座板和上盖的体积,另一方面可使电弧受到电磁力的拉长而易于熄灭。固定接触片和活动接触片上的箭头为电流方向,F_2 是固定接触片上的电流磁场对电弧的作用力,F_1 是活动接触片上的电流磁场对电弧的作用力。F_1、F_2 的方向由左手定则确定,四指为电弧电流方向,掌心让接触片电流产生的磁力线穿过,则拇指即为受力方向。F 是电弧受到的总的电磁力,是 F_1 和 F_2 的合力。这种用触点接触片上电流磁场来吹弧的方法,称为自吹弧。

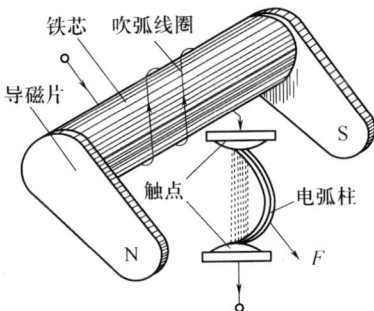

图 10-8　磁吹灭弧原理

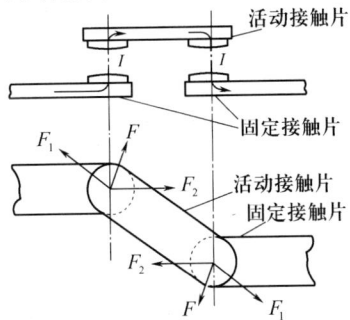

图 10-9　MZJ 型接触器的自吹弧原理

235

5）栅片灭弧

灭弧栅是一组薄铜片,它们彼此间相互绝缘,如图 10-10 所示。当电弧进入栅片,会被栅片分割成一段段串联的短弧,而栅片就是这些短弧的电极。每两片灭弧片之间都有 150V～250V 的绝缘强度,使整个灭弧栅的绝缘强度大大加强,以致外加电压无法维持,电弧迅速熄灭。此外,栅片还能吸收电弧热量,使电弧迅速冷却。基于上述原因,电弧进入栅片后就会很快熄灭。由于栅片灭弧装置的灭弧效果在交流时要比直流时强得多,因此在交流电器中常采用栅片灭弧。

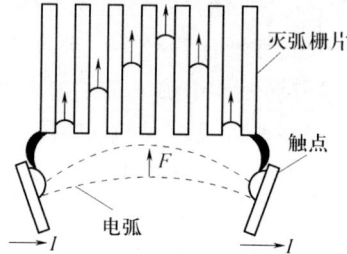

图 10-10　栅片灭弧示意图

6）多断点灭弧

在交流电路中也可采用桥式断点灭弧,如图 10-11 所示。图中有两处断开点,相当于两对电极。如果只有一处断点,要使该处电弧熄灭后重燃需要 150V～250V 电压,如果有两处断点,则需要 2×(150V～250V) 电压,而通常低压电器断点间的电压达不到此值,所以实际上起到了灭弧的作用。若采用双极或三极接触器控制一个电路时,根据需要可灵活地将两个极或三个极串联起来当作一个触点使用,这组触点变成为多断点,加强了灭弧效果。

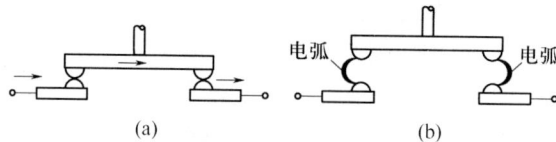

图 10-11　桥式触点

(a) 闭合状态；(b) 断开状态。

10.1.3　电磁式接触器

接触器是利用电磁吸力的作用接通或切断大电流电路的一种控制电器。它具有比工作电流大数倍乃至几十上百倍的接通和分断能力。飞机上广泛采用接触器作为远距离大功率控制元件。

接触器可按其主触点所控制的电路中电流的种类分为直流接触器和交流接触器。它们的线圈电流种类既有与各自主触点电流相同的,也有不同的,如对于重要场合使用的交流接触器,为了工作可靠,其线圈可采用直流激磁方式。飞机上采用的交流接触器,大多是采用直流激磁的。

接触器种类很多,结构和工作原理都有差异,但各型接触器的基本组成和原理大致相同。下面介绍接触器的基本工作原理。

如图 10－12 所示,接触器主要由电磁铁和接触装置组成。电磁铁为吸入式,由线圈、固定铁芯、恢复弹簧及导磁壳体等组成。接触装置则由固定触点、活动触点和缓冲弹簧组成。活动触点与活动铁芯连接在一起,恢复弹簧装在活动铁芯与固定铁芯之间。恢复弹簧的弹力力图向上推开铁芯,使触点分离;线圈通电后电磁铁所产生的电磁力,又力图把活动铁芯吸下,使触点闭合。接触器正是由于作用在活动铁芯上的电磁力和弹簧力这两个方向相反的力的变化,才引起触点接通和断开的。

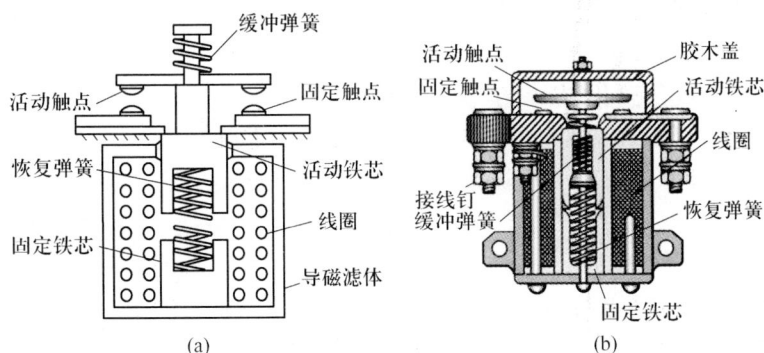

图 10－12　接触器的基本结构组成及效果图

线圈未通电时,活动铁芯只受到恢复弹簧弹力的作用,活动铁芯与活动触点处于图 10－12(a)所示位置。铁芯之间和触点之间保持一定的间隙,触点是断开的。

线圈通电后,活动铁芯上除受到恢复弹簧方向向上的弹力作用外,还受到一个方向向下的电磁力的作用,该电磁力随线圈两端的电压升高而增加。当电压达到一定的数值,使电磁力大于弹力时,活动铁芯便带动活动触点向下移动,触点随之闭合,接通电路。这个刚刚能使触点闭合的(最低)电压,叫做接触器的接通电压。降低线圈两端的电压,电磁力减小。当电压降低到一定的数值,电磁力小于弹力时,活动铁芯便带动活动触点被弹起,回到原来位置,触点随之分离,将电路切断。这个刚刚能使触点断开的(最高)电压,叫做接触器的断开电压。

断开电压比接通电压要小得多,一般接通电压是十几伏,断开电压只有几伏,接通电压为断开电压的 3 倍～4 倍。这是因为接触器接通后,活动铁芯与固定铁芯靠拢了,铁芯之间随着间隙减小使磁阻大为减小,因而使电磁力增加较多,此时恢复弹簧的弹力虽然有些增加,但远不如电磁力增加的多,因此较小的电压就可以产生足够的电磁力来克服弹簧力,维持活动铁芯处于吸下状态。这样,只有在线圈两端的电压比接通电压低得多时,触点才会断开。所以断开电压比接通电压要小得多。活动触点向下运动时具有一定的速度,当它和固定触点碰撞时,会发生弹跳现象,这会使触点间反复出现电弧,很容易使触点烧坏,甚至熔结。为了减少这种现象,接触器一般还装有缓冲弹簧,它的弹力比恢复弹簧的弹力要大。当接触器工作线圈两端的电压达到接通电压值而使活动铁芯开始移动后,恢复弹簧被压缩,弹簧弹力增大,同时电磁力也因铁芯间隙减小而增大,而且电磁力增大比弹簧力增大得多,所以活动铁芯要继续不断地向下移动,直至两铁芯接触时为止。由于铁芯之间的间隙要大于触点之间的间隙,所以当触点接触后,活动铁芯要继续下移,势必压缩缓冲弹簧。缓冲弹簧的弹力,一端作用在活动铁芯上,另一端作用在活动触点上。作用在触点上的弹力,就形成触点的接触压力。这个压力使触点闭合后迅速静止下来,因而电弧大为减小。当两铁芯接触时,缓冲弹簧被压缩到最大限度,此时触点的接触压力最大,可保证触点接触良好。

当线圈断电时,缓冲弹簧就会和恢复弹簧一起使活动铁芯向上活动,从而增大触点断开的速度,有利于电弧的迅速熄灭。

飞机上常用的直流接触器有 KZJ 型、MZJ 型和 HZJ 型,交流接触器有 JLJ 型、HJJ 型等。KZJ 型与 MZJ 型直流接触器的区别是 MZJ 型多了一组保持线圈和控制保持线圈工作的一对触点。HZJ 转换型接触器用来转换大电流的工作电路,与MZJ 型接触器的构造与工作基本原理相同,区别是 HZJ 型转换接触器多了一对固定(常闭)触点。JLJ 型与 HJJ 型交流接触器的区别类似。图 10 – 13 所示为接触器的型别含义和数字含义,其线路原理如图 10 – 14 示。

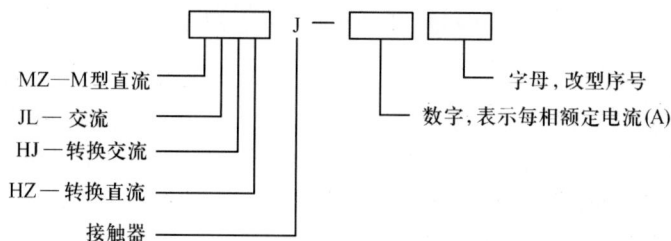

图 10 – 13　接触器的型别含义和数字含义

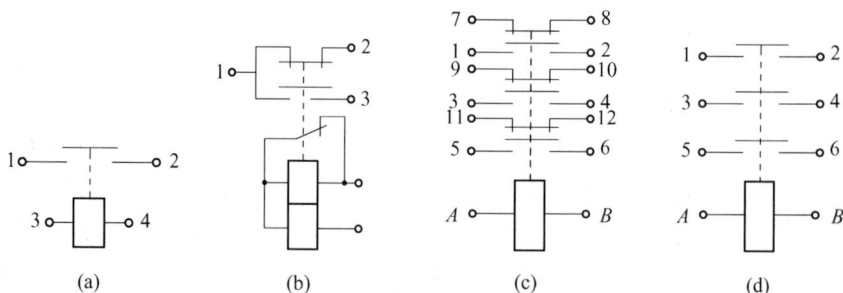

图 10 – 14　典型接触器的线路原理图
(a) MZJ – 50A;(b) HZJ – 50A;(c) HJJ – 10;(d) JLJ – 10。

238

10.1.4　电磁式继电器

继电器用在电流不太大,且需要自动控制或自动转换的电路中。继电器可以同时控制和转换多条工作电路。一般来说,继电器由承受机构、中间机构和执行机构三部分组成。承受机构反映继电器的输入量,并传递给中间机构,将它与预定的量(即整定值)进行比较,当达到整定值时(过量或欠量),中间机构就使执行机构产生输出量,从而闭合或分断电路。

继电器的特点是它具有跳跃式的输入—输出特性,如图 10 - 15 所示,这一矩形曲线称为电磁式继电器的特性曲线。当继电器获得一个输入信号 x 时,不论信号幅值多大,只要尚未达到动作幅值 x_2,继电器不动作,输出信号 y 等于零,这时继电器的工作点在 $0 \sim a$ 之间。当输入信号达到动作值 x_2 时,继电器立即动作,其工作点瞬时地从 a 点跳到 b 点,输出一个 y_1 的信号。在这以后,即使继续增大输入信号,输出信号仍为 y_1 不变。在继电器动作后,如果输入信号减弱了,工作点并不沿折线 $b - a - o$ 变化,而是沿 $b - c$ 变化,即在 x 略小于动作值 x_2 时,继电器并不释放,继续输出信号 y_1。只有当 x 减小到继电器的释放值 x_1 时,它才释放,不再有信号输出。此时,继电器的工作点是沿着折线 $b - c - d - o$ 变化,恢复原状。

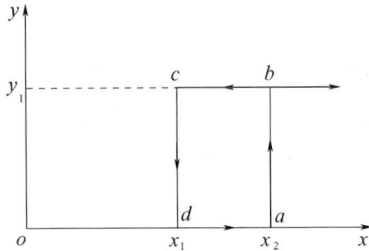

图 10 - 15　继电器特性曲线

根据继电器的作用,要求继电器反应灵敏准确、动作迅速、工作可靠、结构坚固、使用耐久。$k = \dfrac{x_1}{x_2}$ 称为继电器的返回系数,它是继电器的重要参数之一,k 值可通过调节释放弹簧的松紧程度或调整铁芯与衔铁间非磁性垫片的厚度来改变。一般继电器要求低的返回系数,k 值应在 0.1 ~ 0.4 之间;欠压继电器则要求高的返回系数,k 值应在 0.6 以上。

继电器的另外两个重要参数是灵敏度、吸合时间与释放时间。灵敏度是使继电器动作所需的最小功率;吸合时间是指从线圈接受电信号到衔铁完全吸合所需的时间,释放时间是指从线圈失电到衔铁完全释放所需的时间。吸合时间与释放时间的大小影响继电器的操作频率。

由于继电器种类较多,下面仅以使用较多的摇臂式继电器为例进行说明。摇臂式继电器的基本结构如图 10 – 16 所示。它的电磁铁的活动部分,是一块可以转动的平板衔铁,衔铁的支点在支架上。

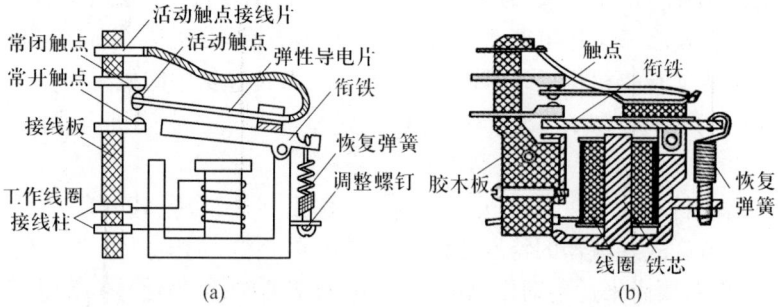

图 10 – 16　摇臂式继电器的基本结构组成及效果图

在线圈未通电时,恢复弹簧的弹力使活动触点与常闭触点接通,并使弹性导电片变形,以给触点提供一定的接触压力。

线圈通电以后,当两端电压达到其接通电压值时,电磁力便大于弹簧力,衔铁就绕支点转动,使活动触点离开常闭触点,与常开触点接通。活动触点与常开触点接触后,衔铁仍将继续移动一小段距离,使活动触点上的弹性导电片变形,以给触点提供一定的接触压力。

继电器的接通电压和断开电压可以调整。顺时针拧弹簧下端的调整螺钉,弹力增强,接通电压和断开电压都升高;反之,则降低。

飞机常用继电器包括开关继电器、密封继电器和延时继电器三种类型。

图 10 – 17 所示为开关继电器的型别含义和数字含义。

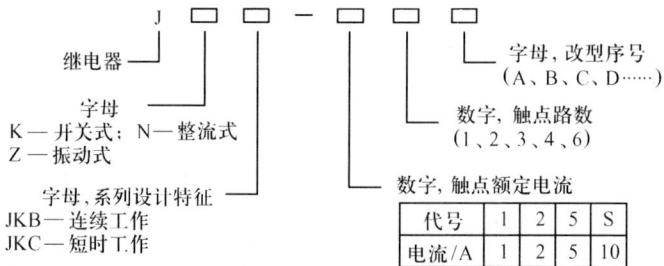

图 10 – 17　开关继电器的型别含义和数字含义

飞机中常用的开关继电器分 JKA 型、JKB 型和 JKC 型三种类型,此外还有 JK型、JN 型继电器等。其中 JKB 型和 JKC 型继电器都是针对 JKA 型继电器结构上存在的缺陷,加以改进发展而成的。JKB 系列继电器可以连续工作,而 JKC 系列继电器只能短时工作。JN 型继电器的线圈电路中,串联半导体二极管,在直流电路中用来反映信号的极性。

240

对于 JK 型继电器,JK 后的第一位数字为触点容许电流值,第二位数字为常闭触点对数,第三位为常开触点对数。例如,JK210 表示触点容许电流值为 2A,有一对常闭触点;JK102 表示触点容许电流值为 1A,有两对常开触点。

典型开关型继电器的原理电路如图 10 – 18(a) ~ 图 10 – 18(c) 所示。

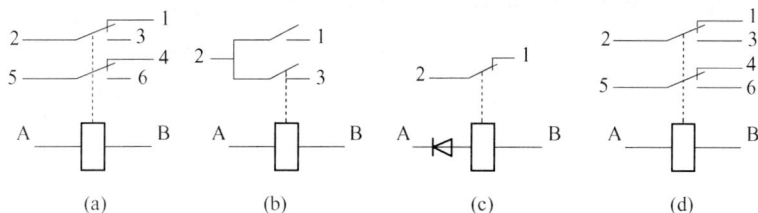

图 10 – 18　典型继电器的线路原理图
(a) JKB – 52;(b) JK102;(c) JN – 1;(d) JKM – 22。

图 10 – 19 所示为密封继电器的型别含义和数字含义,典型原理电路如图10 – 18(d)示。

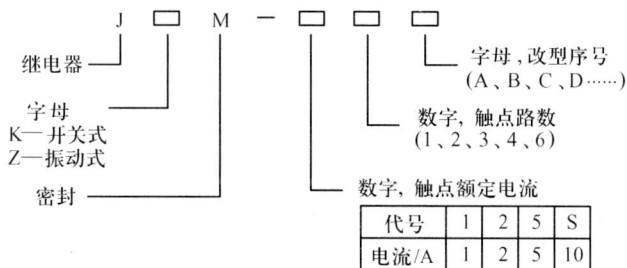

图 10 – 19　密封继电器的型别含义和数字含义

从工作线圈通电或断电开始,经过一定的延时后,触点才闭合或断开的继电器,称为延时继电器。延时继电器的延时方式有以下两种:

(1) 通电延时。接受输入信号后延迟一定时间后,输出信号才发生变化,当输入信号消失后,输出瞬时复原。

(2) 断电延时。接受输入信号时,瞬时产生相应的输出信号,当输入信号消失后,延迟一定时间后,输出才复原。

延时继电器的种类很多,常用的有电磁式、空气阻尼式和半导体式。

延时继电器的型别符号和数字含义如图 10 – 20 所示。

JS 系列延时继电器为电磁式延时继电器,JSJ 系列延时继电器由晶体时间控制电路与电磁继电器组合而成。典型原理电路如图 10 – 21 所示。

JS 型延时继电器是依靠短路匝来延时的一种断电延时继电器。在结构上,它与一般的开关继电器相似,图 10 – 22(a) 所示为 JS – 1 型延时继电器的构造图。

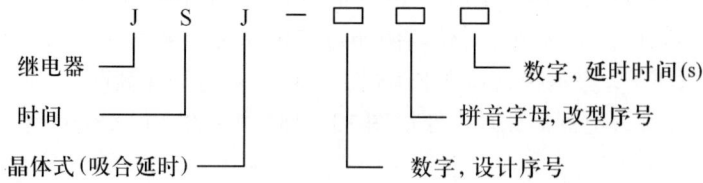

图 10 - 20　延时继电器的型别符号和数字含义

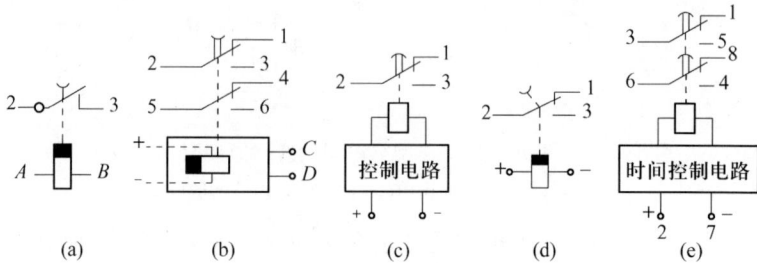

图 10 - 21　典型的延时继电器原理电路及表示符号

(a) JS - 1；(b) JSS - 5 - 4.5；(c) JS - 5 - 0.5；(d) JS - 5 - 0.5；(e) JSJ - 10。

它具有摇臂式电磁铁和一对常开触点,其主要的不同是用套在铁芯外面的紫铜套筒作为线圈的框架。正因为有铜套筒的存在,才使继电器具有较大的释放延时。

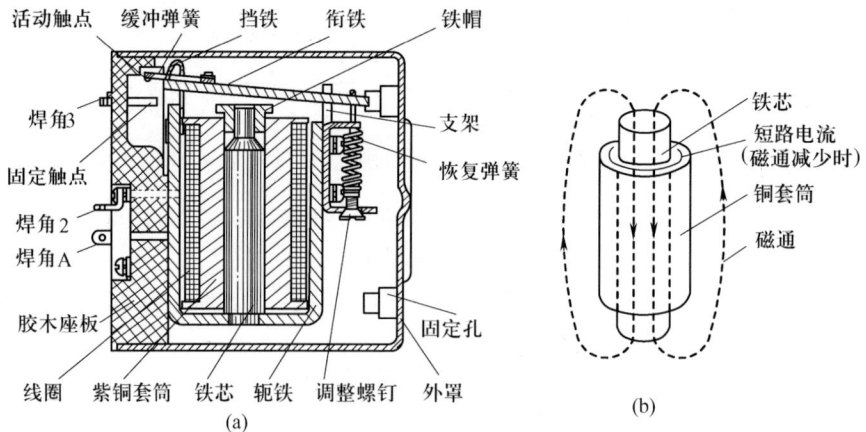

图 10 - 22　JS 型延时继电器构造及其延时原理

(a) 基本构造；(b) 延时原理。

如图 10 - 22(b)所示,紫铜套筒实质上相当于绕在铁芯外面的一个短路线匝。当继电器线圈断电时,铁芯中磁通将减少,紫铜套筒内就会产生互感电势,其方向可根据螺管线圈右手定则确定,如图中箭头所示。在此感应电势的作用下,套筒内将形成环绕套筒的短路电流。较强的短路电流产生的磁通,正好与原有磁通方向相同,因而就大大地减缓了总磁通的下降速度,使继电器从线圈开始断电,到磁通减小到释放磁通(电磁力减小到等于弹簧力时的磁通)的时间大为增长,从而获得足够大的释放时延。

线圈通电时,套筒也会产生短路电流,阻碍铁芯磁通的增长,推迟继电器的吸合。但因衔铁处于释放位置时,气隙较大,其所能达到的稳定磁通就比吸合时要小得多,磁通增长到接近稳定值,也就是增长到吸合磁通的时间,也就短得多。因此,吸合时虽能获得一定的吸合时延,但它同释放时延相比就小得很多,可以忽略不计。所以,JS 型延时继电器主要是一个延时释放的继电器。

线圈断电后,铁芯磁通的变化大体如图 10 – 23 曲线所示。磁通由吸合时的稳定磁通 $\phi_\text{稳}$ 逐渐减小,最后趋向于铁芯剩磁磁通 $\phi_\text{剩}$。若继电器释放磁通为 $\phi_\text{释}$,则相应的释放时延为 $t_\text{释}$。

释放时延的长短既同铁芯磁通衰减的快慢有关,也同释放磁通的大小有关。

铁芯磁通衰减的快慢,首先决定于套筒的电阻。电阻越小,在同样的感应电势作用下所产生的短路电流就越大,铁芯磁通的衰减就越慢。因此,为了获得较大的释放时延,套筒都应当具有一定的厚度,并采用电阻系数小的纯电解铜制成。在导筒尺寸、材料已经确定后,磁通衰减的快慢就决定于衔铁吸合后剩余气隙的大小。剩余气隙小,则磁通衰减曲线抬高,衔铁吸合后的稳定磁通就较高,剩磁也大,在释放磁通不变的条件下,释放时延就增长,如图 10 – 24 所示。

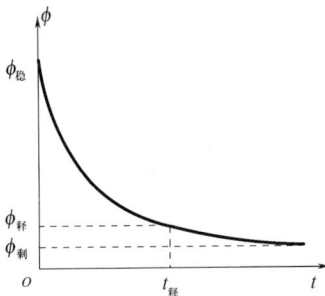

图 10 – 23　线圈断电后,铁心磁通的变化

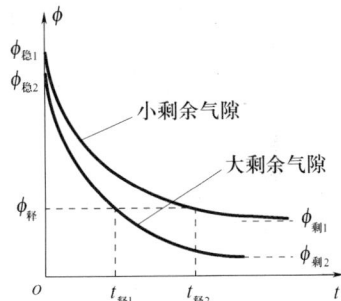

图 10 – 24　剩余气隙的大小对释放时延的影响

释放磁通的大小,决定于恢复弹簧终了时弹力的大小。终了时弹力增大,释放磁通就大,释放时延就将缩短。

剩余气隙和释放磁通的大小,可以分别用剩余气隙限制挡铁和恢复弹簧调整螺钉来调整。但应注意,减小剩余气隙虽可增大释放时延,但气隙过小时,剩磁磁通就会过强,当剩磁磁通接近释放磁通时,继电器就可能释放不了。所以,要保证继电器可靠地释放,就不能把剩余气隙调得过小,而必须保证有一定的剩余气隙。用反拧调整螺钉,减小恢复弹簧力的方法来增大释放时延,也是有一定限制的,因为恢复弹簧的弹力减小后,继电器吸合电压将降低,并且弹力减得太弱,以致释放磁通接近剩磁磁通时,继电器也可能释放不了。

延时继电器是按衔铁吸合时铁芯处于磁饱和状态来设计的,电源电压变化时,铁芯吸合后的稳定磁通值没有多大的变化。这样就可以使继电器的释放时延稳定,基本上不受电源电压变动的影响。

空气阻尼式时间继电器又称气囊式时间继电器,它利用空气通过小孔节流的原理来获得延时动作的。空气阻尼式延时继电器如图 10 - 25 所示。它由电磁系统、延时机构和触点系统三部分组成。当线圈通电吸下衔铁和支撑杆,连接在一起的胶木块下降,但空气室中的空气受进气孔处调节螺钉的阻碍,在活塞下降过程中空气室内造成空气稀薄而使活塞下降缓慢,起到延时作用。到达最终位置时压合微动开关,触点闭合送出信号。当线圈断电,活塞在恢复弹簧作用下迅速复位,这时空气室的空气可由出气孔及时排出。

这类延时继电器既可做成线圈通电时触点延时动作,又可做成线圈断电时触点延时动作。电磁机构可以是交流的,也可以是直流的。其延时时间可以通过调节螺钉来调节进气孔气隙来改变。

空气阻尼式时间继电器的优点是延时范围大、结构较简单、寿命长、价格低。缺点是延时误差大,在对延时要求较高的场合,不宜使用这种延时继电器。

半导体式时间继电器利用 RC 电路电容充电的原理作为延时的基础。图 10 - 26 为阻容式延时继电器原理方框图。

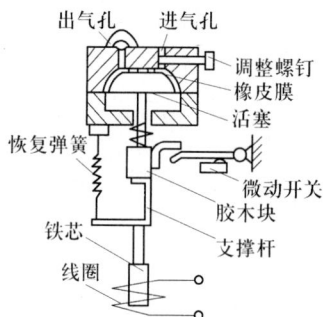

图 10 - 25 空气阻尼式延时
继电器示意图

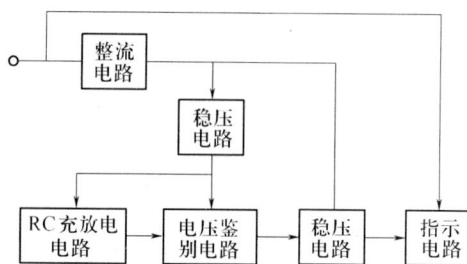

图 10 - 26 阻容式延时继电器原理方框图

根据电压鉴别线路的不同,半导体延时继电器可分为三类:采用单结晶体管的延时电路、采用不对称双稳态电路的延时电路以及采用 MOS 型场效应管的延时电路。

半导体式延时继电器的优点是延时范围广、体积小、重量轻、延时精度高、寿命长、工作稳定可靠、调节和安装维修方便、触点输出容量大、耐冲击和耐震动。缺点主要是延时易受温度变化和电源波动的影响、抗干扰性差、价格较贵。

244

10.2 其它常用低压控制电器

飞机用低压控制电器除了电磁式控制电器外,还有敏感发热、温度、转速以及机械力等不同形式非电量信号的控制电器,以及对电路进行保护的保护电器等。

10.2.1 热继电器

热继电器是利用电流的热效应原理来工作的电器,广泛用于三相异步电动机的长期过载保护。当三相交流电动机出现长期带负荷欠电压运行、长期过载运行以及长期缺相运行等不正常工作情况时,会导致电动机绕组严重过热乃至烧坏。为了充分发挥电动机的过载能力,保证电动机的正常起动和运转,而当电动机一旦出现长时间过载时又能自动切断电路,从而出现了能随过载程度而改变动作时间的电器,这就是热继电器。

热继电器主要由发热元件、双金属片和触点组成,如图 10 - 27 所示。发热元件由发热电阻丝做成。双金属片由两种热膨胀系数不同的金属碾压而成,膨胀系数大的称为主动层,膨胀系数小的称为被动层。当双金属片受热时,产生线膨胀,由于两层金属的线膨胀系数不同,且两层金属又紧密地贴合在一起,使得双金属片向被动层一侧弯曲,由双金属片弯曲产生的机械力便带动触点动作。使用时,把热元件串接于电动机的主电路中,而常闭触点串接于电动机的控制电路中。当电动机正常运行时,热元件产生的热量不足以使热继电器触点动作;当电动机过载时,双金属片弯曲位移增大,压下压动螺钉,锁扣机构脱开,常闭触点断开,从而切断控制电路以起到保护作用。热继电器动作后,经过一段时间的冷却后,能自动复位或手动复位。热继电器动作电流的调节可以通过调节压动螺钉的位置来实现。

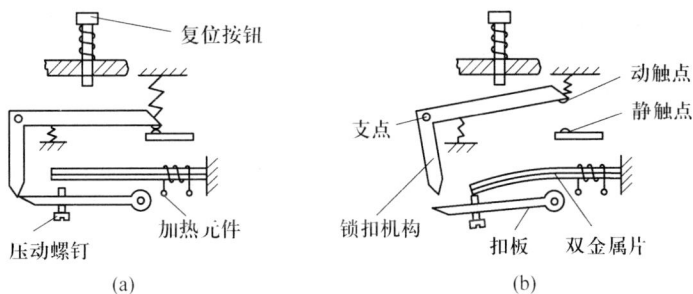

图 10 - 27 热继电器工作原理

10.2.2 中间继电器

中间继电器实质上是一个电压线圈继电器。它的触点数量较多(一般有 4 对常开、4 对常闭,共 8 对),触点容量较大(额定电流为 5A ~ 10A),且动作灵敏。其主要用途是当其它继电器的触电数量或触点容量不够时,可借助中间继电器来扩大触点数目或触点容量,起到中间转换的作用。

10.2.3　速度继电器

感应式速度继电器是依靠电磁感应原理实现触点动作的,因此,它的电磁系统与一般电磁式电器的电气系统不同,而与交流电动机的电磁系统相似,即由定子和转子组成其电磁系统。感应式速度继电器主要由定子、转子和触点三部分组成。转子由永久磁铁制成,固定在轴上;定子的结构与笼型异步电动机的转子相似,由硅钢片叠成,并装有鼠笼型绕组。定子与轴同心且能独自偏摆,与转子间有气隙。速度继电器的轴与电动机的轴相连接。当电动机旋转时,速度继电器的转子跟着一起转,永久磁铁产生旋转磁场,定子上的笼型绕组切割磁通而产生感应电势和电流,导体与旋转磁场相互作用产生转矩,使定子跟着转子的转动方向偏摆,转子速度越高,定子导体内产生的电流越大,转矩也就越大。当定子偏摆到一定角度时,通过定子柄拨动触点,使继电器相应地动断、动合触点。当转子的速度下降到接近 0 时,定子柄在动触点弹簧力的作用下恢复到原来的位置,如图 10 - 28 所示。

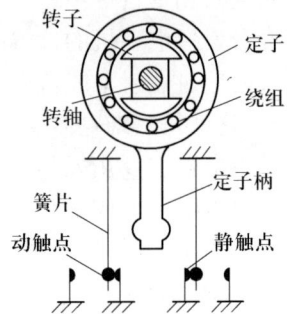

图 10 - 28　速度继电器的结构原理图

10.2.4　开关(电门)

开关,又称电门,一般用在电流在 35A 以下的电路中。飞机电气设备所使用的开关种类很多,一般分为普通开关、微动开关和终点开关等。各型开关的基本结构和动作原理相同。一般由手柄、弹簧、活动触点、固定触点和接线柱组成。当扳动手柄时,手柄内的弹簧被压缩;当手柄扳过中间位置时,在弹簧的作用下,活动触点便迅速动作,转换(断开一条,接通另一条)电路。弹簧的弹力作用在触点上,可以形成一定的接触压力,保证接触良好。

1.　普通开关

普通开关分为按压开关、接通开关和转换开关,其结构分别如图 10 - 29(a)~图 10 - 29(c)所示。按压开关的按压手柄的初始位置为中立位置,当向某一方向按压手柄时,将接通中间接线柱和与按压方向相反的接线柱之间的电路,停止按压,按压手柄自动回到中立位置,电路断开。接通开关与按压开关的区别是,当往接通方向扳动接通开关手柄到终止位置时,接通两个接线柱之间的电路,反之,断

246

开两个接线柱之间的电路,手柄不自动回中立位置,因此,接通开关只有接通和断开两种状态。转换开关与接通开关的区别是,往两个方向扳动转换开关手柄到终止位置时,分别接通中间接线柱和与按压方向相反的接线柱之间的电路,而同时断开中间接线柱和与按压方向相同的接线柱之间的电路。

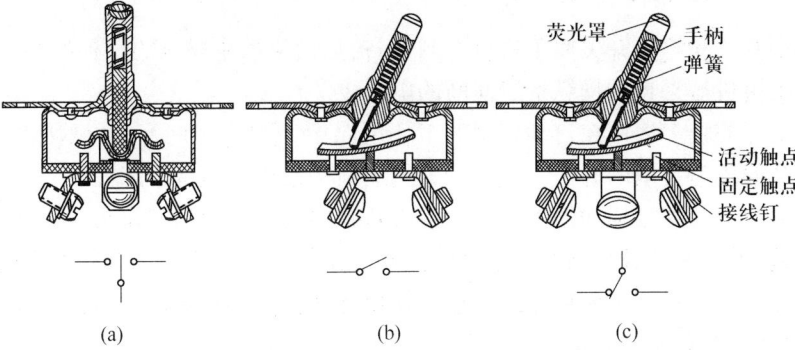

图 10-29　普通开关典型结构及其表示符号

(a) AZK-1 按压转换开关;(b) JK-1 接通开关;(c) ZK-1 转换开关。

　　另一种安装于驾驶杆顶部的转换开关的结构较特殊,如图 10-30 所示。它是一个单极、三位转换开关,它的杠杆实际上就相当于一般电门的转动手柄,但为了便于飞行员操纵,在杠杆顶部固定一块弧形滑动片。前后拨动弧形滑动片,杠杆即随弧形滑动片转动,接通或断开电路。弧形滑动片实际上是围绕杠杆支点转动的,但从开关顶部看去,看不见杠杆的转动,只有弧形滑动片沿开关顶部弧面的滑动,因此习惯上称这种转换开关为滑动开关。

　　普通开关的额定电压为 28V、额定电流有 2A、5A、20A 和 35A 等四种。其型别符号和数字含义如图 10-31 所示。例如,JK-1 表示单极、两位接通开关,可控制一对电路的通、断;JK-2 表示双极、两位接通开关,有四个接线柱,可同时控制两对电路的通、断;ZK2-1 表示双极、两位转换开关,有六个接线柱,可同时控制两对

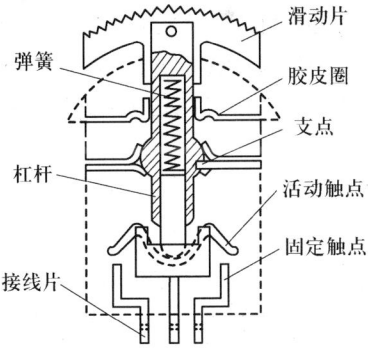

图 10-30　AZK-2 型滑动开关

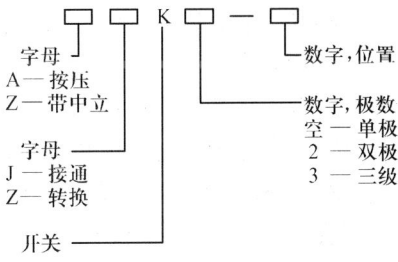

图 10-31　普通开关的型别符号和数字含义

247

电路的转换;AZK-1表示单极、三位按压转换开关,有三个接线柱,可控制一对电路的转换,松开手柄,手柄自动回立,电路切断;ZZK3-2表示三极、三位中立位置转换开关,有九个接线柱,可同时控制三对电路的转换。

10.2.5　微动开关和终点开关

微动开关和终点开关属于机械控制设备,是由机械来操纵的一种控制装置,它用在要求由机械来自动操纵触点通断的电路中。

微动开关较多地用在自动控制的工作电路中,它是一种受到轻微压力即可接通或断开的较为灵敏的开关。微动开关的通断一般由机械部件来控制。

典型微动开关结构如图10-32所示,基本组成部分包括按钮头、接触弹簧片、接触弹簧、恢复弹簧、固定触点、活动触点和焊角等。按钮头上没有外力作用时,活动触点将下面一对固定触点接通。这时作用在触点上的接触压力由接触弹簧片提供,可保证触点有良好的接触。

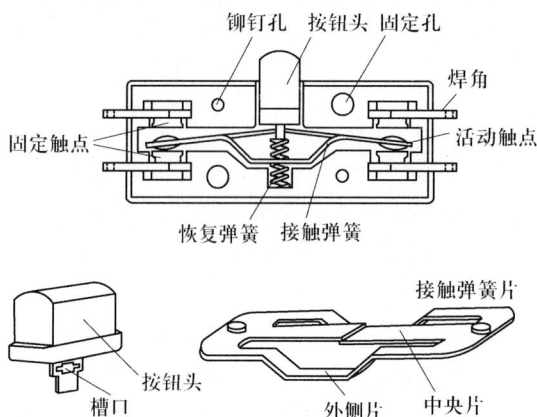

图10-32　微动开关的典型结构

当按压按钮时,接触弹簧片带动活动触点迅速由下面位置跳到上面位置,断开下面的一对固定触点(常闭触点),连通上面的一对固定触点(常开触点)。

去掉外力后,顶杆在恢复弹簧的作用下,便回到原来位置,微动开关的触点又恢复原来的状态。

终点开关的典型结构如图10-33所示,其主要组成部分包括微动开关(由传动杆、恢复弹簧、压环、压臂和压簧组成的特殊传动装置)、壳体、接线板、密封胶套、胶垫等。微动开关左侧的两个焊角用铜线连通,接到终点开关接线板上的"0"号接线孔上,右侧的两个焊片分别接到"1"和"2"号接线孔上,使微动开关变成单极转换开关。

压簧起定位的作用,使压臂始终紧靠压环。当外力向右压传动杆时,恢复弹簧

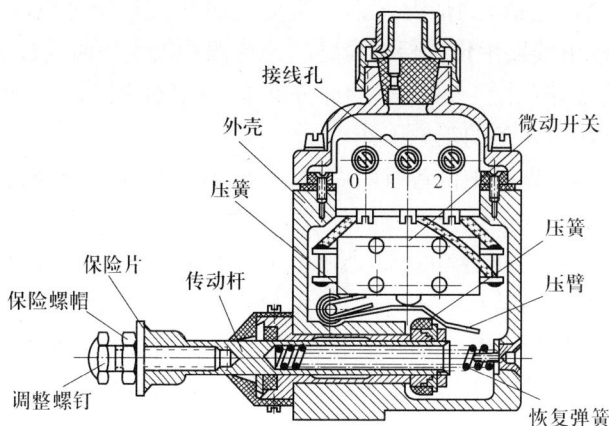

图 10 - 33　终点开关的典型结构

被压缩,同时压环向右移动,将压臂顶起。压臂向上移动时,便压下微动开关的按钮,使活动触点与常开触点接通,电路便被转换,终点开关的"0"号线与"1"号线接通。去掉外力后,在恢复弹簧的作用下,微动开关恢复原来状态,终点开关的"0"号线与"2"号线接通。

终点开关的传动杆上,有调整螺钉。松开保险螺帽,转动调整螺钉,可以改变传动杆的长度。

由于微动开关的转换是由传动杆的横向移动,通过压环触动压臂,以按压微动电门按钮来实现的,而压环与压臂的接触部位到压臂转轴的距离,比微动开关按钮到压臂转轴的距离长,压臂最右边的一段的坡度又比较小,所以在微动电门顶杆位移量相同的条件下,传动杆可以有较大的行程。

10.2.6　按钮

按钮用在短时接通的电路中。它有几个固定触点和一个活动触点。如图 10 - 34 所示,当按下按钮时,活动触点将固定触点接通,从而使电路接通;松开按钮后,活动触点在回动弹簧作用下与固定触点断开。

10.2.7　电路保护设备

飞机上用电设备较多,导线比较长,由于摩擦、振动或其它的破坏等原因,很可能使用电设备和输电导线受到损伤,绝缘遭到破坏,造成短路。另外,如果用电设备工作不正常,还可能出现电流

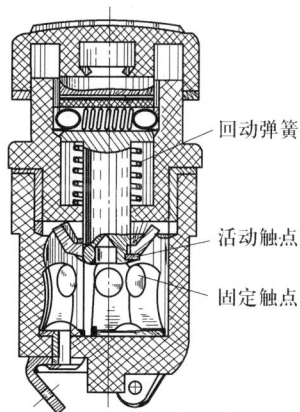

图 10 - 34　按钮结构示意图

长时间过载(超过额定值)的情况。为了避免短路和长时间过载所引起的严重后果,必须在飞机输电线路中设置保护设备。当电路中发生短路或长时间过载时,保护设备可自动将短路(或较大过载)的部分立即从电路网中断开,从而保证电源的正常供电和其它用电设备的正常工作。

飞机上常用的电路保护设备有断路器、熔断器和自动保护开关三类。它们都是利用短路电流或长时间过载电流的热效应来工作的。

断路器的典型结构如图 10-35 所示。其工作特点是当流过断路器的电流超过其额定值的两倍并且持续一定时间后,断路器内部的双金属片受热弯曲使其脱扣跳开,断路器的按钮弹出,从而将电路断开,起到保护作用。断路器均为按拔式,可多次重复使用。当由于电路故障使断路器断开后,待故障排除后,可通过按压恢复按钮使其重新接通。

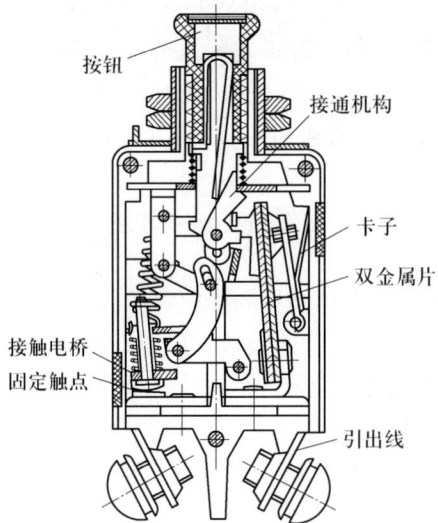

图 10-35　断路器结构图

断路器分为直流和交流断路器。对于三相交流断路器,当三相中任一相或两相或三相同时通过的电流超过额定值的两倍时,断路器将电路断开,起到保护作用。

熔断器又称保险丝,它的主要元件是金属熔丝。当被保护电路出现长时间的过载或短路时,熔丝便会发热到熔断温度而熔断,切断电路。飞机上常用的熔断器通常有惯性保险丝(GB 型)和特种保险丝(TB 型)两种类型。

GB 型惯性保险丝是一种对短时较大过载不动作的熔断器,即只有在较长时间过载时才熔断,但在短路时,它又能很快熔断的熔断器。在结构上包括两大部分,即短路保护部分和过载保护部分,如图 10-36 所示。短路保护部分的熔化材料是黄铜熔片,它装在纤维管的左隔腔内,被熄弧用的石膏粉或磷灰石粉包围着。

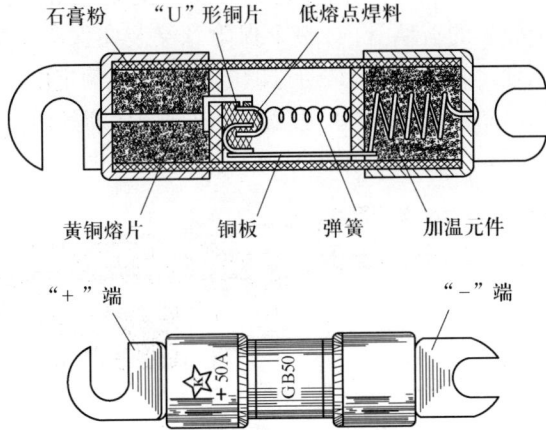

图 10 - 36　GB 惯性保险丝的结构和外形

黄铜熔片的熔断电流比额定电流大得多,它只在短路或过载电流很大时才能熔断。

　　过载保护部分的熔化材料是低熔点的焊料,它将两个"U"形铜片焊接在一起。其作用是在过载电流不很大,但超过一定时间之后,切断电路。熔化易熔焊料所需的热量,主要由装在纤维管的右隔腔中的加温元件经铜板来供给。由于铜板散热面积较大,所以有过载电流时,动作延迟时间较长,即有较大的热惯性。

　　惯性保险丝工作原理:当其有电流通过时,加温元件和黄铜熔片都同时发热。在负载电流不很大的情况下,黄铜熔片由于熔化电流比过载电流大,不会熔断,而易熔焊料在经过一段时间后就被熔化。焊料熔化后弹簧把一个"U"形铜片拉开,电路就被切断。因为铜板有较大的散热面积,故易熔焊料达到熔化温度需要一定的时间,这就使保险丝具有较大的惯性,故称为惯性保险丝。

　　短路或过载电流很大时,易熔焊料因铜板的热惯性较大而不能立即熔化,而黄铜熔片则迅速地熔断,切断了电路。

　　可见,当惯性保险丝过载不大时,是由过载保护部分起保护作用的,具有较大的动作时延;当过载很多或短路时,由短路部分起保护作用,其动作时延很短。

　　需要注意的是,使用惯性熔断器时,必须区分正负极。这是因为,正负极接反的惯性熔断器,在电路发生短路或过载时,不能在规定的时间内熔断。电子流是具有传导热量作用的。惯性熔断器的加温元件,在熔断器的负端。电子流通过加温元件时,就将加温元件发出的热量传导给处于熔断器正端的熔断元件,所以,在电路过载时,熔断器能在规定的时间内熔断。如果将正负极接反,电子流就不能把加温元件的热量传导给熔断元件,熔断元件的温度就相对低些,当发生短路或过载时,熔断元件就不能在规定时间内熔断。因此,在使用熔断器时,熔断器的正端应与汇流条相连接,负端则接用电设备。

TB 型熔断器又称为特种熔断器,它既可用于交流电路,又可用于直流电路。熔丝装在两头有金属套的玻璃管内,整个保险丝又装在保险丝座内,如图 10 - 37 所示。它的工作原理比较简单,当其通过的电流超过其额定电流一段时间后,内部熔断丝即受热熔化而断开电路。TB 型熔断器内部的熔断丝熔点较低,因此当通过的电流超过额定值时,其熔化断开的时间较短。

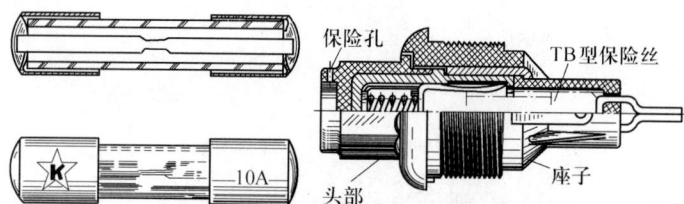

图 10 - 37　TB 型熔断器

自动保护开关是利用双金属片热变形的原理,在电路发生过载或短路时,操纵开关的触点,使之断开以保护电路。它既有保护设备的作用,又具有普通开关的作用。

自动保护开关的构造如图 10 - 38 所示。它包括开关机构和双金属机构两个部分。开关机构主要由手柄、活动触点和固定触点组成;双金属机构则主要由双金属片、挡板、回动弹簧、胶木滑块和胶木滑块下面的金属卡子组成。

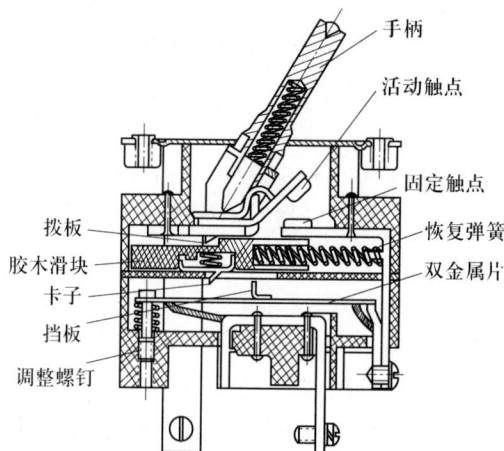

图 10 - 38　自动保护开关的构造

将开关的手柄向左扳到接通位置时,触点接通。同时,手柄下端的拨板推动胶木滑块右移,压缩回动弹簧,胶木滑块下面的卡子滑过双金属片上的挡板后,即被挡板卡住,以后再来回扳动手柄,就只能使触点接通或断开,胶木滑块不会返回,一直停在右边的位置。

252

当电路过载时,双金属片由于流过过载电流而受热向下弯曲,挡板也随之下移。当双金属片弯曲到一定程度时,挡板脱离胶木滑块上的锁扣,在回动弹簧的作用下,胶木滑块便迅速向左移动、推动手柄使触点断开。

自动保护开关的过载电流越大,则双金属片的温度上升越快,变形也越快,因而动作延迟时间越短;如果电路中发生短路,则自动保护开关立即动作。过载电流越小,则动作延迟时间越长;当电流为额定值或小于额定值时,则不会动作。自动保护开关适用于保护过载能力较大的用电设备电路。

10.3　可编程控制器 PLC

可编程控制器是 20 世纪 60 年代发展起来的一种新型自动化控制装置。最早是用于替代传统的继电器控制装置的,因此功能上只有逻辑计算、计时、计数以及顺序控制等,而且只能进行开关量控制。因此,最早被称为可编程逻辑控制器(Programmable Logic Controller,PLC)。随着技术的发展,其控制功能已远远超出逻辑控制的范畴,其名称也被改为可编程控制器(Programmable Controller,PC),但为了与个人计算机(Personal Computer,PC)相区别,仍称为 PLC。

传统飞机上电路的自动控制通常是通过控制继电器或接触器来实现的。由继电器和接触器构成的控制系统只能按预先设定好的条件顺序地工作,要改变其控制顺序,则必须改变其具体电路,使用起来不灵活。同时也存在体积大、柔性差、动作时间相对长、可靠性较差、寿命短、不能实现与计算机之间的通信等缺点。由于 PLC 综合了计算机技术、自动控制技术和通信技术,具有结构简单、性能优越、易于编程、灵活通用、维护方便、寿命长等一系列优点,尤其是它的高可靠性和较强的适应恶劣工作环境的能力,在现代先进飞机上越来越多地用于取代继电器控制装置。

10.3.1　PLC 的基本组成

从原理上来讲,PLC 是计算机的一种,其硬件结构上与微型计算机基本相同,也由中央处理器、存储器、输入/输出(I/O)接口和电源等部分组成,如图 10 - 39 所示。特殊的地方主要在于它更侧重于 I/O 接口的输入输出控制及抗干扰环节。

在由 PLC 构成的控制系统中,由传感器采集被控对象的信息,送入 PLC 的输入单元,经 PLC 的中央处理器处理,结果通过 PLC 的输出单元驱动执行机构,由执行机构控制被控对象,达到预期的控制目的。图 10 - 39 上还表示了 PLC 的外部设备接口与外部设备之间的联系。主要外部设备有编程器(编程器上通常配置有显示单元、打印机、辅助存储器等)、并行打印机、在线诊断单元、其它 PLC 或上位计算机。

与一般计算机一样,中央处理器(CPU)是 PLC 的核心部件,由控制器和运算

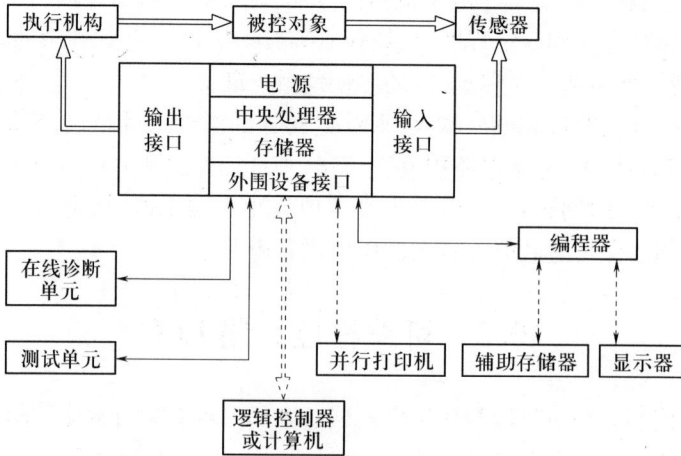

图 10-39　PLC 的基本组成及其外围设备联系图

器组成。其中运算器是用来统一指挥和控制 PLC 工作的部件,运算器则是进行逻辑、算术等运算的部件。CPU 能从存储器中读取用户程序指令,对其进行译码,生成有序的控制信号,从输入单元或用户数据存储器读取数据,在运算器中进行各种运算,然后把运算处理结果送给输出单元或存入数据存储区。PLC 在 CPU 的控制下不断地循环扫描整个用户程序,从而实现预定的控制任务。其主要任务如下:控制从编程器键入的用户程序和数据的接收与存储;用扫描的方式接收来自输入单元的数据和状态信息,并存入输入映像存储器或数据存储器中;诊断电源、PLC 内部电路的工作故障和编程过程中的语法错误;PLC 进入运行状态后,从存储器中逐条读取用户指令,经过命令解释后,按指令规定的任务进行数据传送、逻辑或算术运算等;根据运算结果,更新有关标志位的状态和输出映像存储器的内容,再经输出部件实现输出控制和数据通信等功能。

不同型号 PLC 的 CPU 芯片是不同的,CPU 芯片的性能关系到 PLC 处理控制信号的能力与速度,CPU 位数越高,系统处理的信息量就越大,运算速度相对越快。目前,有些型号的 PLC 中,还采用了冗余技术,即采用双 CPU 或三 CPU 工作,进一步提高了系统的可靠性。采用冗余技术可使 PLC 的平均无故障工作时间达几十万小时以上。

PLC 的存储器包括系统存储器和用户存储器两部分,主要用于存放系统程序、用户程序和工作状态数据。

系统存储器采用 PROM 或 EPROM 芯片存储器,用来存放生产厂家预先编制并固化好的相当于 PC 机操作系统的系统程序,用户不能直接更改。一般包括 I/O 初始化、自诊断、键盘显示处理、指令编译及监控管理等功能。系统程序质量的好坏,很大程度上决定了 PLC 的性能,其内容主要包括三部分:系统管理程序,主管

PLC 的运行;用户指令解释程序,将 PLC 的编程语言转换为机器语言指令;标准程序模块与系统调用,包括许多不同功能的子程序及其调用管理程序,如完成输入、输出及特殊运算等的子程序。PLC 的具体工作都是由这部分程序来完成的。

用户存储器包括用户程序存储器(程序区)和功能存储器(数据区)两部分。用户程序存储器用来存放用户针对具体控制任务用规定的 PLC 编程语言编写的各种用户程序。用户程序存储器根据所选用的存储器单元类型的不同,可以是有掉电保护的 RAN、EPROM 或 EEPROM 存储器,其内容可由用户任意修改或增删。用户功能存储器用来存放用户程序中使用的 ON/OFF 状态、数值数据等,它构成 PLC 的各种内部器件。用户存储器容量的大小,关系到用户程序容量的大小和内部器件的多少,是反映 PLC 性能的重要指标之一。

输入/输出接口是 CPU 与 I/O 设备或其它外部设备之间的连接接口。其中,输入接口用来接收和采集两种类型的输入信号。一类是由按钮、选择开关、行程开关、继电器触点、光电开关等开关量输入信号。另一类是由电位器、测速发电机和各种变送器等来的模拟量输入信号。输出接口用来连接被控对象中各种执行元件,如接触器、指示灯、调速装置(模拟量)等。

小型整体式 PLC 内部有一个开关式稳压电源,它一方面可为 CPU 板、I/O 板及扩展单元提供工作电源(5VDC),另一方面也可为外部输入元件提供直流 24V 电源。

PLC 配有多种通信接口,PLC 可以通过这些接口与监视器、打印机、其它 PLC 或计算机相连。当 PLC 与其它 PLC 相连时,可以组成多机系统或连成网络,实现组网控制等更大规模的控制;当与计算机相连时,可以组成多级控制系统,实现控制与管理相结合的综合系统。

编程器是 PLC 的重要外部设备,其作用是供用户进行程序的编制、编辑、调试和监视。PLC 也可利用 PC 机作为编程器,但 PC 机应配有相应的软件包,并配有与 PLC 通信的通信电缆。

10.3.2 PLC 的工作原理

PLC 是一种控制用计算机,因此它的原理是建立在计算机工作原理基础上的,即是通过执行反映控制要求的用户程序来实现的。但是 PLC 的工作方式与 PC 机相比有较大的不同。

PLC 的 CPU 不是采用微型计算机中的中断处理方式,而是以分时操作方式来处理各项任务的,计算机在每一瞬间只能做一件事,所以程序的执行是按程序顺序依次完成相应各电器的动作,成为时间上的串行。由于 PLC 的 CPU 运算速度极高,各电器的动作似乎是同时完成的。但实际上 PLC 的输入—输出响应在时间上是有滞后的。因此 PLC 的工作方式是一种不断循环的顺序扫描工作方式。

PLC 系统周期循环扫描的工作原理,如图 10-40 所示。用户程序通过编程器或其它输入设备存放在 PLC 的用户存储器中,当 PLC 开始运行时,CPU 根据系统监控程序的规定顺序,对用户程序从第一条指令开始,按顺序逐条地解释、执行直到用户程序结束,然后返回第一条指令开始新一轮的扫描。每一次扫描所用的时间称为扫描周期或工作周期。例如,一个输出线圈或逻辑线圈被接通或断开,该线圈的所有触点(包括常开触点和常闭触点)不会像电气继电控制中的继电器那样立即动作,而是必须等扫描到该触点时,才会动作。由于 PLC 的扫描周期一般只有几十毫秒,因此可以满足大多数控制的需要。而且响应速度远比继电器控制(继电器动作时间在 100ms 以上)高。当然,PLC 的扫描既可按规定顺序进行,也可按用户程序规定的可变顺序进行。这不仅因为有的程序不需要每扫描一次就执行一次,也因为在一个大的控制系统中,需要处理的 I/O 点数较多。通过不同的组织模块的安排,采用分时分批扫描执行的方法,可缩短扫描周期和提高控制的实时响应性。

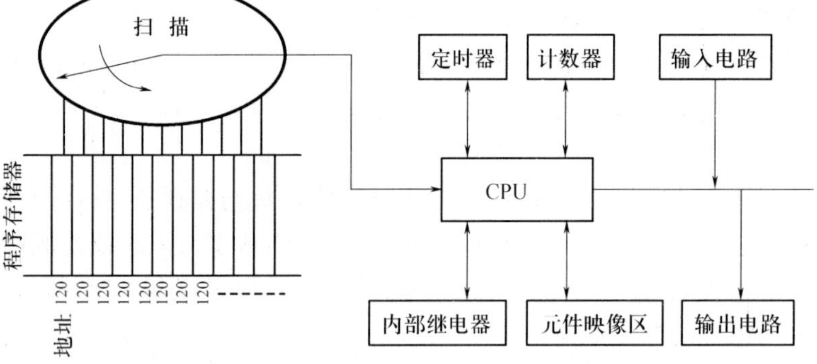

图 10-40　PLC 系统周期循环扫描的工作原理

PLC 的这种循环扫描工作方式,简单直观,简化了程序设计,并为 PLC 可靠运行提供了保证。在有的情况下根据需要也可插入中断方式,允许中断正在扫描运行的程序,以处理急需处理的事件。

如图 10-40 所示,PLC 在执行用户程序时,需要各种现场信息(输入信号),这些现场信息已接到 PLC 的输入端。PLC 采集现场信息有两种方式:集中采样输入方式和立即输入方式。集中采样输入方式一般是在扫描周期的开始或结束时将所有输入信号(输入元件的通/断状态)采集并存放到输入映像寄存器中。执行用户程序所需输入状态均在输入映像寄存器中取用,而不直接到输入端或输入模块去取用。立即输入方式是随程序的执行需要哪一个输入信号,就直接从对应的输入端或输入模块取用这个输入状态,如"立即输入指令"就是这样的,此时,输入映像寄存器的内容不变,到下一次集中采样输入时才变化。

256

同样,PLC 对外部的输出控制也有集中输出和立即输出两种方式。集中输出方式在执行用户程序时,不是得到一个输出结果就向外输出一个,而是把执行用户程序所得的所有输出结果,先后全部存放在输出映像寄存器中,执行完用户程序后所有输出结果一次性向输出端或输出模块输出,使输出部件动作。立即输出方式是在执行用户程序时,将该输出结果立即向输出端或输出模块输出,如"立即输出指令"就是这样,此时,输出映像寄存器的内容也更新。

PLC 对输入、输出信号的传送还有其它方式。如有的 PLC 采用输入、输出刷新指令。在需要的地方设置这类指令,可对此时的全部或部分输入点信号读入一次,以刷新输入映像寄存器内容;或将此时的输出结果立即向输出端或输出模块输出。还有的 PLC 上有输入、输出禁止功能,实际上是关闭了输入、输出传送服务,意味着此时的输入信号不读入,输出信号不输出。

对于小型 PLC 系统来说,由于 I/O 点数较少,用户程序较短,采用集中采样、集中输出的工作方式,虽然在一定程度上降低了系统的响应速度,但却从根本上提高了系统抗干扰的能力,系统的可靠性增强了。对中、大型 PLC 系统来说,由于 I/O 点数多,控制功能强,编制的用户程序相对长。为提高系统的响应速度,可采用定周期输入采样、输出刷新,直接输入采样、直接输出刷新,中断输入/输出和智能化 I/O 接口等方式。

PLC 的工作过程,就是程序执行过程,分三个阶段进行:输入采样阶段、程序执行阶段和输出刷新阶段,如图 10-41 所示。

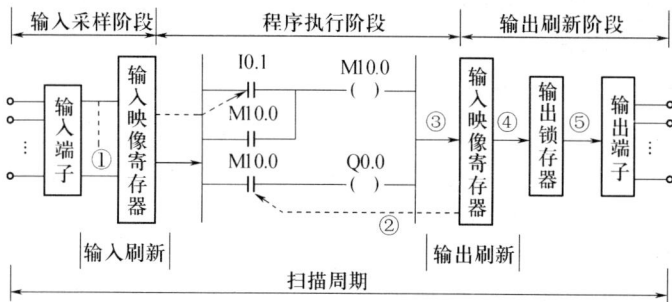

图 10-41 PLC 扫描工作过程

PLC 在输入采样阶段,首先扫描所有输入端子,并将各输入状态存入内存中各对应的输入映像寄存器中。此时,输入映像寄存器被刷新。紧接着,进入程序执行阶段,在程序执行阶段和输出刷新阶段,输入映像寄存器与外界隔离,无论输入信号如何变化,其内容保持不变,直到下一个扫描周期的输入采样阶段,才重新写入输入端的新内容。

在程序执行阶段,根据 PLC 梯形图程序扫描原则,PLC 按先左后右、先上后下的步序语句逐句扫描。但如遇到程序跳转指令,则根据跳转条件是否满足来决定程序的跳转地址。当指令中涉及输入、输出状态时,PLC 就从输入映像寄存器中"读入"上一阶段采入的对应输入端子状态,从元件映像寄存器中"读入"对应输出元件("软继电器")的当前状态。然后,进行相应的运算,运算结果再存入元件映像寄存器中。对元件映像寄存器来说,每一个元件的状态会随着程序执行过程而变化。

在所有程序执行完毕后,元件映像寄存器中所有输出继电器的状态(接通/断开)在输出刷新阶段转存到输出锁存器中,通过一定方式输出,驱动外部负载。

10.3.3 PLC 的应用特点

与电磁式继电器乃至固态继电器相比,PLC 控制都有许多无可比拟的优点。

(1) 控制逻辑。继电器控制逻辑采用硬接线逻辑,利用继电器机械触点的串联或并联及延时继电器的滞后动作等组合成控制逻辑,其接线多而复杂、体积大、功耗大,一旦系统构成后,想再改变或增加功能都很困难。另外,继电器触点数目有限,每只继电器只有 4 对~8 对触点,因此灵活性和扩展性很差。而 PLC 采用存储器逻辑,其控制逻辑以程序方式存储在内存中,要改变控制逻辑,只需改变程序,故称为"软接线",其接线少、体积小,而且 PLC 中每只软继电器的触点数在理论上是无限制,因此灵活性和扩展性都很好。PLC 由中大规模集成电路组成,功耗小。

(2) 工作方式。当电源接通时,继电器控制线路中各继电器都处于受约状态,即该吸合的都应吸合,不该吸合的都因受某种条件限制不能吸合。而 PLC 的控制逻辑中,各继电器都处于周期性循环扫描接通之中,从宏观上看,每个继电器受制约接通的时间是短暂的。

(3) 控制速度。继电器控制逻辑依靠触点的机械动作实现控制,工作频率低。触点的开闭动作一般在几十到几百毫秒数量级。另外,机械触点还会出现抖动问题。而 PLC 是由程序指令控制半导体电路来实现控制,速度极快,一般一条用户指令的执行时间在微秒数量级。另外,由于 PLC 内部还有严格的同步,因此不会出现抖动问题。

(4) 限时控制。继电器控制逻辑利用时间继电器的滞后动作进行限时控制。时间继电器一般分为空气阻尼式、电磁式、半导体式等,其定时精度不高,且存在定时时间易受环境湿度和温度变化的影响、调整时间困难等问题。有些特殊的时间继电器结构复杂,不便维护。PLC 使用半导体集成电路作定时器,时基脉冲由晶体振荡器产生,精度相当高,且定时时间不受环境的影响,定时范围一般从 0.001s 到若干分钟甚至更长。用户可根据需要在程序中设定定时值,然后由软件和硬件计数器来控制定时时间。

(5) 计数控制。PLC 能实现计数功能,而继电器控制逻辑一般不具备计数功能。

（6）可靠性和可维护性。继电器控制逻辑使用了大量的机械触点，连线也多。触点开闭会受到电弧的损坏，并有机械磨损，寿命短，因此可靠性和可维护性差。而PLC采用微电子技术，大量的开关动作由无触点的半导体电路来完成，它体积小、寿命长、可靠性高。PLC还配有自检和监督功能，能检查出自身的故障，并随时显示给操作人员，还能动态地监控程序的执行情况，为现场调试和维护提供了方便。

小　结

飞机上常用的控制电器绝大部分属于低压电器，用于完成对飞机各用电设备的切换、控制、保护、检测、变换和调节。电磁式控制电器主要包括继电器和接触器。近年来，随着技术的不断发展，出现了很多综合采用多种技术的新型电器，如可编程控制器PLC，其控制性能及可靠性均发生了巨大的变化。

1. 常用电磁式低压控制电器

各类电磁式低压控制电器的工作原理和结构基本相同，主要由检测部分和执行部分组成。检测部分接受外界输入的信号，并通过转换、放大、判断，作出有规律的反应，使执行部分动作，发出相应的指令实现控制的目的。

1）电磁铁的基本原理

电磁铁由线圈、铁芯和衔铁三部分组成，电磁铁实质上是一种将电能转换为磁能的能量转换装置。电磁铁的结构形式分为E形电磁铁、螺管式电磁铁、拍合式电磁铁。按工作线圈通入的电流不同，分为直流电磁铁和交流电磁铁。

2）电接触及灭弧工作原理

电路中导体互相连接的地方，叫做电接触。电接触有三种类型：固定的电接触、滚动及滑动的电接触、可分合的电接触。触点按其接触形式可分点接触、线接触和面接触等三种。

可分合触点的工作，可分为断开和闭合两个过程。在断开的过程中，会在触点间产生电弧。此时表明两触点虽已分离，但电流并没有中断，电路并没有切断。

触点在断开过程中，之所以产生电弧，是因为气隙中发生了强烈的电离。熄灭电弧必须保证触点有足够的断开间隙，保证触点有足够的断开速度。通常采用的熄弧方法有窄缝熄弧、用磁场吹弧、栅片灭弧、多断点灭弧。

3）电磁式接触器

接触器是利用电磁吸力的作用接通或切断大电流电路的一种控制电器。它具有比工作电流大数倍乃至几十上百倍的接通和分断能力。飞机上广泛采用接触器作为远距离大功率控制元件。

接触器可按其主触点所控制的电路中电流的种类分为直流接触器和交流接触器。

接触器种类很多,结构和工作原理都有差异,但各型接触器的基本组成和基本原理大致相同。其主要参数有接通电压、断开电压等。

飞机上常用的直流接触器有 KZJ 型、MZJ 型和 HZJ 型,交流接触器有 JLJ 型、HJJ 型等。KZJ 型与 MZJ 型直流接触器的区别是 MZJ 型多了一组保持线圈和控制保持线圈工作的一对触点。HZJ 转换型接触器用来转换大电流的工作电路,与 MZJ 型接触器的构造与工作基本原理相同,区别是 HZJ 型转换接触器多了一对固定(常闭)触点。JLJ 型与 HJJ 型交流接触器的区别类似。

4)电磁式继电器

继电器用在电流不太大且需要自动控制或自动转换的电路中。继电器可以同时控制和转换多条工作电路。一般来说,继电器由承受机构、中间机构和执行机构三部分组成。继电器的特点是它具有跳跃式的输入—输出特性,其主要参数包括返回系数、灵敏度、吸合时间、释放时间。

飞机常用继电器包括开关继电器、密封继电器和延时继电器三种类型。

飞机中常用的开关继电器分 JKA 型、JKB 型和 JKC 型三种类型,此外,还有 JK 型、JN 型继电器等。

延时继电器是从工作线圈通电或断电开始,经过一定的延时后,触点才闭合或断开的继电器。延时继电器的延时方式有两种:通电延时和断电延时。

延时继电器的种类很多,常用的有电磁式、空气阻尼式和半导体式。

2. 其它常用低压控制电器

1)热继电器

热继电器是利用电流的热效应原理来工作的电器,广泛用于三相异步电动机的长期过载保护。热继电器主要由发热元件、双金属片和触点组成。

2)中间继电器

中间继电器实质上是一个电压线圈继电器,常用来增加控制电路或放大信号。

3)速度继电器

感应式速度继电器是依靠电磁感应原理实现触点动作的。主要由定子、转子和触点三部分组成。根据速度的大小,使继电器相应的动断、动合触点动作。

4)开关(电门)

开关一般用在电流在 35A 以下的电路中一般分为普通开关、微动开关和终点开关等。各型开关的基本结构和动作原理相同。一般由手柄、弹簧、活动触点、固定触点和接线柱组成。普通开关分为按压开关、接通开关和转换开关。微动开关和终点开关属于机械控制设备,是由机械来操纵的一种控制装置,它用在要求由机械来自动操纵触点通断的电路中。

5)按钮

按钮用在短时接通的电路中,它有几个固定触点和一个活动触点。

6）电路保护设备

飞机上常用的电路保护设备有断路器、熔断器和自动保护开关三类。它们都是利用短路电流或长时间过载电流的热效应来工作的。

3. 可编程控制器 PLC

可编程控制器从原理上来讲,是计算机的一种,其硬件结构上与微型计算机基本相同,也由中央处理器、存储器、输入/输出(I/O)接口和电源等部分组成。特殊的地方主要在于它更侧重于 I/O 接口的输入输出控制及抗干扰环节。

PLC 的工作方式与 PC 机相比有较大的不同,PLC 的工作方式是一种不断循环的顺序扫描工作方式。

PLC 的工作过程分三个阶段进行:输入采样阶段、程序执行阶段和输出刷新阶段。

与电磁式继电器乃至固态继电器相比,PLC 控制都有许多无与伦比的优点。

思 考 题

(1) 电磁式低压控制电器的基本组成有哪些? 各组成部分主要作用是什么?

(2) 交流电磁铁和直流电磁铁相比有何区别?

(3) 简述电弧的形成过程及灭弧原理?

(4) 在触点的电接触断开过程中,金属"桥"断开的部位,为什么在靠近正端触点的地方?

(5) 继电器与接触器在使用上有何区别?

(6) 简述电磁式延时继电器的延时原理。

(7) 简述热继电器的工作原理。

(8) 飞机上采用的电门主要有哪些类型? 在使用上有何区别?

(9) 简述 GB 型惯性熔断器的工作原理。

(10) PLC 的基本组成有哪些? 各组成部分主要作用是什么?

(11) 什么是 PLC 的顺序扫描工作方式?

(12) 试说明 PLC 的工作过程。

(13) PLC 控制和普通继电器控制相比,有哪些差异?

参 考 文 献

[1] 刘锦波,张承慧,等. 电机与拖动. 北京:清华大学出版社,2006.

[2] 谢军. 航空电机学. 北京:国防工业出版社,2006.

[3] 朱耀忠. 电机与电力拖动. 北京:北京航空航天大学出版社,2005.

[4] 陈立定,等. 电气控制与可编程控制器. 广州:华南理工大学出版社,2001.

[5] 刘杰,等. 机电一体化技术基础与产品设计. 北京:冶金工业出版社,2003.

[6] 高春甫,张宏颖. 机电控制系统分析与设计. 北京:科学出版社,2007.

[7] A. E. Fitzgerald,等. Electric Machinery(six Edition). 北京:清华大学出版社. 2004.

[8] 陈隆昌,等. 控制电机(第三版). 西安:西安电子科技大学出版社,2000.

[9] 机电一体化技术手册编委会. 机电一体化技术手册(第2版). 北京:机械工业出版社,1999.

[10] 谭建成. 电机控制专用集成电路. 北京:机械工业出版社. 2004.